淄博孝文化

王荣敏　孙其香　王延雨　著

中国科学技术大学出版社

内容简介

本书是山东省淄博市2019年校城融合项目"新媒体时代淄博孝文化资源整理与开发利用研究"建设成果之一。孝文化千百年来为维系家庭和睦、社会稳定、经济发展发挥了重要作用。淄博孝文化历史悠久、资源丰厚,值得我们去发现、挖掘和整理。本书共分为七章,在概述孝文化的本义后,从孝道传说到孝亲庙宇,从聊斋文化中的孝道观到淄博民俗中孝文化的具体呈现,详尽地梳理了淄博源远流长的孝文化资源,并在此基础上对传统孝文化进行了历史反思,站在新时代的角度提出了现代孝道构建的途径和建议,同时论述了现代淄博孝文化建设的成就。

本书适合地方文化研究者与爱好者、中小学教师阅读。

图书在版编目(CIP)数据

淄博孝文化/王荣敏,孙其香,王延雨著.—合肥:中国科学技术大学出版社,2022.8

ISBN 978-7-312-05460-0

Ⅰ.淄… Ⅱ.①王… ②孙… ③王… Ⅲ.孝—文化研究—淄博 Ⅳ.B823.1

中国版本图书馆CIP数据核字(2022)第107899号

淄博孝文化
ZIBO XIAO WENHUA

出版	中国科学技术大学出版社 安徽省合肥市金寨路96号,230026 http://press.ustc.edu.cn https://zgkxjsdxcbs.tmall.com
印刷	安徽国文彩印有限公司
发行	中国科学技术大学出版社
开本	710 mm×1000 mm 1/16
印张	12.75
字数	255千
版次	2022年8月第1版
印次	2022年8月第1次印刷
定价	48.00元

序

泱泱中华，五千年的灿烂文明不仅孕育了亿万中华儿女，更孕育了博大精深、源远流长的中国传统文化。孔夫子曰："夫孝，德之本也，教之所由生也。"国以人为本，人以德为本，德以孝为本，君子务本，本立而道生。孝，在古代就被推崇为个人所必备的道德修养和行为准则，并经历千百年的完善和发展，最终成为中华民族优秀传统美德；孝文化则成为中华优秀传统文化的重要组成部分，也是中华民族爱国主义情怀的感情基础和道德基础，对维系家庭和睦与社会安定起到了重要作用。

中国特色社会主义进入了新时代，大力弘扬包括孝文化合理内涵在内的优秀传统文化，是推动新时代精神文明建设高质量发展的重要一环。因此，如何更好地传承和弘扬中华优秀孝文化，发挥孝文化在推动新时代精神文明建设高质量发展中的重要作用，是时代赋予我们的新要求，也我们一直探索的重要课题。

淄博作为齐文化发祥地和国家历史文化名城，历史悠久，文化灿烂。孝文化是淄博独具特色的文化元素之一，资源丰厚。在加快建设务实开放、品质活力、生态和谐的现代化组群式大城市的今天，充分整理、挖掘淄博孝文化资源，并在新的历史条件下，促进传统孝文化的创造性转化和创新性发展，具有非常现实的意义。

在这一大背景下，经过我们的不懈努力，《淄博孝文化》一书终于付梓。本书共分为七章，在概述孝文化的本义后，从孝道传说到孝亲庙宇，从聊斋文化中的孝道观到淄博民俗中孝文化的具体呈现，详尽地梳理了淄博源远流长的孝文化资源；并对传统孝文化进行了历史反思，提出了现代孝道构建的途径和建议，论述了现代淄博孝文化建设的成就。本书的出版,对于贯彻响应中央"认真汲取中华优秀传统文化的思想精华和道德精髓,大力弘扬以爱国主义为核心的民族精神和以改革创新为核心的时代精神"的号召,培育和弘扬社会主义核心价值观,有着积极的意义。

目 录

序	i
第一章　孝文化概述	1
第一节　孝的由来	1
一、"孝"字释义	1
二、"孝"的起源	2
第二节　孝的含义	3
一、狭义的"孝"	4
二、广义的"孝"	7
三、孝的四种境界——现代人的视角	8
第二章　淄博孝文化资源概览	9
第一节　"华夏孝乡"——博山的孝文化	9
一、博山的孝文化资源	10
二、博山孝文化的影响力	16
第二节　齐国故都——临淄的孝文化	17
一、《管子》的孝道思想	18
二、临淄的孝道故事	23
三、齐文化中的孝道遗址——齐国孝坛	27
四、齐文化孝道思想的民俗表现	28
第三节　渔洋故里——桓台的孝文化	29
一、新城王氏家族孝道传家	29
二、孝女史修真侍老不嫁	31
第四节　淄博中心城区——张店的孝文化	33
第五节　聊斋故里——淄川的孝文化	37
第六节　高青的孝文化	37
第七节　牛郎织女传说地——沂源的孝文化	39

第三章　方言民俗中的孝文化 ·············41
第一节　居住风俗中的孝文化 ·············42
第二节　服饰民俗中的孝文化 ·············43
第三节　岁时节庆风俗中的孝文化 ·············44
一、春节 ·············44
二、清明节 ·············50
三、端午节 ·············51
四、六月节 ·············53
五、七月十五 ·············53
第四节　人生礼俗中的孝文化 ·············54
一、结婚礼俗 ·············54
二、寿诞礼仪 ·············55
三、丧葬风俗 ·············57
第五节　方言俗语中的孝文化 ·············60
一、"人老知识多" ·············61
二、"子不嫌母丑,狗不嫌家贫" ·············61
三、"孩儿生日娘苦日" ·············61
四、"在家敬父母,强过远烧香" ·············62
五、"有娘有爷是个宝,无娘无爷是棵草" ·············62
六、"小羊羔吃奶双膝下跪,小乌鸦报母恩一十八天" ·············62
第六节　庙会文化与孝道传承 ·············62
一、庙会传说与孝文化 ·············63
二、庙宇对联碑文与孝文化传播 ·············63
三、念唱经文与孝文化传承 ·············64

第四章　聊斋文化中的孝道观 ·············72
第一节　蒲松龄孝道观产生的渊源 ·············72
一、淄博地域孝文化的熏染 ·············73
二、儒家孝文化的传承和佛教果报思想的浸润 ·············75
三、现实社会的影响 ·············79
四、自身孝道的践行 ·············82
第二节　蒲松龄孝道观的丰富内涵 ·············87
一、为孝选择生死 ·············89
二、为孝弃绝富贵 ·············93
三、为孝舍己忘我 ·············95

四、为孝顺从不违 ··· 98
　　五、为孝含辛忍辱 ··· 100
　　六、为孝割舍爱情 ··· 102
　　七、为孝求嗣延后 ··· 104
　第三节　尽悌是孝亲的重要一环 ····························· 110
　第四节　罪莫大于不孝 ·· 116
　第五节　蒲松龄对儒圣孝文化的继承 ······················· 121
　　一、养亲以孝 ·· 123
　　二、敬亲、顺亲以孝 ······································· 123
　　三、为亲留后 ·· 124
　　四、兄友弟恭 ·· 127

第五章　传统孝文化的现代反思 ······························ 129
　第一节　传统孝文化的历史作用 ····························· 130
　　一、修身养性 ·· 130
　　二、融洽家庭 ·· 131
　　三、报国敬业 ·· 131
　　四、稳定社会 ·· 131
　　五、塑造文化 ·· 132
　第二节　传统孝文化的历史局限性 ·························· 132
　　一、愚民性 ··· 132
　　二、不平等性 ·· 133
　　三、残酷性 ··· 133
　　四、封建性 ··· 134
　　五、保守性 ··· 134
　第三节　传统孝文化的现代转化 ····························· 134
　　一、实现现代转化的原因 ·································· 134
　　二、传统孝文化向现代转化的方向与内容 ············· 137
　　三、实现传统孝文化向现代转化的保障条件 ········· 143

第六章　现代孝道构建 ··· 147
　第一节　现代孝道的含义和特点 ····························· 147
　　一、现代孝道的含义 ······································· 147
　　二、现代孝道的特点 ······································· 148
　第二节　现代孝道构建的意义和途径 ······················ 153
　　一、现代孝道构建的意义 ·································· 153

二、现代孝道构建的途径 …………………………………………… 156
　第三节　现代孝道构建应该避免的误区 …………………………………… 161
　　一、新版"二十四孝"行动标准的争论与意义 …………………… 161
　　二、现代社会存在的孝道问题 ………………………………………… 162
　　三、现代人孝道意识淡薄的原因 ……………………………………… 166
　第四节　现代孝道的尽与行 ………………………………………………… 167
　　一、理解是前提 ………………………………………………………… 168
　　二、敬心是根本 ………………………………………………………… 168
　　三、顺心很重要 ………………………………………………………… 169
　　四、安心最关键 ………………………………………………………… 170
　　五、精神关怀更值得重视 ……………………………………………… 171
　　六、多找机会少找借口 ………………………………………………… 172
　　七、一把钥匙开一把锁 ………………………………………………… 173
　　八、厚养简葬 …………………………………………………………… 173
　　九、推己及人 …………………………………………………………… 174

第七章　淄博现代孝文化的传承与建设 …………………………………… 175
　第一节　国家、省、市尊老敬老的政策支持 ……………………………… 176
　　一、国家相关法律规定 ………………………………………………… 176
　　二、山东省关于尊老敬老的相关政策法规 …………………………… 177
　第二节　淄博市各级党委政府的尊老敬老活动 …………………………… 179
　　一、敬老月活动 ………………………………………………………… 179
　　二、"淄博好人榜"推选宣传活动 …………………………………… 183
　　三、将孝德建设融入社会主义核心价值观的宣传教育 ……………… 183
　第三节　博山区的孝文化建设 ……………………………………………… 184
　　一、整合各种资源，打造"华夏孝乡"文化品牌 …………………… 185
　　二、加大投资，建设孝文化元素景点 ………………………………… 188
　第三节　淄博现代孝文化建设的思考 ……………………………………… 188
　　一、不能将孝文化建设看成"不合时宜" …………………………… 189
　　二、将孝文化与新时代文明建设有机结合 …………………………… 189
　　三、推进孝文化产业发展，推进文旅融合 …………………………… 190

参考文献 ………………………………………………………………………… 191

后记 ……………………………………………………………………………… 194

第一章　孝文化概述

孝,是中国传统文化的核心内容,作为中国特有的家庭及社会伦理道德准则,千百年来一直作为伦理道德之本、行为规范之首而备受推崇。孝不是人类社会一开始就存在的,孝文化与人类的其他道德一样,源于人类的生产实践和社会生活,是人类社会发展到一定阶段的产物,其自身有一个产生、发展、变化的过程,经历了萌芽、发展、成熟的阶段,从最初的朴素意识到较为明晰的观念,再发展成为社会的伦理规范,而且在现代社会中仍然发挥着它应有的作用。

第一节　孝的由来

汉字是我们民族文化的活化石,承载了古人的智慧,具有鲜活的生命力,蕴含着我们老祖宗的深刻智慧以及丰厚的人生哲理。百善"孝"为先,"孝"在我国有着深厚的历史文化传承,单从字理分析,就有浓郁的文化意蕴。

一、"孝"字释义

孝,甲骨文作 🗴 ,金文作 🗴 ,小篆作 🗴 。"孝"的古文字形结构,上面像身体佝偻的长发老人,下面的"子"表示儿子继承父亲,年少者继承年长者。近代著名的文字学家唐兰先生认为是子搀扶老人之形,为会意字。"孝"字最早见于《虞书·尧典》中"以孝烝烝",指的是一种广泛的美德和善良,而后随着时代的变迁,"孝"的含义逐渐变窄,将"孝"的美德局限在家族之内,主要是对族群中老人的一种尊重、敬爱,对祖先的敬仰和祭祀。在那个生产力水平极其低下的时代,知识的极度缺乏,使得人们对大自然本能地产生恐惧和迷茫,笃信有神灵的存在,本能地祈求祖宗神灵来护佑子孙后代。传统中国文化认为,祖先死了以后成为祖先神,会关照子孙后代的福祸吉凶,因此,在重大节日或祖先的忌日时,子孙都要举行祭祀仪式,以此追念祖先,这样不仅能起到"寄孝思、敦文化"的敬祖功效,更重要的是达到凝聚并团结宗族、使家族繁荣与绵延的重要目的。这种基于血缘的亲情,自然就成为维系孝最基础的感情纽带。在春节、清明节、中元节等节日,人们上坟祭祖,慎终追远,也是基于类似的基本目的。

《说文解字》将"孝"定义为:"孝,善事父母者,从老省,从子,子承老也。"许慎用一个"承"字,把老与子二者之间的内在联系形容得十分贴切。《尔雅·释训》亦曰:"善事父母曰孝。"由此看来,"孝"的本义是"善事父母"。有些辞书承续了这种观点,如《王力古汉语字典》:"善事父母为孝。"《左传·隐公三年》:"君义、臣行、父慈、子孝、兄爱、弟敬,所谓六顺也。"《论语·学而》云:"弟子入则孝,出则悌。"汉代贾谊的《新书·道术》说:"子爱利亲谓之孝,反孝为孽。"孝顺父母是中华民族的传统美德,它从人的自身修养、德行演变为被国家推崇的"孝道",成为中国古代以宗法制为本的家族制度和政权形式的基础和保障。"孝顺""孝敬""孝悌"成为衡量人品、规约社会行为的重要标杆,"孝子""孝女""孝孙"等在不同时代都是人们的"道德模范",就连能衔食喂母的乌鸦也被称为"孝乌"。吴国孟宗的母亲嗜笋,隆冬时孟宗正在竹林哀叹,笋受感应破土而出,因而被称为"孝笋"。至于王祥卧冰、老莱子娱亲等"二十四孝"故事,人们更是耳熟能详,不过其中也包含"愚孝"的成分,我们必须一分为二,区别对待。"孝"并不局限于"善事父母",也包括"对尊亲敬老等善德的通称"。《孝经·天子》曰:"爱亲者不敢恶于人,敬亲者不敢慢于人,爱敬尽于事亲,而德教加于百姓,刑于四海,盖天子之孝也。"《汉书·贾山传》曰:"故以天子之尊,尊养三老,视孝也。"古人认为,讲究孝道忠敬,养成恭顺、服从的性格,人们就不会犯上作乱,自然有利于维持封建社会秩序。因此,历代帝王都把"孝"作为选拔人才的必要条件,如汉代有"孝悌""孝廉",唐代有"孝悌力田"科,明代时"孝廉"成了"举人"的雅称。

二、"孝"的起源

关于"孝"的起源时间问题,学者们存在争议,未有定论。康学伟博士在《先秦孝道研究》一书中提到"孝观念是父系氏族公社时代的产物";杨荣国先生在《中国古代思想史》中指出,孝道起源于殷商时期;但笔者认为肖忠群先生在《孝与中国文化》一书中的表述最为权威。肖忠群先生认为,"孝的初始是从尊祖祭祖的宗教情怀中发展而来的","孝当产生或大兴于周代,其初始意指尊敬祖宗、报本返初和生儿育女、延续生命"。

关于"孝"的起源说法,主要有三类:

一是生命个体起源说，认为孝最初起源于人类自然的血亲关系。家庭内部的血缘之爱是最亲近的，父母与子女、兄弟姐妹之间的情感，都是从血缘中自然迸发出来的真性情。在人类赖以生存的氏族内部，需要一种行为规范和行为准则来处理长幼关系，孝伦理就由此产生。随着社会生产的发展，以个体家庭为单位的社会组织逐渐取代原先的氏族公社，在父代和子代以及亲属之间形成了较为具体的行为规范和行为准则，"孝"伦理也随之逐渐形成。

二是社会性起源说，认为家庭是社会的组成部分，体现着父代和子代之间道德规范的孝伦理，必然要反映和投射到社会关系中去。反之，人们在社会生活中形成的社会交往关系，又会对"孝"伦理提出新的要求。社会交往中形成的各种不同的伦理关系，与家庭内部处理父母子女之间的"孝"伦理关系相互影响、相互作用，从而使"孝"伦理成为社会伦理的一个组成部分。

三是信仰性起源说，认为孝观念的起源主要有两类。一类是生殖崇拜。有的学者对"孝"的字义作了一番考察之后认为，"孝"的原始字形传达的信息是男女交合，生育子女。另一类是祖先崇拜。在传统的农耕社会，祖先在与大自然斗争的过程中积累下宝贵的经验，对家族的生存具有决定性意义。因此，在经验积累、知识增长都相当缓慢的古代，人们对经验的崇拜往往转变为对掌握经验之人的尊崇，这就逐渐形成了一家之长在生产与社会中的权威和核心地位。

第二节　孝的含义

在传统社会里，"孝"不只是家庭道德，不仅仅是子女对父母的一种尊敬、爱戴的情感，更是社会的伦理，是每个人立身处世都必须遵循的基本原则，是安身立命的根本、治国安邦的大道。它不仅可用来协调家庭中父母与子女的关系，也可用来协调社会中年轻人与老年人、君主与臣下、上级与下级等社会各个领域的关系。《论语》中，子曰："其为人也孝弟，而好犯上者，鲜矣；不好犯上，而好作乱者，未之有也。"孟子说："老吾老，以及人之老；幼吾幼，以及人之幼，天下可运于掌。"（《孟子·梁惠王上》）汉代以"孝"治天下而闻名于世。汉代以后的历代统治者，莫不模仿汉代以"孝"治理天下的理念，以"孝"来规范百姓的行为，以求得社会的和谐与稳定。

关于"孝"的含义，比较权威且为人广泛接受的，是曾子的论断。在《礼记·祭义》中，孔子的弟子曾子说："孝有三，大尊尊亲，其次弗辱，其下能养。"在这里,曾子区分了"孝"的三个等级,也是"孝"的三个层次。第一层孝,是最基本的孝,就是能供养父母,多指在物质生活上的赡养;第二层孝,即不能让父母声名受辱;第三层孝,是最高层次的,是使双亲受人尊敬。对于第二、第三层次的孝,曾子认为,"居位不庄,非孝也;事君不忠,非孝也;莅官不敬,非孝也;朋友不信,非孝也;战阵不勇,非孝也"。也就是说,因为身体发肤受之父母,如果生活起居不庄重,事奉国君不尽心,做官办事不严肃认真,对朋友不守信用,上战场杀敌不勇敢,那么都会招来灾祸,损害自身,还可能殃及父母,所以需要谨慎为之,才能使父母"弗辱""尊亲"。从曾子的论述来看,"孝"实际上不是简单地从物质上供养父母的衣食住行,而是一种对子女全方位的德行要求,从这个意义上来说,将孝推广到社会政治生活的层次对于整个社会治理将产生积极的推动作用。因此,我们就可以理解为什么古人会将"孝"看成百善之先。因为一个真正做到了孝的人,必然是一个修德自持、敬慎恭谨且明辨是非之人,必然是一个有利于社会的人。在这里,将"孝"由家庭伦理扩展为社会伦理、政治伦理,便实现了孝与忠的结合。因此,自西汉开始推行"以孝治天下"以来,孝逐渐成为了社会思想道德体系的核心。

现在的学者们对"孝"的内涵表述虽有区别,但大同小异。一般认为,孝有狭义和广义之分。由于侧重点和依据不同,范围也就不同,下面的划分仅仅是一家之言。

一、狭义的"孝"

从狭义的角度来看,"孝"有三个层面的含义。

(一)善事父母

这是孝的基本含义,也就是子女要怀着爱心去侍奉、赡养父母。那么如何"善事父母"呢?最起码要做到以下几点:

1. 养亲

养亲,即物质上奉养双亲,满足父母衣、食、住、行等物质上的需求,这是最起码、也是最基本的孝行。《吕氏春秋·孝行》中提到:"民之本教曰孝,其行孝曰养。"在生产力落后的农耕时代,做到这一点并不容易。《孝经·庶人》中这样阐述:"用天之道,分地之力,谨身节用,以养父母,此庶人之孝也。"意思是百姓要善于利用天时地利的变化来获取资源,严格约束自己的行为,节约一切不必要的开支和浪费,用以供养自己的父母,这便是庶人应践行的孝道。孟子曾提出不孝的五种情况,即"惰其四支,不顾父母之养,一不孝也;博弈好饮酒,不顾父母之养,二不孝也;好货财,私妻子,不顾父母之养,三不孝也;从耳目之欲,以为父母戮,四不孝也;好勇斗,以危父母,五不孝也。"(《孟子·离娄下》)在这五种不孝的情况中,有三种均为"不顾父母之养",这也可以说明养亲是为人子女的基本义务。无论是在物质贫乏的古代,还是在物质财富极大丰富的现代,保障父母的物质生活是孝敬父母的最低要求。

养亲还有一层含义就是"侍疾"。老年人年老体弱,容易生病,因此,中国传统孝道把"侍疾"作为重要内容。"侍疾"就是如果老年父母生病,要及时诊治,精心照料;多给父母生活和精神上的关怀。俗话说"久病床前无孝子",尤其是在当今压力较大的现代社会,能够让生病的父母感受到子女真诚的陪伴、照顾,帮助他们治愈疾病、去除心病,使得父母愉快迎接新生活,方可称之为孝。

2. 敬亲

敬亲,即尊敬父母。养亲是"孝"在物质上的、外在的表现,内在的"孝"要看主观意愿上是否心甘情愿,是否真心实意地尊敬父母。中国传统孝道的精髓在于提倡对父母首先要"敬"和"爱",没有"敬"和"爱",就谈不上孝。所以,孔子说:"今之孝者,是谓能养。至于犬马皆能有养,不敬,何以别乎?"(《论语·为政》)这里,孔子提倡的敬亲是对待父母不仅仅是物质赡养,关键在于要有对父母的爱,而且这种爱是发自内心的真挚的爱。没有这种爱,不仅谈不上孝敬父母,而且和饲养犬马没有什么两样。这说明"敬"才是孝的最高体现。子夏问孝道,孔子说:"色难。有事,弟子服其劳;有酒食,先生馔,曾是以为孝乎?"意思是,做到孝,最难的是对父母和颜悦色,仅仅有事情替父母去做,有了美酒菜肴让父母吃,这不难做到,难的是使双亲精神生活愉快。孟子也说:"孝之至,莫大于尊亲。"(《孟子·万章上》)意思是尊敬父母是孝的最高表现,言外之意是仅仅给父母解决吃、穿、住、行的问题比较容易,难的是发自内心的和颜悦色的"尊"。由此看来,尊亲才是孝的实质,要做到身敬、词逊、色顺,需要有发自内心地对父母真挚的爱。现实生活中,要做到敬老,首先对长辈有发自内心的尊敬、遵从和敬爱。无论他们的言语行为如何,我们在充分满足其生活需要的基础上,更要了解其精神层面的需求,能够包容其现实中的种种不同的思想观点。

3. 顺亲

顺亲,即按父母的意志办事。古人常将"孝"与"顺"联在一起使用。"孝者,畜也;顺于道,不逆于伦,是之谓畜"(《礼记·祭统》)。这里的"畜"即"顺"之意。"父在,观其志;父没,观其行。三年无改于父之道,可谓孝矣。"(《论语·学而》)"顺"在这里就是"要听从父母的话,按父母的意志办事"。不过,儒家思想提倡的"孝"也不是完全以父母的标准为标准,在任何情况下都要对父母绝对服从。当父母长辈有过错时,子女要委婉谏诤。孔子主张"事父母几谏"(《论语·里仁》),即委婉劝谏。孟子也曾说:"亲之过大而不怨,是愈疏也……愈疏,不孝也。"(《孟子·告子下》)也就是说,子女对父母的过失、违背道义的行为不要抱怨,要进行谏诤劝止。如果盲目顺从,就是不孝。孟子还强调,"从道不从君,从义不从父"。从这一点出发,"顺亲"是以真诚和敬意来尽心尽力关怀、体贴父母。孔子把"顺"称作"无违",这个"无违",不是不违背父母的意愿而一味地顺从,而是指没有违背良心良知的任何非分之想,一切出于本心,出于至诚,一切合理的孝心都应当叫"无违",即是发自内心的至诚的自觉行为。作为孝子,应当深刻体会父母的心意,不管父母处于何种困难境地,都应当心存孝敬,尽力敬奉。

3. 祭亲、念亲

《孝经》指出:"孝子之事亲也,居则致其敬,养则致其乐,病则致其忧,丧则致其哀,祭则致其严,五者备矣,然后能事亲。"儒家的孝道把送葬仪式看得很重,在丧礼时要尽各种礼仪。《孝经·丧亲》中记载:"孝子之丧亲也,哭不哀,礼无容,言不文……生事爱敬,死事哀戚,生民之本尽矣。死生之义备矣,孝子之事亲终矣。"这里指的是,父母去世以后,子女要虔诚庄重地举行祭祀礼仪,以哀痛的心情来追思父母,感怀父母的养育之恩,这就是要祭亲、念亲。孝,不仅要在父母生前从情感和态度上对他们表示真诚的尊敬与爱戴,而且要在父母死后对其虔诚的追念与祭祀。

4. 荣亲、显亲

这是孝的最高层次。作为子女,一方面要建功立业,为父母争光,光宗耀祖;另一方面应该继承父辈事业,并将其延续至后代,发扬光大。传统孝观念要求子女在立身的基础上要立德、立言、立功。"扬名于后世,以显父母,孝之终也"(《孝经·开宗明义》)。"夫孝者善继人之志,善述人之事者也"(《中庸》)。古人认为,子女们不仅要寒窗苦读,求取功名,秉承父志,善继善述,实现父母对子女的希望,还要保持家风淳朴,维护家道兴旺,为父母、为家庭取得荣誉,延续家庭及家族的生命,这是传统孝道对子女的最高要求。做到荣亲、显亲的前提是必须存身,即保全自己的身体。因为"身也者,父母之遗体也,行父母之遗体,敢不敬乎?"(《礼记·祭义》)"身体发肤,受之父母,不敢毁伤,孝之始也"(《孝经·开宗明义》)。意思是说,自己的身体是父母遗留下来的,如果毁伤了自己的身体就等于毁伤父母的"遗体",就是不孝。

(二)祭祀祖先

古人认为,人去世以后就会变成神,会在一定程度上影响人世间子孙后代的祸福吉凶,因此,子孙有什么大事,要及时向祖先禀告;在重要的节日,子孙要举行一定的仪式追念祖先的功业,表达思念、崇敬之意。祭祀祖先,是为了教导后人不忘根本、知恩报恩,对于久远的祖先尚且不敢忘记,对于眼前的父母哪有不孝敬的道理。

(三) 移孝作忠

《孝经·广扬名》中说:"君子之事亲孝,故忠可移于君。"这是孝的基本内涵在政治领域的扩展和延伸,即从孝敬父母进而扩展到对国家尽忠。在古代,国家就是天下人共同的"大家",天子、君王就是天下人的家长。在小家庭里孝敬父母,在大家庭里就要对国君忠心耿耿,再进一步就是要忠于职守,忠于国家。所以用来协调家庭关系的孝,扩而广之,既可以用来和睦乡邻,也可以用来引导人们忠于君主,忠于国家,可以巩固社会秩序,维护君主的集权统治。"移孝作忠"的观念曾经被帝王用来劝勉臣民效忠自己,在近现代的反传统思潮中,这一观念遭到了激烈地批判,认为它是封建统治对人的奴役和钳制。

概括起来,狭义的孝包括了三个层面:一是物质层面,指子女赡养父母的行为,是子女对父母衣、食、住、行需求的满足;二是精神层面,指的是子女对父母爱敬之心的体现,是对父母真挚情感的流露;三是法律层面,指子女对父母养育之恩的报答和回馈,是子女对父母必尽的责任和义务。

二、广义的"孝"

从广义上来说,"孝"的内涵非常丰富。古人认为,所有不善的行为都会让父母担忧,也都属于不孝的行为。所以,上至事君不忠、做官不廉、交友不信等,下至开口骂人、脏话恶话,都会招惹灾祸,不仅使自己遭受伤害,还让父母蒙受羞辱,通通属于不孝的行为。由此看来,孝几乎包含了一切合乎传统伦理道德的行为规范。

"孝心"升华为"爱心"。孟子云:"老吾老,以及人之老,幼吾幼,以及人之幼。"这就是说,只有有孝心的人,才能关心、爱护别的老人、别人的孩子。孔子也说:"弟子入则孝,出则悌,泛爱众而亲仁。"(《论语·学而篇》)他将孝心升华成对大众百姓的爱。"亲亲而仁民,仁民而爱物"(《孟子·尽心章句上》),在这里,孝被进一步提升为对动物、植物,以至对世间所有生灵的爱心,这是一种惠及众生、泽披万物的慈悲和仁爱。古人认为,自然界的万物和人一样,都是浩瀚宇宙中的一个普通生灵,苍天是万物的父亲,大地是万物的母亲,人和人都是兄弟姐妹,自然界的其他生灵都是人的伙伴朋友。人由爱自己的父母和亲人,进而爱他人,爱惜自然界的一草一木,这是对天地恩德的报答。广义的孝涵盖人一生所有的行为,孝道实际上成为修身做人、理家治国之道。

三、孝的四种境界——现代人的视角

作为现代人,也有不少人将传统的孝分为四种境界:小孝、中孝、大孝、至孝。

(一) 小孝

以物养亲,尽心养亲,使父母衣食无虑。也就是给父母充足的物质条件,满足父母衣食住行,不至于有所缺乏。孔子认为这种孝"豢犬马乎?"也就是说,小孝其实犬马也能做得到。

(二) 中孝

以顺怡亲,上体亲志,使父母顺心安乐。也就是能多花时间陪伴父母,知道其心思,能体谅父母的心愿,让父母高兴,使父母心里安乐。这其实已经做到了感知其心,使其愉悦,与父母保持一种朋友似的融洽关系。

(三) 大孝

以养荣亲,行善济世,光耀门庭。孝顺父母,要做到"不辱身、不玷亲",即自己的德行没有亏欠,品德崇高,不玷污自己的双亲,不侮辱门楣。

(四) 至孝

以德拔亲,行道立德,使父母成就生命。做到至孝,首先自己能立身行道,成圣成贤,而且以圣贤之道教导自己的父母长辈,明白大道之理,善则赞成,过则规劝,使父母用高尚的道德滋润身心,也让父母成圣成贤,这叫至孝。

对于大部分人而言,小孝还是能够做到的,中孝、大孝、至孝的难度则是依次增大的。同时,因为每个人年龄、身份、职业、思想认识等差异的存在,不可能以一个标准来要求所有人,所以我们提倡首先要小孝、中孝,再努力追求大孝和至孝。

第二章 淄博孝文化资源概览

淄博市位于山东省中部,南依泰沂山麓,北濒九曲黄河,西邻省会济南,东接潍坊、青岛,是一座独具特色的组群式城市,总面积5965平方千米,常住人口470.4万人。淄博历史悠久、文化灿烂,是齐文化发祥地,国家历史文化名城。北辛文化、大汶口文化、龙山文化是淄博古代文化的骄傲。西周建立后,姜尚封齐,具有开放进取、兼容并蓄特质的齐文化从此开始发展,成为中华文明的重要渊源之一。姜太公、齐桓公、齐威王、管仲、孙武、晏婴、田单、司马穰苴等名君贤相、英帅良将,不仅创建了"临淄之中七万户……甚富而实,其民无不吹竽、鼓瑟、击筑、弹琴、斗鸡、走犬、六博、蹴鞠者;临淄之途,车毂击、人肩摩,连衽成帷,举袂成幕,挥汗如雨"①的海内外闻名的东方名都,也创建了一部雄壮曲折的齐国史。淄博也因其蕴藏的深厚的齐文化,从而成为一个享誉四方的文化之都。1994年,临淄被国务院列为"国家历史文化名城"。中国历史上第一本手工业专著《考工记》、第一本农业专著《齐民要术》以及最早阐述服务业的专著《管子》都是在这片土地上写成的。

在淄博灿烂的诸文化中,孝文化是淄博独具特色的文化元素之一,也是淄博市较鲜明、较丰厚的文化资源之一。从孝道传说到庙宇故址,从名人孝行到历届政府的大力倡导,淄博孝文化从一个侧面体现着淄博的个性与魅力。在加快建设务实开放、品质活力、生态和谐的现代化组群式大城市的今天,充分整理、挖掘淄博孝文化资源,研究探讨淄博传统孝文化的当代价值,不仅是构建当代社会和谐人际关系的重要资源,还有利于构建当代社会道德体系,有利于加强当今社会的精神文明建设,有利于应对老龄化社会的到来。

第一节 "华夏孝乡"——博山的孝文化

博山区地处鲁中腹地,北邻般阳故地,南接沂蒙之野,东望青州旧郡,西通

---

① 薛风旋. 中国城市及其文明的演变[M]. 北京:北京联合出版公司,2019:118.

泰莱古道。区域总面积698平方千米,人口数量约41万人(第七次全国人口普查结果)。春秋战国时期,博山名"弇中",周末得名"颜神",宋初已成重镇,金称之为"颜神店",元称之为"颜神镇"。1734年(清雍正十二年)始建县制,取名博山。因煤、陶、琉璃业兴盛,地扼齐鲁要冲,故称"鲁中重镇",被世人誉为"陶琉之乡",又因颜文姜的故事声名远播,故成为中华孝文化发祥地之一。

博山文姜广场

淄博的孝文化,博山是核心和代表,博山号称"华夏孝乡",这也是博山人最为自豪的地方。孝道,在博山这片土地上酝酿得最醇香、表现得最充分。在博山,最具代表性的孝文化资源有孝妇颜文姜的传说、颜文姜祠以及祭祀颜文姜的"颜神"庙会。此外,还有孝子王让因孝为官、孝女侍老不嫁的传说故事。

一、博山的孝文化资源

(一)孝道传说

1. 孝妇颜文姜

孝妇颜文姜的故事在博山及其周边世代相传,妇孺皆知。据考证,颜文姜应当是周朝后期齐国人。目前能查到的颜文姜故事最早的文献出处是东晋末年郭缘生在《续述征记》里的记载:"梁邹城西有笼水,云齐孝妇诚感神明,涌泉发于室内,潜以绢笼覆之,由是无负汲之劳。家人疑之,时其出,而搜其室,试发此笼,泉逐喷,涌流漂居宇,故名笼水。"①在许多有关的历史古籍中也出现类似的文字记载,如《新编陋巷志》、南北朝时顾野王的《舆地志》、唐代李亢的《独

① 齐焕美,于建华. 图说齐鲁地名文化[M]. 青岛:青岛出版社,2013:133.

异志》等，都记载了颜文姜的故事，并不断为其增加了神话色彩。

孝妇名字"颜文姜"，目前可查的文献是载于距东晋灭亡四百多年后唐代李冗的《独异志》："淄川有女曰颜文姜，事姑孝谨，樵薪之外，归后复汲山泉以供姑饮。一旦，缉笼之下，忽涌一泉，清冷可爱，时人谓之'颜娘泉'。至今利物。"为何说"淄川有女曰颜文姜"？是因为唐代初年，博山名为颜神镇，隶属河南道淄州淄川县，所以李冗记载颜文姜是淄川人。

淄博日报社对淄博文化研究颇深的李忠琴先生在《孝妇"颜文姜"史事辨正》一文中指出，从唐代到清代，关于颜文姜故事的记载颇多，但是故事比较简单，不感人，清末民初民间又添油加醋地增加了婆婆虐待孝妇的内容，说明在蛮不讲理的公婆面前，孝妇逆来顺受，不改孝道，以此凸显孝妇精神的可贵。

颜文姜的故事经过了民间世代流传，其故事大略为：

颜文姜少时与凤凰山下的郭姓人家订下亲事。19岁那年，她的未婚夫得了重病。郭姓人家为给儿子冲喜，娶了文姜过门。但不幸的是，成亲一个时辰后，她丈夫就去世了。因此，博山民间就有了"寅时娶进颜家女，卯时病死郭家郎"的说法。由此，颜文姜就被公婆称为"丧门星"，对其怀恨在心，百般折磨刁难她。颜文姜心地善良，忍辱负重，孝敬公婆，照料小姑子。婆婆一直不让她回娘家，每天让她到很远的地方挑水。路远又难走，一天只能挑一趟。后来，婆婆故意难为她，为了不让她半路休息，给她做了两只尖底的水桶。婆婆还有一个怪癖好，只喝身前一桶的水，中间不许她换肩，说身后的那桶水不干净。于是，颜文姜需要每日挑着尖底水桶到15千米外的石马村挑水，而且要一口气挑到家，中间不能休息。可怜的颜文姜是小脚，但是她还是咬牙坚持了下来。天上的太白金星看到了这一切，就决定帮助她。在颜文姜挑水的路上用鞭子弄上几个凹处，正好可以让她放下水桶歇歇。有一天，颜文姜在挑水的半路上，遇到一个牵马的老人，这个老人正是太白金星化成的。老人满脸风尘，向她借水喂马喝。心地善良的文姜毫不犹豫地答应了，说："前面桶里的水是我公婆、小姑子喝的，后面是我喝的，你就让马喝后面这桶水吧！"马渴坏了，喝完后一桶水连前一桶水也喝了。这让颜文姜很为难：再挑一趟吧，看看天色将晚，往返已经来不及了；不挑吧，挑着空桶回家，一定要挨婆婆的责骂。正在为难的时候，老人给了文姜一根马鞭，叫她带回家去，把马鞭放在水瓮里，只要把马鞭在瓮里抽一下，水就会汩汩涌出，直到满瓮。转眼间，老人和马都不见了。

颜文姜回到家试了试，果然灵验，这样就不用每日去挑水了。婆婆见文姜整天不挑水，可是瓮里却总是满的，感觉奇怪，叫小姑子去厨房看，发现了马鞭的秘密。

过了几天，婆婆破天荒允许颜文姜回娘家，她很高兴。在她走后，小姑子拿马鞭在瓮里乱抽一气，水汹涌喷出，哗哗地淌个不停。小姑子慌了，立刻去找颜文姜。颜文姜正在梳头，没等梳完，就把一绺头发往嘴里一咬，一口气跑回来，二话没说，一下就坐在瓮上，并从此坐化成神。她坐的地方滴出的泉水，名曰"灵泉"，泉水汇流成河，名曰"孝妇河"。

在淄博，还有一种说法：过了几天，婆婆破天荒允许文姜回娘家。在娘家的颜文姜总是感觉心神不宁，于是往婆家紧赶。这个时候，小姑子从瓮里提起马鞭，谁知道水喷涌而出，一下子水流成河。此时，颜文姜正好回来，就一屁股坐到泉眼上，一手拉着公公、一手拉着婆婆，双腿夹着小姑子。至今，在博山颜文姜庙中塑像的背后，仍然有这个情景的塑像。危难关头，颜文姜忘记了平日里遭受的虐待，把婆家人的安危放在首位，这也是她成为人们眼中的"孝妇"的主要原因。

颜文姜的故事经民间世代流传加工后，已经成为淄博地区家喻户晓的故事。颜文姜被称为"颜奶奶"，她的孝行感天动地，得到当时君王的高度褒扬。宋神宗敕封颜文姜为"顺德夫人"，元代又获封为"卫国夫人"。博山先民为纪念颜文姜，把她尊为"颜神"；把颜文姜堵的泉源称为"灵泉"；把流淌的泉水命名为"孝妇河"；把灵泉后边的山称作"颜山"。

文姜庙会是博山地区流传下来的一个风俗，博山人民将每年农历五月的最后一天定为"接颜神日"，六月的最后一天定为"送颜神日"。每到这两个日子，颜文姜娘家所在的八陡镇各村都会举行比较隆重的活动，他们组织队伍来到文姜祠接文姜回家省亲，满一月后再送回。接送的队伍浩大，人们盛装打扮，抬着轿撵，与彩旗、锣鼓、秧歌、腰鼓、元宝花篮队员一路步行到达，按照既定程序完成相关祭拜、接送的工作。沿途商家纷纷摆供品，四周人山人海，人们争相摸颜奶奶乘坐的轿子，方圆几十公里的人们前来虔诚地进香供奉，祈祷许愿，具有浓厚的民俗风情和乡土气息。博山之所以被称为"孝乡"，颜文姜的传说和当地独有的文姜庙会习俗是主要的渊源和佐证。

2. 孝子王让因孝为官

王让（约1354—1427），明代初期人，字秉逊，今博山区八陡镇北河口村人。传说王让在其母亲死后，在墓旁结庐守护，感应生泉，名曰"孝泉"。这一传说具有一定的封建迷信色彩，考其源头，应为其乡邻根据二十四孝之一的王裒的故事进行了演绎。但王让因孝为官的事情在历史上有确切的记载。据明代焦竑《玉堂丛书》卷三载："文皇帝（朱棣）特简王让侍皇太孙读书，谓侍臣曰：孝者，百行之源也，君子之所当则也。故《诗》曰有孝有德。朕闻让孝于其亲，故擢用之。"从这段话来看，正是因为王让的至孝，所以被"提拔重用"，在年逾四十时被地方上举荐为国子学录(当时的最高学府国子监的管理人员)。他曾做过明宣宗朱瞻基的蒙师,官至吏部右侍郎,是博山有记载以来的第一个尚书级官员,他至孝的故事在博山至今广为流传。

3. 孝女侍老不嫁

说到侍老不嫁的孝女,首先要了解博山的龙泉寺。博山莲花山上与正觉寺相邻的龙泉寺,是迁址而来的。老博山人都有记忆,龙泉寺的旧址坐落在峨眉山北麓,现淄博第一医院大门外东端。清康熙九年(1670)《颜神镇志》、清乾隆十八年(1753)《博山县志》均载:"龙泉寺内有二女泉,以二孝女得名,或曰'龙泉'或曰'珍珠泉'。"已毁碑碣载:"龙泉寺始建于明永乐初年。"2000年4月,出土了明天顺六年(1462)捐修佛殿石柱的"功德碑"一方,石刻为明天顺年间重修龙泉寺佛殿百碑坊横楣构件。孙廷铨的《颜山杂记》载:"出城南峨岭之北麓,东西有二泉,东泉清深,珠而不藻,西泉渊宓,藻而不珠。泉南旧有二女堂,今四角石基犹存,盖闻昔有二女,怜其父母老独无儿,乃共誓不嫁,投身净门,以资供养,泉上是其出家之处,惜其碣文湮灭,事迹难详,其曰'龙泉''珍珠泉'者,皆后人之所目也……珍珠泉泉圆,日间可见有气泡自泉底翻滚上升,状如珍珠泛起,故名。有古柏植其上,冬至子夜时分,柏阴倒映,月落泉中,时过则不复见。泉水甘洌,最宜煮茗。是谓颜山八景之一'珠泉印月烹新茶'。"

孝女侍老不嫁传说,就是来源于此。民间的传说赋予该故事更多的感人细节。据传,古代有一对姓高的夫妇,膝下无儿,只有两个女儿。看着已经长大成人的两个女儿,想到她们出嫁后,自己可能无人赡养,高氏夫妇就常常唉声叹气,茶饭不思,甚至有时候还会流泪哭泣。两个女儿知道了父母的心事后,就决定要像儿子那样好好孝敬父母,终身不嫁。二老亡故后,两个女儿昼夜思亲痛哭不止。她们的至孝诚心感动了天地,落泪之处涌出二泉,人称"二女泉"。后人感念其德,在此建"二女祠"享祭,泉旁有石刻"二女泉水贯古今,洗涤人间不孝心"。据《续修博山县志》载:"金章宗时有重修碑记。"显然,在金代已有祠堂,二女生活的年代当为金代以前。据乾隆《博山县志》记载:"二女,不知何时人,亦不传其姓氏,盖兄弟也。父母无子,乃共矢不嫁以养其亲。诚孝所感,甘泉涌于庭下。殁而有灵。乡人即其处建祠祀之。"

三个传说故事的主人公——颜文姜、王让、二孝女,是博山最重要的孝文化形象。世事变迁,但是他们的故事世代相传,根本原因就是大孝的品格历久弥香。

(二)孝祠香火相传

孝祠,即颜文姜祠,坐落在博山城里,孝妇河畔。颜文姜祠,又名"灵泉庙"

"顺德夫人祠",俗称"大庙"。颜文姜祠始建于北周(557),更建于唐天宝五年(746),宋熙宁八年(1075)扩建,清康熙十一年(1672)增建。1993年,对颜文姜祠进行建设整修,塑制《颜文姜的传说》10组群像(集声、光、电等功能于一体),整补描绘殿宇,更新石阶,重砌甬道,新植花草,增添钟楼,装点茶室。2006年5月,颜文姜祠作为元至清朝的古建筑,被命名为"第六批全国重点文物保护单位"。2015年,政府划拨2000万元文物专项保护资金,对颜文姜祠进行了大规模保护修缮。颜文姜祠占地面积3660余平方米,南北长64米,东西宽61米,主要建有山门、香亭、正殿、东西两庑、寝殿等计73间,建筑面积1324平方米。山门坐北朝南,面阔3间11米,进深1间6米。门上"颜文姜祠"匾额系中国著名书法家舒同于1982年秋题写。祠内池旁石碑题云:"孝妇河名自古今,泉源一派更弘深。何当吸去为霖雨,洗尽人间不孝心。"颜文姜祠是仅存的3座唐代木质建筑物之一。整个建筑物规矩严谨,金玉交辉,华丽中透着古朴,优美中伴着刚健,充分反映了古代劳动人民的高度智慧和建筑技巧。北京大学考古文博学院徐怡涛博士认为,现存大殿的主要大木作形制(也就是俗称的无梁殿)形成于金晚期至中前期之间,其构造科学实用,安全简洁,为国内之罕见,具有较高的历史价值、科学价值和艺术价值。其屋面翼角角梁的构造也十分独特,具有重要的学术价值。整个建筑附之以深厚的孝文化,实为中华建筑学和孝道文化的瑰宝。

博山颜文姜祠

关于颜文姜祠,在博山还有这样一个传说:

唐代初年的一个夏天,唐太宗李世民率大军东征,路经西长峪道,来到颜神(今淄博市博山区)神头这地方。因为天热,三军长途跋涉,所以人困马乏，又饥又渴。李世民便传旨停止前进，就地歇息，寻找水源。那时，神头四面环山，人烟稀少，十分荒凉，全军将士遍寻水源无果，正口干舌燥时，忽然看到南边来了一个白发老婆婆。她穿着蓝布衣裙，慈眉善目，满面笑容。左手提个四鼻水罐，右手拄一根龙头拐杖。看到水罐，将士们开口说道："老婆婆，我们人困马乏，想着借你点水喝。不过，你的水罐太小了。"婆婆说："尽管喝，一定管够。"将士们虽然半信半疑，但是还是接过水罐。没有想到，李世民喝了后，罐子里的水竟然又和原来一样多。将士们喝足了，马也喝饱了，水罐里的水还是满满的。李世民感到很惊讶，心里揣摩：一定是神仙下凡相助，刚要拜谢，抬头一看，老婆婆已不见踪影。李世民立刻派人打听这是什么地方？有什么神庙？御林军很快探得实情，便向李世民禀报："这个地方叫颜神，后周时这地方有个孝妇叫颜文姜，她秉性勤劳贤淑，孝敬公婆，制服了洪水之患，挽救了一方人的生命，人们感念其恩德，所以就在当地建立了'颜奶奶庙'，四时香火不断。颜奶奶救苦救难，为民造福，还常常显灵显圣呢！"李世民听了以后，立刻到庙前一看，原来是一座很小的庙！于是，马上焚香跪拜，虔诚地祷告说："您老人家多多保佑，待我东征胜利归来，一定给您老人家塑金身，建99间无梁大殿。"祷告完毕，大队人马又继续东征去了。

不久李世民东征凯旋，又路过小庙，却把许愿之事给忘了。当他的大队人马走到离神头500多米的地方时，不知从哪里突然飞来了一群大马蜂，团团围着李世民的坐骑嗡嗡地叫个不休，怎么也赶不走。李世民发怒道："小小马蜂，自不量力，怎敢阻挡我的大驾！"于是，命令御林军驱散马蜂群。谁知越赶越多，黑压压一片，铺天盖地，遮住了太阳，阴风阵阵，骇人万分。结果把驱赶马蜂的御林军蜇得鼻青脸肿，叫苦连天，顿时队伍大乱，不能前进一步。李世民急得团团转，如坐针毡，束手无策。他灵机一动，觉得马蜂来得蹊跷，一定有缘故。于是，派人打听这是什么地方。地方官禀告说此地叫颜神。李世民恍然大悟，想起了当年路过此处颜神保佑和自己许愿之事。李世民仰首观天，深深地叹了口气说道："朕一旦食言，区区小虫，也不相容，何况苍天乎？"便急忙下了坐骑，焚香下拜说："神蜂息怒，朕因军务繁忙，忘掉许愿之事，望你宽恕，我立即办理修庙之事，一定不负诺言。"说完之后，也真奇怪，马蜂立刻散去，云雾开处，红日高照，青天再现。于是，李世民火速传旨，大军就地宿营，急速责令地方官请来能工巧匠，设计图样，准备材料，择地建庙。可是神头四面环山，地方狭窄，盖不了99间大殿。李世民又重新焚香祷告，说明原因，便在神头建了9间斗供承攒的无梁大殿，琉璃瓦面，金碧辉煌；五脊六兽，栩栩如生；飞檐斗拱，古朴壮观；雕梁画栋，镂金错彩。殿前建有双檐四角尖式的香亭,山门外有一对精工细雕的大石狮子把门,雄伟壮观。李世民还亲笔书写"孝妇祠"三个大字,制成金字大匾,悬挂于山门的上方。到了标榜"以孝治天下"的宋熙宗年间,孝妇祠又被重修,并改称为"颜文姜祠"。

上述两个故事,或许因为人们对颜文姜的敬仰,以致在流传过程中不断被神话和夸大,甚至失实和有失偏颇,但并不影响其在博山乃至整个淄博百姓中广泛流传、口口相颂。同时,除了颜文姜的大孝感天动地,群众也相信到颜文姜祠祭拜,能够祈福保平安。正因为如此,每逢在颜文姜庙会、颜奶奶生日时,远近村庄的信众汇聚到颜文姜祠,虔诚膜拜。

(三)孝俗代代相承

博山人重孝道的淳厚民风,还体现在婚丧嫁娶等民风细节中。在婚嫁方面,新娘完婚后的第二天,须到新郎的长辈家中叩头,以显示对长辈的尊重;在丧俗方面,父母去世后,其子一月内不能理发、剃胡须,要守孝三年,三年内不到别人家中拜年;在中国传统节日方面,大年初一,子女要向父母、长辈拜年,初二到岳父母家中拜年,初二以后到其他亲朋家中拜年;在日常生活中,在酒席上用茶壶倒完水后,壶嘴不能对着长者。其实不仅在博山,在博山周边地区也有上述风俗。

诸如此类的风俗还有很多。随着社会的不断发展,这些风俗也在逐渐变革,一些封建糟粕成分被剔除,但其中蕴藏的深厚孝文化内涵,体现出浓浓的尊老、敬老的意味,正潜移默化地教育着下一代人。

二、博山孝文化的影响力

以孝妇颜文姜为代表的孝文化,既是博山乃至淄博特色鲜明的地域文化,也是博大精深的传统文化的重要组成部分。颜文姜身上所体现出来的心地善良、贤惠持家、任劳任怨、忍辱负重以及奋不顾身的品质,是中华民族优秀的传统美德、伦理规范的体现。它对周边地区的历史、文化、民风、民俗和社会道德都产生了积极的影响,催生出博山人崇尚孝道、乐善好施、和睦相处的纯朴民风,直到今天仍然为新时代文明建设发挥着润物无声的作用,具有不可替代的社会功能。

由颜文姜的传说而得名的孝妇河,仅淄博市境内流程就达77千米,横穿博山、淄川,经张店,绕周村,入桓台马踏湖,后经广饶、博兴等地入小清河,最终注入渤海,全长117千米。孝妇河可以称得上是淄博市的"母亲河",多少年来，沿岸的百姓提到孝妇河，就会给孩子讲颜文姜的传说，这种影响对孝妇河流域的百姓是深远且广大的。颜文姜祠规模并不大，但是多少年来，它以其独特的魅力，吸引着方圆数百里的平民百姓、高官商贾年年前来祭拜，甚至许多国外的客人也慕名前来拜访。

颜文姜是勤劳、善良、孝悌的化身，以她为代表的孝文化促进了博山乃至整个淄博地区的繁荣与发达。从文化方面看，历史上博山名人辈出，北宋文学家范仲淹曾栖隐博山发奋苦读，明朱瞻基的蒙师王让、清康熙帝的老师孙廷铨、同盟会创始人之一蒋洗凡、党员干部的好榜样焦裕禄都出自博山；从经济的角度看，博山的旅游景点、宾馆餐厅、商场店铺，无不体现出浓浓的"孝乡"特色；博山人衣食住行、婚丧嫁娶等重大节日活动的民风民俗，都包含着对长者的"敬"与对幼者的"慈"，对祖先的祭祀活动也充分反映了博山人对生命来源的追思与崇拜，并通过这些活动使"孝"这一优秀的民族文化基因代代相传，绵延不断。

第二节　齐国故都——临淄的孝文化

临淄是齐国故都，临淄孝文化的主要体现是《管子》中的孝道思想，以及流传在临淄的孝道故事、现存的孝道遗址、民间的孝道民俗等。

齐文化主要是指先秦时期由齐人创造的齐地文化，淄河流域是齐文化的中心，齐文化始于姜太公封齐建国，历西周、春秋、战国，到两汉时期，在中华传统文化的大背景下，与鲁文化等其他地域文化交汇融合，前后长达800余年（前11世纪～前2世纪）。齐文化具有"开放包容、创新务实、尊贤尚功、重工崇商、礼法并重"的内涵特质，在改革开放的今天仍有很强的指导意义。

齐文化博大精深、蕴含丰富，孝道思想就是其中的重要组成部分，集中体现在管子及其学派的代表作《管子》之中，其中对于孝道的理论观点，直至今天也有积极的学习、借鉴和教育价值。据文献记载，管子本人就是一个大孝子。司马迁在《史记·管晏列传》中曾经引用了管仲说过的一段话："吾，始困时，尝与鲍叔贾，分财利多自与，鲍叔不以我为贪，知我贫也……吾尝三战三走，鲍叔不以我为怯，知我有老母也。"这段话讲的是管仲和鲍叔牙的故事。在鲍叔牙看来，管仲"分财利多自与"不是贪婪、自私，"三战三走"也不是真的怯弱，而是为了孝敬母亲才有此行为。可以说，因为管子讲孝道，所以当他成为齐国宰相后，便开始大力推行孝道，以孝敬自己父母之心去关爱、体恤天下父老，这就是大孝。

一、《管子》的孝道思想

《管子》一书蕴含着丰富的孝道思想,书中"孝"字出现了35次之多,其中34处是在明确谈论孝道。

(一)孝的含义

按照韩广忠先生的观点,《管子》认为孝是一种利人的德行。《管子·形势解》说:"孝者,子妇之高行也。"意思是说孝是子女对父母应尽的一种高尚德行。但是《管子》的孝与儒家把孝道拓展至家庭之外有所不同。《管子》的孝仅仅是从子女对父母的角度来谈论的,是子女对于父母的孝,并不是对于父母之外的人的孝。《管子·五辅》记载:"为人子者,孝悌以肃。"意思是做子女的要以严肃的态度对待孝悌。在封建时代,孝与悌往往是结合在一起来使用的。孝指孝敬父母,悌指尊敬兄长,孝悌是用来维护家长、族长地位,巩固宗法制度的一个必须要遵守的道德准则。因此,从上述论断中我们可以看出,管子眼中的孝是一种限定为家庭内部的孝道。

(二)孝道规范

孝道规范,也就是如何行孝的问题。《管子》认为行孝必须做到"养亲"和"敬亲"。首先,"养亲"是"教民为酒食,所以为孝敬也"(《管子·轻重己》)。意思是孝敬老人就要为老人提供必要的吃喝之用。其次,"敬亲"是"上下有义,贵贱有分,长幼有等,贫富有度。凡此八者,礼之经也"(《管子·五辅》)。意思是长幼之间要保持距离,对父母要有恭敬的态度才符合孝的标准,这与儒家的养亲、敬亲、悦亲、顺亲、谏亲、无违、不怨、不远游、忧其疾、传宗接代等孝道规范比较起来有很大差别。

(三)孝道基础

孝道基础指孝道产生的根源,《管子》认为孝道的产生与人性趋利避害的本性有着密切关系。

首先,父母慈教是孝道产生的先决条件。孝道的产生、发扬必须要有父母慈教的前提基础。在《管子》看来,孝道本质上就是一种内在的仁爱情感,这种情感来源于父母的慈教。按照趋利避害的人性论思想,《管子》认为人们要产生孝道这种利人的德行,一定是为了寻求另一种对应的心理需求或者心理满足。《管子》认为这种心理需求或者满足就是来自父母的慈教。《管子·形势解》

说:"父母者,子妇之所受教也,能慈仁教训而不失理,则子妇孝。"即父母的慈爱教育能够让子女身心健康成长,子女因为父母的慈教而学习和奉行孝道。如果孩子们感受不到这种慈教,肯定不会行孝道的,子女的孝道是因感受到父母之慈爱而产生的感恩回报。这种说法,正是人们常说的"父慈子孝"的鲜明体现。父母对子女尽"慈教"之责任,子女对父母尽"孝顺"之义务,这体现了伦理的相互性和人格的平等性。

在《管子》中,管子提醒居于主导地位的人君和父母,要对臣民、子女尽到应有的责任,否则臣民和子女也可以不尽相应的义务。西周以前孝慈经常联用,强调慈与孝的不可分离性,显然《管子》继承了这一遗风。《管子·形势》中对此有非常精辟的论述,例如,"君不君,则臣不臣;父不父,则子不子"。这句话的意思是,君与臣、父与子必须遵守各自应守的规范,特别是君、父如果做不到,那么臣、子就可以不遵守相应的规范。"莫乐之,则莫哀之;莫生之,则莫死之。"(《管子·形势第二》)这句话就明确指出:君主不能使臣民安乐,臣民就不会替君主分忧解难;君主不能使臣民生长繁息,臣民也就不能为君主牺牲生命。这实际上都是君与臣之间、父与子之间对等性责任的说明。

其次,父之"势"是孝道产生的外在诱因。"势",简单来说就是权势、强势,在《管子》看来是父母、君主对于子女、臣民的制约能力。任何事物的发生都是内外条件下互相影响、相互作用的结果。亲情的感化是孝道产生的内在原因和条件,而外部条件和诱因就是"势"。从家庭来说,就是子女对父母的依附性。《管子》认为这种子女对父母、臣对君的依附性是孝道产生的外在诱因。《管子·法法》中记载:"凡人君之所以为君者,势也。"这里的"势",既可以指物质上的占有之"势",也可以指权势地位上的"势"。《管子》认为,按照人趋利避害的本性,父母有"势",可以为子女带来物质或地位上的好处,才会吸引子女恪守孝道;如果这些"势"在子女一边,父母不但无法吸引子女行孝,甚至无法制约子女,甚至会导致子弑父的悲剧。另外,《管子》认为,人在成家立业之后对父母的各种依赖会逐渐减小,父母制约子女的"势"会被削弱,子女对父母的孝心也会减弱。正如《管子·枢言》所言:"生其事亲也,妻子具,则孝衰矣。"由此引发出一个问题:穷人家的孩子对父母的依赖性低难道就是不尽孝了吗?《管子》认为,按一般情况是会这样的,但由于国家的存在,政府会大力宣传孝道并"化民成俗",以形成行孝的舆论压力;以及通过法律规定赏罚来激励人们行孝,这些途径又变相地增加了父母的"势"。

《管子》把"势"对于孝道的影响解释得比较清晰,如果势在父母这边,再加上引导的话,子女就一定会尽孝。反之,如果父母失去了这个势,如果在物质上没有势,在政治上也没有权势,子女则不会去行孝道。

最后，避开"五害"是孝道产生的环境基础。那么"五害"指的是什么呢？《管子·度地》中的"五害"是指"水，一害也；旱，一害也；风雾雹霜，一害也；厉，一害也；虫，一害也。此谓五害。五害之属，水最为大。五害已除，人乃可治"。在《管子》看来，孝道的产生、发扬首先要有良好的社会环境和家庭环境，而良好环境的营造首先要避开"五害"。《管子》认为，孝的本质是"利父母"，但这种"利父母"首先是建立在"自利"的基础之上，而"自利"的第一步就是解决自己的生存问题。人们自身尚无保障，无心也无力去思考如何行孝、如何更好尽孝道的问题。正如马克思所说的，一切人类生存的第一个前提，也就是一切历史的第一个前提，这个前提是：人们为了能够创造历史，必须能够生活。《管子》从去除人的生存障碍的角度来讨论孝道的产生。《管子·度地》记载："故善为国者，必先除其五害，人乃终身无患害而孝慈焉。"即行孝必须先除去"五害"。"五害"不除，个人的自身安全就得不到保障。从人的本能出发，人若避害都唯恐不及，哪有心思去考虑孝道问题；"五害"不除，必然会导致家破人亡、妻离子散，家庭都没有了，又怎么会产生依托于家庭父子关系的孝道呢？《管子》的这个说法是有一定道理的，因为孝道是以家庭的稳固和生活的安定为前提的，要想让社会良性发展，必须弘扬孝道，主政者应该帮助民众除"五害"，以满足人们生存的需要，只有这样才能为孝道的推广打下坚实的基础。

（四）孝道的推广

"牧民"，即治理国家，这是《管子》全书的主旨。如何才能治理好国家？《管子》认为孝道具有非常重要的作用。如何推广孝道呢？《管子》提出了具体的措施。

1. 加强教化

加强教化是国家推广孝道的重要途径。如何更好地进行孝道教化？《管子》认为，首先要"定民之居"，也就是说只有同一类人居住在一起，才能使其言行更易于统一，也更有利于化民成俗，使道德教化更易于进行，甚至不用国家出面，民众特别是知识阶层便能自发进行教化。《管子·小匡》云："桓公曰：定民之居，成民之事奈何？"管子则回答："今夫士群萃而州处，闲燕则父与父言义，子与子言孝，其事君者言敬，长者言爱，幼者言弟……是故其父兄之教不肃而成；其子弟之学不劳而能。"

另外一个加强孝道教化的途径是通过学校的教育。春秋战国时期，中国的私塾学堂已经兴起，礼仪道德是学堂的主要授课内容之一，孝道已经纳入了当时的教学内容之中。当时的齐国不但私学盛行，而且还创办了公办学堂——稷下学宫，许多道德教育名师都曾在那里讲学，诸如孟子、荀子、慎子等，学堂教育渐渐成为了齐国道德教化的主要途径。

《管子》还用养老、慈幼的政策来教化国民。《管子·五辅》中说，德有六兴，而其中之一就是"养长老，慈幼孤，恤鳏寡，问疾病，吊祸丧，此谓匡其急"，意思就是敬养老人，慈恤幼孤，救济鳏寡，关心疾病，吊慰祸丧，这叫救人之危急；义有七体，其中之一就是"孝悌慈惠，以养亲戚"，也就是用孝悌慈惠来奉养亲属。由此看出，《管子》强调要用养老慈幼、孝悌慈惠的政策来教育和引导百姓。

2. 以孝选才

管子是春秋时期选贤任能的倡导者和实践者，他创立的选拔人才的制度中，始终坚持"孝"为重要标准之一，这就很好说明了管仲对孝道的重视，同时也说明了在他的认识中，有孝道的人才能真正在政治上大有作为。

管子在《管子·小匡》中提出了选贤的标准——"为义好学、聪明质仁、慈孝于父母、长弟闻于乡里"，其中"慈孝于父母、长弟闻于乡里"两条就涉及了孝道。《管子·君臣下》认为："选贤遂材，而礼孝弟，则奸伪止。"意思是只有将人才选拔与礼孝悌结合起来，国家才能得以安宁。另外，《管子》还认为"匹夫有善，可得而举"；后来又说："孝者，子妇之高行也。"也就是说，国家要唯善是举，而孝则是一种高行、大善，那么孝理所应当作为国家选拔人才的一个标准。并且《管子》还给出了以孝选才的程序："凡孝悌、忠信、贤良、俊材，若在长家子弟、臣妾、属役、宾客，则什伍以复于游宗，游宗以复于里尉，里尉以复于州长，州长以计于乡师，乡师以著于士师。"（《管子·立政》）也就是说凡是发现有孝子良才，要从基层一级一级向上报告，然后"桓公亲见之，遂使役之官"（《管子·小匡》）。如果瞒报，就会受罚，"有而不以告，谓之蔽贤，其罪五"（《管子·小匡》）。这种把孝作为选官任官的标准，与后世儒家提倡的"举孝廉"制度有相通之处。

3. 赏罚之法

《管子》认为，人性都是趋利避害的，孝道推广要注重因循人性，以利害加以引导。管子在回答齐桓公问题时说："君不高仁，则国不相被；君不高慈孝，则民简其亲而轻过。此乱之至也。则君请以国策十分之一者树表置高，乡之孝子聘之币，孝子兄弟众寡不与师旅之事。"（《管子·山权数》）意思是，孝道对于国家稳定至关重要，君主高扬孝道，就要用金钱奖赏孝子孝行，用免去兵役的奖励来激励孝行，以树立行孝的表率和模范。《管子·大匡》也认为，"士庶人闻之吏贤、孝、悌，可赏也"。对于不孝的人，则要加以重罚，甚至要以杀头之罪论处。《管子·大匡》记载："从今以往二年，嫡子不闻孝，不闻爱其弟，不闻敬老国良，三者无一焉，可诛也。"一诛一赏，全在孝悌与否，说明了齐国当时对孝道的高度重视。此外,齐国还对乡之孝子给予大力表彰和物质奖励。《管子·山权数》中记载,国家每年要拿出十分之一的财力,用以树表柱立高门,倡扬仁爱慈孝风尚。对乡中的孝子送礼慰问,孝子的兄弟不论多少都免除兵役。春秋末期,齐国的贤相晏婴继承了管仲的爱民之道,主张罢徭役、薄赋敛、倡节俭,使"老弱有养,鳏寡有室"(《晏子春秋·内杂上》)。

齐文化重功利的特征在孝道推广中表现非常突出。这种用利益引导和推广孝道的方法,虽然有其不完美的地方,但在当时对人们的孝行无疑有相当大的激励作用。

4. 惠民政策

《管子》提倡的孝虽然是基于家庭中的血缘之爱,但是提倡把这种孝道推及到天下,以孝敬自己父母之心,去爱戴、救恤全国的父老,其主要表现在《管子》的"九惠之教""问疾"以及"老弱勿刑"上。

(1)"九惠之教"。

"九惠之教"是管仲任齐国相后推行的九项惠民政策,其中有两项涉及养老、恤老。《管子·入国》中说:"所谓老老者,凡国、都皆有掌老,年七十已上,一子无征,三月有馈肉;八十已上,二子无征,月有馈肉;九十已上,尽家无征,日有酒肉。死,上共棺椁。劝子弟:精膳食,问所欲,求所嗜。此之谓老老。""老老"就是在城邑和国都设立"掌老"的官,规定年纪在70岁以上的老人,免其一子的征役,每年三个月有官家所送的馈肉;80岁以上的,免其二子的征役,每月有馈肉;90岁以上的,全家免役,每天有酒肉的供应。此外,还要求他们的子女细作饮食,平时要经常询问老人的需求,了解老人的嗜好。这些老人去世了,君主可供给其棺椁。这里指出了对待70岁以上、80岁以上、90岁以上的老人采取的具体措施,并说明了他们去世后要做好的事情。这些措施即使在现在,也不失为养老好政策,何况在物质匮乏的古代社会?

(2)"问疾"。

《管子·入国》记载:"所谓问疾者,凡国、都皆有掌病,士人有病者,掌病以上令问之。九十以上,日一问;八十以上,二日一问;七十以上,三日一问;众庶五日一问。疾甚者,以告上,身问之。掌病行于国中,以问病为事。此之谓问病。"问疾也就是问病,即在城邑、国都设立"掌病"的官吏。士民有病的,"掌病"以君主旨意慰问:90岁以上的,每天一问;80岁以上的,两天一问;70岁以上的,三天一问;一般病人,五天一问。病重者,向上报告,君主亲自慰问。"掌病"的官吏要巡视国内,以慰问病人为专职。在当时的条件下,能够对老人们实行这样的具体措施,无疑能够最大限度地保障老年人身体的健康。《管子》中的这些养老、恤老的措施,都是孝道的具体体现。

(3)"老弱勿刑"。

《管子·戒》记载:"管仲与桓公盟誓为令曰:老弱勿刑,叁宥而后弊。"《管子·幼官》记载:"再会诸侯,令曰:养孤老,食常疾,收孤寡。"从这些记载中可以明显看出,当时齐国是在国家政策的高度上强调对孤老、鳏寡、废疾者的照顾、体恤,特别是"老弱勿刑"这一伦理法则体现出浓浓的人情味,这在中国古代历朝法律中是难能可贵的。

综上所述,在孝道问题上,《管子》比较强调功利主义,看重孝道的外在诱导因素,认为治理国家必须发扬孝道。要按照趋利避害的人性,先由国家帮助人们除去"五害",再通过"教化""惟孝是举""奖惩"等措施激励孝行,然后宣传"父慈""父势"对孝道的激发作用,会极大地调动人们行孝的积极性。人人都行孝,自然"奸伪止",国家也就易于治理了,这就是《管子》孝道思想所追求的目标。这种孝道思想过分倚重外在的因素,而忽视了内在修养的作用。从现代人的眼光来看,道德的弘扬既需要外在激励,也需要人们的内在修养,二者缺一不可。在现代社会,我们要从这部巨著中汲取智慧,扬其长,也要明确其存在的问题,避其短,从而服务于现代社会的孝道建设。

二、临淄的孝道故事

开放务实、通权达变的齐文化,不仅成就了春秋首霸、战国七雄的辉煌大业,建立了名播古今的稷下学宫,开创了百家争鸣的优良学风,也给我们留下了丰富的孝文化资源,其中的孝文化故事就非常富有特色。

(一)缇萦救父

缇萦救父的孝道故事被列入古代"二十四孝"之一,虽然版本很多,但主要内容大同小异。传说汉文帝时,临淄有个小姑娘名叫淳于缇萦,她的父亲淳于意本来是个读书人,因为喜欢医学,经常给人治病出了名,后来他做了太仓令。他不愿意跟做官的来往,也不会对上司溜须拍马,没多久就辞官当医生了。有一次,有个大商人的妻子生病了,请淳于意云医治,病人吃药后没见好转,过了几天就死了。大商人仗势向官府告淳于意的状。当地的官吏判他"刖刑"(当时的刖刑有:脸上刺字、割鼻子、砍去左足或右足等),要把他押解到长安去受刑。淳于意有五个女儿但是没有儿子,他将被押解离开家的时候,望着女儿们叹气说:"唉,可惜我没有男孩,遇到急难事一个有用的也没有。"几个女儿都低着头伤心得直哭,只有最小的女儿缇萦又悲伤又气愤。她想:"为什么女儿就没有用呢?"她提出要陪父亲一起去长安,家里人再三劝阻她也没有用。到了长安,淳于意被押入狱中,小缇萦给皇帝写了状子,诉说父亲的冤屈,要求免除父亲的"刖刑"。状书写道:我父亲为官清廉,行医有术,现被人诬告受"刖刑"。人一旦受"刖刑",不死也得残废。有罪,则失去了改过自新的机会;无罪,则无法弥补了。我甘心情愿卖身为奴,替父亲赎罪。请皇帝明察。汉文帝看了信,十分同情这个小姑娘,又觉得她说的有道理,就召集大臣商议说:犯了罪该受罚,这是没有话说的。可是受了罚,也该让他重新做人才是。现在惩办一个犯人,在他脸上刺字或者毁坏他的肢体,这样的刑罚怎么能劝人为善呢。你们商量一个代替刖刑的办法吧!于是大臣们拟定一个办法,即把刖刑改用打板子:原来判砍去脚的,改为打500板子;原来判割鼻子的,改为打300板子。后来汉文帝就正式下令废除了刖刑。

缇萦怀着至孝之心上书救父的美举,促使了刖刑的废除。为此,班固写了一首《咏史》:

　　　　三王德弥薄,惟后用肉刑。
　　　　太苍令有罪,就递长安城。
　　　　自恨身无子,困急独茕茕。
　　　　小女痛父言,死者不可生。
　　　　上书诣阙下,思古歌《鸡鸣》。
　　　　忧心摧折裂,晨风扬激声。
　　　　圣汉孝文帝,恻然感至情。
　　　　百男何愦愦,不如一缇萦。

这首诗歌咏的正是淳于缇萦,因为这位奇女子的上书,不仅救了被判刑的父亲,还感动文帝下达了废除刖刑的诏令。诗人最后发出了"百男何愦愦(愚笨),不如一缇萦"的感慨,是对缇萦的高度肯定和褒扬。缇萦上书救父的孝行,流传至今,成为后世孝道的典型,因而被列为中国古代"二十四孝"之一。

(二) 江革负母

这也是被列入"二十四孝"的一个故事。据《后汉书·江革传》、《家范》(北宋司马光)以及"二十四孝"各种版本的记载,江革的事迹大体如下:

江革,字次翁,东汉初年临淄人。从小失去父亲,家里只有他和母亲相依为命。时逢王莽乱朝,政治腐败、战争频繁、天下大乱,为躲避战乱,江革背着母亲弃家出走,四处逃难。途中母子二人历尽了千辛万苦,由于没有吃的,江革就经常去采拾野菜。一天,江革正在为母亲挖野菜,结果被一伙强盗抓住了。强盗们看他年轻力壮,想要劫持他入伙,并允诺他衣食无忧。江革泪流满面,哀求他们说:"我跟你们去当强盗,可我还有年迈的母亲需要赡养照顾。如果我一个人撇下母亲跟你们走,那么我母亲就无法生活了。"强盗们看他情真意切,动了怜悯之心,就把他放了。后来江革背着母亲,千里迢迢流落到江苏下邳。由于家境贫寒,没有钱来供养母亲,江革就天天打赤脚,靠到处给人家做佣工挣钱养活母亲。打水劈柴,放牛喂猪,无所不做。日积月累,母亲所需的生活物品应有尽有,被照顾得非常周到。

刘秀称帝后,国内形势慢慢稳定下来。建武末年(约50),江革又背着母亲,跋涉千里返回了故乡临淄。回临淄后,他依旧勤勤恳恳,把母亲照顾得无微不至。当时的百姓每年都必须到县衙"案比",即每个人都要亲自到县衙与官府登录的画像对照,以核实户籍。江革的母亲年老,自己不能走着去,江革想给她雇车前去,又怕牛车、马车颠簸,母亲的身体受不了。于是,江革决定不用牛、马拉车,而是自己拉车亲自送母亲去县衙。一路上他缓步而行,车子非常平稳,母亲坐在车上也非常舒服。乡里的百姓看见江革如此孝敬自己的母亲,非常感动敬佩,都称他为"江巨孝"。太守听说了这件事,了解到江革的品质高尚,想请江革出来做官,江革以母亲身体不好需要照顾为由礼貌地拒绝了。后来,母亲去世,江革非常悲伤,在母亲的坟地里搭了个草庐居住,久久不忍离去。服丧期满,他也不肯脱去孝服。直到后来太守派官吏进行了慰问与劝解,他才从悲痛中解脱出来。

母亲去世以后,他因为品德优秀,在临淄很有声望,所以很快走上仕途。他担任过郡里的小官,又于汉明帝永平初年(约58)被推举为孝廉,做过郎官、楚太仆等职。由于他廉洁清正,敢于弹劾权贵,与封建官场格格不入,因此,几个官职都未做很长时间即辞官归乡。汉章帝建初初年(约76),太尉牟融又推举他为贤良方正,他又做了司空长史、五官中郎将等职。汉章帝刘炟对他的孝行十分敬佩,对他恩宠有加。每次上朝,考虑到江革年龄大,常常派贴身的皇宫侍卫去搀扶他;江革生病,也常常派太监拿着好药和美食去看望他。当时京城里的贵戚卫尉马廖、侍中窦宪等人更是对江革十分敬仰,经常准备精美的礼品前去江革府上拜会,但每次江革都坚决不收他们的礼物。后来,江革上书请求告老还乡,汉章帝特地赐给了他一个"谏议大夫"的职位,准许他返回故乡临淄。又过了多年,元和年间(约86),汉章帝非常挂念已经告老还乡的江革,就发诏书给临淄的地方官,详细询问了江革的生活情况,并指示县里要常去探望他,且赏赐给他谷千斛和羊酒。于是江革"巨孝"之称,行于天下。江革去世时,汉章帝再次下诏,予以厚赏。"夫孝,百行之冠,众善之始也。国家每惟志士,未尝不及革。"(《后汉书·江革传》)从此,"巨孝"之称,名扬天下。江革死后,他的三个儿子都在朝廷做官。由于他孝顺、清廉,影响大,地位高,赢得了族人的敬重,被后来历代《济阳江氏宗谱》尊为一世始祖。

(三) 公冶长申池"拾羊孝娘"

史载公冶长是孔子的女婿。他是齐国诸邑人,即今天的临淄凤凰镇小张王庄人。相传他通鸟语,在杜山附近的齐国苑囿申池养鸟、驯鸟。有一天,公冶长正在精心伺候母亲吃饭,突然听到杜山上的乌鸦唱道:"公冶长啊孝儿郎,老虎剩下一只羊。你吃肉,我吃肠,快快取之莫彷徨。"此时,公冶长正在发愁没有东西给面黄肌瘦的母亲补养一下身体,听到乌鸦的话后,就急忙跑到杜山上,果真找到了那只死羊。他给母亲炖了一锅羊肉,服侍母亲吃了肉、喝了汤,却忘记了乌鸦的叮嘱——把肠留下给它。乌鸦很生气,隔天又唱起了这支歌。听到歌声的公冶长又来到杜山上,没有看到羊,却看到一具尸体,恰好被当时赶到的狱吏当作罪犯捉拿回去,后被押入牢房,成为一桩冤案。公冶长死后被葬在了申池附近。至今,庄东南还有公冶长墓。他的故事作为古代孝子的典型,流传至今。

(四) 于通救母

于通,明代临淄尧王庄(今临淄区稷下街道尧王村)人。他16岁的时候父亲就去世了,与母亲刘氏相依为命,对其十分孝顺。母亲久病,而家里又没有钱救治。为了救治母亲,他就跑到医生家、药铺里给他们无偿打工。令人欣慰的是,母亲的病最后痊愈了。崇祯十七年(1644),临淄一带发生了战乱。于通与母亲、妻子一起逃难,躲到两个相邻的地窖里。结果母亲的地窖被匪人发现,匪人要杀害母亲。于通与妻子在另一个地窖中,听见母亲的呼救,两人立刻从地窖中飞身跃出,挺身与匪人搏斗,结果于通之妻因掩护其母亲,被匪人杀害。

(五) 王作楫学母行善

王作楫,清代临淄金岭镇人,回族大孝子,曾在浙江为官。王作楫之母马氏,是名虔诚的穆斯林,平时乐善好施。王作楫谨遵母命,与母亲一起做了很多善事。母子二人开设普济院,常年救济贫民。雍正九年(1731)大灾时,他们俩免除债务、释放奴婢,拿出粮食无偿周济灾民。王作楫的妻子张氏,与丈夫一样孝顺。婆婆马氏卧床不起20年,她任劳任怨、悉心照顾,"昼夜不离姑侧"。乾隆五年(1740),王作楫母亲去世。王作楫庐墓三年,每天早晚都要到墓前哭泣,以至于坟墓周围的树都枯萎了。此后的三年中,王作楫抄写了《古兰经》30本,以表达对母亲的深深怀念之情。官府为表彰其孝心,专门为王作楫树立了"孝子坊"。

三、齐文化中的孝道遗址——齐国孝坛

齐国孝坛现在张店的齐孝陵陵园中,其中有一个与齐国第三十一代国君齐康公有关的传说。历史上的齐国古都康王山周围,森林茂密,树木参天。齐国第三十一代国君齐康公去世以后,康王山附近当即泉水停涌,河水断流,连年干旱,田地干枯,庄稼颗粒无收,民不聊生,生灵涂炭。人们认为出现这些灾难,是因齐康公的儿子不孝而惹齐康公发怒的结果。当地村民到处烧香磕头拜祭,乞求康公在天之灵不要再怪罪儿子,殃及百姓;大家也成群结队到齐康公儿子的门前,跪拜不起,盼望齐康公的儿子改邪归正,造福百姓。看到门前如此多的村民跪拜,齐康公的儿子感到脸面丢尽,闭门思过后,决心洗心革面,重新做人,为百姓解困脱难,改变往日的不孝形象,做一个真正的孝子。为实现这个愿望,齐康公的儿子苦读经书,周游列国,拜访圣贤,并议定在齐康公生前选择的百年福地齐孝陵中央建一大型祭拜孝坛,以表孝心,并解百姓之困苦。齐国孝坛就因此而建。

孝坛取阴阳八卦、天圆地方、四通八达之说建造,外呈圆状,内为方形,中心呈圆心状,围绕孝心石和孝泉而建,具风水之地,弘皇家气势。当年齐国建孝坛时工程宏大,齐国上报周天子,周朝拨付万两白银用于筑建孝坛。孝坛竣工后,齐国上下欢聚一堂,载歌载舞,在康王山西南的炒米村附近举行了盛大庙会,连续三个月赶大集、唱庙会,一派热闹的景象。耗资巨大、历尽艰辛的孝坛建好后,齐康公"显灵",原谅了儿子。此后,康王山再现了男耕女织、人畜兴旺、五谷丰登的盛世景观。

齐国孝坛落成以后,齐国臣民都将善有善报、恶有恶报当成特别重要的做人标准,"孝"字为大,把孝敬老人当成人生的美德,"孝"成为村民儿娶媳、女招婿的首要标准。逢年重大节日、婚丧嫁娶,都要组织亲朋好友、族人乡亲一起到齐康公陵园前的齐孝坛举行以"孝"为主题的大型拜祭活动,唱孝歌、表孝心,虔诚地面向孝坛三磕九拜,告慰祖先,以示孝心,以讨心愿;祈福家人经商有道,发家致富,人丁兴旺,平平安安;祈福齐中举人,做大官。相传刘墉曾来湖田辛安店,参加王姓好友父亲的葬礼,后随众人来到齐国孝坛参拜,得高人指点之后,顺利扭转在山西多年屡试不第的窘境,最终得以在京城官至宰相大位。类似的故事在当地流传多年,齐国孝坛由此成就了众多宰相大臣和文人居士。日积月累,齐国参拜齐孝坛的风俗千百年来延续了下来。

据传,齐国孝坛在宋代因战乱被毁,现在的齐国孝坛系依据史料、传说兴建而成,并在历史的基础上,汲取齐国"孝"文化、园林文化、旅游文化之精华,

增加了齐康公雕像、康公纪念亭、福禄寿雕像、"二十四孝"石刻雕像、地藏石雕等纪念性文化雕刻石像,走进园区犹如进入了历史民俗文化馆、传统教育纪念馆。齐文化、孝文化在齐国孝坛得到了集中体现,具有极高的文化和历史价值。目前,齐国孝坛已成为淄博名胜风景景点——齐孝陵,是淄博当地别具特色的人文旅游景观。

四、齐文化孝道思想的民俗表现

如今,孝道思想在今天的齐国故都临淄及其周围地区的许多民俗中还有浓浓的遗存。例如,在临淄结婚礼仪习俗中就表现得非常明显。婚姻嫁娶是人生的一件大事,尽管现代婚礼花样层出不穷,但在临淄结婚前一天,新郎要给祖先叩头,要把祖先的牌位放在正房。结婚仪式上,新郎、新娘要向父母(公婆)叩拜。新娘第一次走娘家回来,便由嫂子或婶母领着去祖坟祭奠,叫作认祖。之后,还要逐门逐户给长辈行礼以表敬重,这些都是尊老敬老的体现。如今在临淄农村,给老人祝寿的风俗仍然非常盛行。每逢生日,由子女等至亲带着寿礼参加,俗称"上寿"。重要的祝寿活动有三次:一是"六十六,吃块肉"。老人66岁这年,农历正月初六,儿女、亲友都要前去祝寿,寿礼中必须有一块猪肉;二是"七十三,蹿一蹿"。老人73岁这一年,儿女、亲友都要买鲤鱼前去祝寿;三是"八十大寿"。在老人80岁这年的农历正月初八进行,是最隆重的祝寿活动。其实,不仅是临淄,淄博市的其他地区也有着这样的风俗,这就是孝道的一种延续。

除此之外,还有葬礼风俗。老人去世要举行丧礼,俗称"发丧"。丧礼是民间最重要的礼仪,要经过穿寿衣、报丧、戴孝、设灵棚、入殓、吊唁、宴客、出殡、安葬、圆坟等多个环节,一般要三四天或更长的时间。举行丧礼后,还要进行"七祭",即每逢七日要去坟地烧纸祭奠,直到第五个"七日"为止,其中"五七"最为隆重;此后还要过"周年",即老人去世后的一、二、三周年,其子女和主要亲戚要去坟地祭奠。老人去世,子女要遵守"持服三年"的风俗,穿白鞋,扎白带,帽沿白边,留"百日头",全家老幼不穿红着绿,三年内不办喜事,过年不早起、不贴红对联等。

这些婚丧嫁娶的民俗,随着社会的不断发展也在逐渐变革,但其中蕴含的尊老、敬老精神依旧潜移默化地影响着一代代人。

第三节　渔洋故里——桓台的孝文化

桓台是"一代诗宗""文坛领袖"王渔洋的故乡,作为历史悠久的山东名邑,桓台文化底蕴深厚。在孝道问题上,王渔洋及其新城王氏家族,从理论到实践,从宣传忠孝思想到亲身践行孝道,所作所为在当地的影响也非常深远,为后世所传颂,是淄博孝文化不可或缺的一部分。

一、新城王氏家族孝道传家

桓台王渔洋故居

新城王氏家族从明中期到清初两百多年长盛不衰,到王士禛时达到家族知名度顶峰,是科甲蝉联、簪缨不绝的大家族,齐鲁名门望族之一,被称为"江北青箱"、明末"王半朝",对齐鲁儒学影响极大。王氏的孝道家风既是家族兴旺的原因之一,也是当地百姓学习的榜样和楷模。

(一)诗文中记载的孝道故事

王士禛在《池北偶谈·谈异·泰山孝子》中记录过舍身还愿的例证:顺治十

年四月,泰安知州某于泰山下行,忽见片云自山巅下,云中一人,端然而立,初以为仙,及坠地,则一童子也。惊问之,曰:"曲阜人,孔性,方十岁。母病,私祷泰山府君,愿殒身续母命。母病寻愈,私来舍身崖,欲践夙约,不知何以至此。"知州大嗟异,以乘舆戒载之以归。这则记载了泰山舍身还愿的故事,体现了记载者本人对这类孝子的褒扬,可以看出新城王氏家族成员是积极倡导孝道的。但是舍身还愿在现在看来显然是愚昧的,是绝对不可提倡的。

(二)行动中实践忠孝思想

三世祖王麟对父、祖辈极为孝顺。王士禛在其年谱中记载王麟"事大父琅琊公至孝"。明代山东士人于慎行记载:"一些官员在忠孝不能两全的情况下,甘愿舍弃官职去侍奉老亲,如新城王之垣,嘉靖壬戌进士,官至户部左侍郎,自己因为念母老疏请侍养,把做官的机会让给家族内其他子弟,回乡单独侍奉老母亲20余年。"

至新城王氏士字辈,孝行达到极致,以士禄为最。王士禄字西樵,进士出身,任吏部考功司员外郎,一生命运坎坷,但却颇有山东琅琊王祥之遗风,至纯至孝。王士禄初参加省试,未中,生灰心之意,但士禄却铭记母亲的教诲,念及祖父之耄耋,不致让其失望,奋起读书,当年秋天,士禄便"举于乡",祖父象晋便将邢侗的《兰亭序》与《白鹦鹉赋》奖给他。祖父病重时,王士禄衣不解带,不离左右,汤药必亲尝。"孙夫人患痰症甚剧。信至京师,山人兄弟仓皇欲弃官归。夫人语匡庐公寓书力止之"。"讣闻,昼夜擗踊投地,绝而复苏,勺水溢米不入于口者,累日"。奔丧归来后,中夜哀号,枕席上皆是斑斑血渍,病根就此中下,"母丧,以毁卒,年四十八"(《清史稿》)。乡人因为其至孝私谥为节孝先生。王士禛在四川乡试,听说太夫人病逝,"徒跣奔丧……哀毁骨立,杖而后起。终三年丧,未尝一饮酒茹荤也"。这样的亲身践行孝道的行为,是真正的楷模,为后世所传颂。

(三)修建、修葺祠堂,使忠孝思想传于后世

清康熙年间,王士䣭为二世祖王伍出资兴建善行祠。王士禛为纪念明代殉国的叔父与胤及其兄王士禄,为之合建忠孝祠;士禛使蜀时,谒叔祖象乾祠,不觉泪下,过闻喜县时,重新修葺叔祖象乾及乔允升合祠。这说明王氏家族的孝道已经成为家族的文化,并深入到家族成员的内心,成为自觉的行动。

二、孝女史修真侍老不嫁

桓台修真祠

桓台县马桥镇的西史村,有一个修真祠,当地俗称老姑庙,传说这里曾是孝女史修真的旧宅。据史料记载,清道光年间,西史村曾建有一座当时远近闻名的学堂"晓阳书院",培养出不少名流儒士。清末主理学堂的儒士史振泗老先满腹经纶,桃李遍山东,但膝下无子,仅有二女,史修真是次女。据载,史修真生于道光十六年(1836)。传说她幼时眉清目朗,天资奇特,虽然没有正式进过学堂,但学龄刚到,就能够读书识字,略微年长一些就博览四书五经、唐诗宋词,乃至农耕医药、天文地理等书,而且能够过目成诵,融会贯通。更可贵的是,她自小便宅心仁厚,经常有慷慨助人之举,而且以慈悲为怀,对花草、动物等常常显出悲悯之心。

随着年龄渐大,史振泗夫妇疾病缠身,姐姐出嫁后,家庭的全部重担就落在了史修真一个人身上,她操持家务,从事田间劳作,又要为父亲煎汤熬药,虽然辛苦劳累,却从无怨言。她经常对人说:"乌鸦反哺,为人侍亲,理所当然!"日复一日,史振泗夫妇眼看要耽误女儿的婚嫁,时常含泪感叹膝下无儿的悲哀。面对久病难愈的父亲和络绎不绝前来提亲的媒婆,史修真开始左右为难,最后她向父母立誓终身不嫁,奉养双亲到老。《史氏世谱》对此事记载:"贞孝生而聪秀,能读书,识大义。父母多病,贞孝(史修真)不谈婚嫁,慨然曰:愿终身侍父母,以报生养大恩!"为侍奉父母,史修真刻苦自学医理,亲自为二老调治,每开药方总能见效。古时农村,缺医少药,乡邻们知道后也请史修真医治,竟也总能药到病除,而她又从不收取费用,因此渐渐被尊为"普度众生的活菩萨"。后来,父母先后去世,史修真依照当地风俗,置葬具、立坟墓、建碑碣,厚葬父母。数十年后,姐姐也去世了,史修真仍然守志不渝,终日闭户焚香,博览群书,常年与一女佣人相依为伴,读书种地。

史修真博览群书,知识极为丰富,竟然达到了"不窥牖,见天道;不出门,知天下"的地步。古人靠天吃饭,种田不易。史修真种粮却年年丰收,四野八乡农民纷纷上门求教,并按照她说的方法去耕作。1919年,山东大旱,数百里蝗虫成灾,许多地方颗粒无收,西史村及邻近村庄却因为史修真的缘故喜获丰收,被人称奇。除此之外,史修真虽然不经商,却比商人们更明白市场的潜在规律,每有预言,必定应验。远近商贩、豪门巨贾纷至沓来,求经问道,往往各得其所,心想事成。烟台福山人王子元是商界巨富,原来在青州立号,因为经营不善连年亏损,无奈之下登门求助。史修真指点他经营蚕茧,并指出周村一带蚕茧丰收,价格低廉,若经营此项业务,日后必发。王子元依言而行,果然获利。王子元崇敬感激,捐资修建了修真祠和孝女牌坊楼。

后来,史修真同情一贫穷农户,挺身而出,帮助他和财大势大的乡霸打官司,引起了慈禧太后和光绪皇帝的关注。慈禧太后在问案过程中听说了史修真侍亲、葬亲的事迹后大为感动,于光绪十年秋(1884)为她御批"女可为儿",光绪皇帝也赐匾——淑真仁孝。自此,孝女史修真的传奇故事开始流传海内,成为族人的荣耀。

西史村的百姓为了纪念史修真,专门为她树立了贞节牌坊,该坊前额镌刻"淑贞仁孝"四个正楷大字,两边楹联是:"女可为儿大义真一时无两,孝义得寿行年已八秩有三"。可惜原有的牌坊早已荡然无存,现在西史村的牌坊是2017年村民集资修建的,两边楹联是:"养亲葬亲显亲胜于男子,贞女孝女圣女合为一人",横批是"孝为天下"。

桓台西史村牌坊

第四节 淄博中心城区——张店的孝文化

炉神姑的传说，流传于张店、桓台及周边地区。在张店的中埠镇铁冶村和孟家村，各有一座炉姑庙。桓台还有一个炉姑园。中埠镇离桓台很近。之所以列入张店的范围，是因为传说的主要地点在张店区内。

张店孟家村炉姑庙

桓台炉姑园

炉神姑的传说最早源于齐桓公时期(前685~前643),当时的分布区域东起青州西至萌水,南自蒙山北到黄河,即现在的淄博市及周边市区。"西依孟村东近海,南接金岭北靠山",就是对炉神姑遗址的真实写照。原故宫博物院院长杨伯达先生曾说过:"炉神文化在淄博,别无二家。"炉神姑的传说能在张店、桓台地区广泛流传,从历史渊源、地理环境、经济发展、传统习俗、价值取向等多种因素来看都非常合乎情理。从历史记载来看,大约从商代开始,人们就发现铁山藏铁;春秋战国时期,齐国称霸,九令诸侯,一匡天下,均与在此冶铸致强有关。铁山的冶铸,史书多有记载。清光绪年间《益都县图志》记载:"商山,一名铁山,在县西北八十里……有铁矿,古今铸焉。亦出磁石。"而中埠镇铁冶村更是历朝历代都将其作为"鼓铸之里"而称之为"冶里",由此看来,产生这一历史传说显然是有其历史渊源和现实根基的。《太平寰宇记》曾记载:"商山在淄川县北七十里,有铁矿,古今铸焉……有炉神祠,旁有圣水泉。"这一文献记载成为炉神姑传说遗址的又一佐证。

　　炉神姑传说的版本很多,在淄博不同的地域,内容稍有不同,但主要内容大同小异:齐桓公时期,在商山(即现今的铁山,店区的中埠镇孟家庄、铁山一带),出现了一头和房子一般大的铁牛,它白天睡觉休息,夜晚则爬起来偷吃附近的庄稼,每夜蚕食若干亩,百姓苦不堪言,便联名上书地方官府,请求为民除害。

　　齐桓公获悉后,立即下诏,命令工匠在七七四十九天之内,将铁牛抓住,就地熔化,为民除害,否则全部斩首。冶炼工匠围着铁牛垒砌火炉,四周架起64个大风箱,点火鼓风,日夜不停,转眼间已到了第48天,铁牛仍完好无损。眼看期限已到,工匠们个个愁眉不展,唉声叹气。

　　这天早晨,有个叫李娥的姑娘来为爹爹送饭。李娥的父亲是奉旨熔化铁牛的工匠之一,想到自己明天就要身首异处,不禁泪如雨下。得知爹爹因逾期不能完工,明天就要被斩首的事后,李娥心如刀绞,抱起一捆干柴投到炉中,恨不能一下就把铁牛化掉。没曾想就在李娥投柴时一只耳环掉在了炉中,铁牛的一只耳朵慢慢地熔化了。李娥又惊又喜,又将另一只耳环投到炉中,铁牛的另一只耳朵又化掉了。李娥又将自己的手镯、鞋子放下去,铁牛的四条腿也慢慢地化了。于是她想:若是我全身投到炉里,铁牛不就全化了吗?父亲和各位叔叔伯伯就都有救了。想到这里,趁父亲不注意,她纵身跳入炉中。等李娥的父亲发现时,为时已晚,眼看着女儿葬身炉中,铁牛也终于化成了铁水,而李娥却化成一缕青烟,飘然而去。顷刻,天空乌云密布,电光闪闪,雷声大作,震耳欲聋,大雨倾盆而下,随之雨过天晴,百姓无不惊讶,认为这是李娥的至孝至善感动了上苍,被玉帝接上天庭,收为义女,故此来告知当地百姓。

李娥殉身救父的惊世孝举感动了齐王,他封李娥为炉神姑,在商山绝顶处建炉神庙。岁月荏苒,炉神姑的传说绵延两千多年不衰,多代帝王对炉神姑都有敕封,唐朝高宗李治封炉姑为商山孝女,御赐半朝銮驾,拨金数万重修大殿。

为了纪念这位无私无畏、勇于献身的李娥姑娘,当地百姓尊称她为"炉神姑",并为她修建庙宇,塑神像,以资怀念和祀奉。每逢久旱不雨,附近群众纷纷赶来梵香烧纸,祈求显神灵降甘雨赐吉利。化掉神牛的地方形成了一个万丈深坑,人们叫它"神牛坑"。据周边的老人讲,早年在铁山主峰东北,旧有"铁牛窝",窝坑中有一块巨大的红色铁石,从高处看去,仿佛像是一头卧倒的牛,形象逼真,见到者无不惊叹,相传就是炉神姑当年跳炉炼牛熔化而留下的遗迹。矿上的矿工们敬"铁牛"如神灵,许多年来不论挖山还是开矿,都没有破坏它的原貌。可惜后来还是被人为破坏掉了,遗迹也荡然无存。安置工匠们居住的地方"冶里",渐渐形成一个村子,叫"铁冶村"。

这一孝行传说,至今流传于张店、桓台及周边地区。炉神姑的传说于2006年被淄博市政府列入淄博市首批非物质文化遗产代表作名录,并成功申报第一批省级非物质文化遗产代表作名录。人们还将这一故事编成了吕剧、快板、儿歌等广为传唱。为了纪念炉神姑,当地人修建了炉姑园,现为淄博市重点文物保护单位。每年在园内举行4次庙会,每次3天,分别是农历三月三、六月十九、九月九、十一月十七(炉神姑的生日)。届时,张店、桓台、临淄、邹平、周村、博兴、东营等地近万名群众云集,摩肩接踵,香火鼎盛。有的群众为了在庙会当日烧第一炷香,凌晨一点就赶到庙前。从淄博百姓对炉神姑的虔诚膜拜程度,可以看出炉神姑传说在民间流传之广、影响之大,也可以看出孝行在现代人心中的影响力。炉神姑传说被列为省级非物质文化遗产名录,其社会价值、文化价值主要在于传承了"孝道"文化,在当今社会同样具有重要的现实意义。

张店铁冶村炉姑庙

在张店的中埠镇铁冶村和孟家村,各有一座炉姑庙。在铁冶村的炉神姑庙里,除了供奉炉神姑像之外,还有个"炉神姑陵园",旁边立有石碑。传说是炉神姑母亲的坟冢,现在还时常有人来拜祭。铁冶村的炉神庙全部是村民自己募捐修建的,规模比较小,也比较简单,全靠老人自愿自发管理,镇、村几乎不介入。位于孟家村东的炉神姑庙,占地2800平方米,大殿及建筑物面积700平方米,有北大殿、西大殿、东大殿、钟楼、东西耳房、中门、大门、影壁墙、凉亭等建筑,院落青墙黄瓦,十分美观。庙大门坐北朝南,上有"炉神姑庙"四个镏金大字,两尊石狮分立两边,门上方有"孝道显扬"四个大字。进门后庙前院内翠柳松柏,花红草绿。东西两边各有一座凉亭,红柱黄瓦,美观大方。院内北边是中门,门前也有一对石狮,门上方有书法家李耀东先生题写的"格天佑民"四个大字。门两旁分别耸立着十几座古碑,这些古碑几经战乱,饱经历史的沧桑,上面的字迹已经模糊不清。现存最早的是清乾隆十九年四月十五日"重修炉神姑庙碑",还有嘉庆、光绪年间和民国时期的重修炉神姑庙碑记。进入中门,迎面便是炉神姑庙大殿,还有东大殿、西大殿。大殿采用砖木、水泥结构。黄色琉璃瓦盖顶,大红门柱,花脊龙头翘角卷厦,多姿多彩。殿内炉神姑坐在中央,两壁有张店画师王永笑绘制的大型壁画"炉神姑生平",河北书法家王志刚书写的"炉神祭",为大殿增光添色不少。每年的农历正月十四、十五、十六日三天;寒食、清明;农历六月十七、十八、十九日;农历十一月十五、十六、十七日均为庙会日。在庙会期间,人山人海,热闹非凡。孟家村的炉神姑庙得到了政府的认可,是市级重点文物保护单位,目前市级非物质文化遗产"炉神姑的传说"非遗传承人段美兰在管理这个庙。

　　为什么相距不远的两个村,有两座炉神姑庙?村民说,传说炉神姑纵身跳入熔炉后,乡亲们为她的事迹所感动,便将她同其母葬在了一起。因为经常有人前来祭拜,难免会打破这里清幽的环境,炉神姑是个极孝顺的女儿,不希望打扰到母亲的生活,就悄悄向东南迁移,当移到孟家村东时便停了下来,所以孟家村的百姓也就修庙纪念。

　　无独有偶,淄川洪山镇的十里村也有一座"炉神庙",原名为"慈孝庵"。至今,在十里村及其周边,还流传着炉神姑道化成神后解救一方百姓的故事:

　　很久以前,炉神姑道化成神后,有一天从这路过,看中了这个地方,就落座在这里了。在庙前有两个湾,有"蝎子相",就像是蝎子的两个眼睛;通往村里的一条路,原来是一条深沟,被称为"羊股道"。这条道是放羊的人走出的一条小道,平时鲜有人走,远远看上去,这条道就像是蝎子的尾巴。炉神姑路过此地,一看这个村有灾难相,就坐在了蝎子的肚子(蝎子最毒的部分)

处,镇住了蝎子,救了全村百姓。

此传说看似有些离谱,但是它告诉我们炉神姑为"神"后,仍然把解救百姓作为自己的职责。虽然这个传说有点牵强附会,可信性并不高,但也从一个侧面反映了人们对炉神姑的敬重,表现出附近百姓对炉神姑的笃信。

第五节 聊斋故里——淄川的孝文化

在淄川,王樵的孝道故事流传最广。王樵,字肩望,号赘世翁,北宋雍熙元年(984)生于淄州梓橦山(即现在的淄川区双杨镇藏梓村)。王樵自幼聪慧好学,工诗文,擅剑术,勇敢无畏、文武兼备,更以忠孝令人称赞。999年,契丹大军侵掠淄州,烧杀无度,劫掠乡民。王樵父母及大部分乡亲被契丹兵所掳。王樵日夜怀念双亲,悲恸难忍。他决心去西凉寻亲,边行乞边跋涉,历经艰辛未能找到双亲踪影,却得到了父母双亡的噩耗。父母的亡故与外敌的入侵,给王樵带来沉重的精神打击。后来王樵还乡,以木刻双亲像葬之,并为其守孝六年之久。守孝期间,王樵总结国家遭受侵略、百姓流离失所的原因及自己北国寻亲的切身体会,发奋著书,著有《游边三集》《安边三册》《说史十篇》等著作,希望能引起朝廷的重视,来保国安民。无奈朝政腐败未能采纳他的意见,国仇家恨无处伸张,王樵忧愤成疾,在父母祠堂前自造一室,取名"茧室",并栖息其中。

据传,王樵身亡茧室,不日被乡民发现后,集资将其遗体迁于西关外围旷野,筑墓立碑。之后,西关居民繁衍,建房立户,王樵墓地逐渐位居民房之中。为弘扬王樵德孝双馨的美德与孝风,经乡民集资扩建墓地,定名为"宋孝子王樵祠堂"。可惜的是,宋孝子王樵祠堂于民国年间改建为学堂,在"文化大革命"时被毁。1995年,藏梓村为弘扬孝道,在梓橦山重建王孝子祠,访客络绎不绝。后人的崇敬和纪念,一方面说明王樵的孝子行为受世人尊崇,另一方面也说明了现代人对孝道的尊崇与传颂。

第六节 高青的孝文化

董永的传说,是古代"二十四孝"之一。相传董永为东汉时期千乘(今山东高青、博兴一带)人,少年丧母,家境又十分贫寒,他同父亲相依为命。董永自幼非常孝顺父亲,他每天跟随父亲一道去田里耕地,都尽全力去做农活儿,以分担父亲的辛劳。后来,父亲不幸过世,一贫如洗的家里没有条件来安葬父亲,孝顺的董永只好出卖自己,以换取安葬父亲的费用。一位乐善好施的员外听说董永的情况后,被董永的孝心所感动,便拿出钱来资助董永办理了丧事。董永也承诺:为父亲守孝期满后,一定去员外家里做工报恩偿还。三年时间过后,守丧期满的董永遵守着先前的诺言,前往员外家里去做工。路上,在一棵大槐树下,董永意外地碰上一位女子,自称只身一人无家可归,情愿与董永结为夫妻,一同去员外家里做工还钱。面对无依无靠的女子,董永也只好答应带她一同前往员外家里。员外答应,只要二人为他织百匹布作为偿还,就可以回家。其实百匹布并不是很简单的事情,需要很久的时间才能完成,可是没有想到,董永在女子的帮助下,竟然用了不到一个月的时间,就轻而易举地全部完成了。如此惊人的速度,使员外感到非常惊奇,也就送他们二人离去了。

当董永怀着对女子的无限感恩与喜悦走到他们原来相遇的那棵槐树下时,只见女子停下脚步,向董永施礼告辞说:"我是天上的织女,是你的至诚孝心感动了天帝,他特让我来帮助你。"说完话,她就凌空而起,瞬间不见了踪影。

这是记载于《搜神记》中一个美丽的民间传说,董永卖身葬父的至孝,感天动地。正因为如此,董永的传说在全国各地流传。2006年,董永与七仙女的传说申请国家级非物质文化遗产,河南省武陟县、山西省万荣县、江苏省东台市、湖北省孝感市一并获通过。滨州和淄博都有与董永传说有关的资源,当时虽未来得及申请,但也不能说明淄博和董永传说没有关系。据专家考证,千乘即现淄博市高青县高城镇。而董永与七仙女耕织的地方,古称长白山下,即现淄博市周村区大埠山一带。董永自幼丧母,与父亲相依为命,因为家道贫寒,父亲死后没钱安葬,就跑到数十里外的於陵(今周村南)插草自卖,安葬父亲。过去,在周村东郊修建有规模宏大的董永祠和董永墓葬,至今存留有槐荫、金盆底、变衣铺、辛韩(心寒)、萌山、董永山等与董永故事有关的地名。在淄博市周村区东南四公里处的大埠山上,曾建有孝仙祠,孝仙祠又名董永庙、董永祠。据史料记载,明成化十五年(1479),长山县知县张誉募捐,义民许果增修建。嘉靖二十七年(1548),贡生孟岚重修,清康熙三十一年(1693)石慎重修。孝仙祠东有池塘,据说是七仙女沐浴的地方,西边还有一棵千年老槐树,相传董永与七仙女就是在这棵树下相遇的。周村有西衣、东衣两个村,传说是七仙女晾衣的地方。周村西边还有东董、西董两个村庄,传说是董永的后人在此居住。农历七月初七和正月十五,这里会举办庙会,庙前设有三、八大集,各地工商业及附近村民云集于此进行交易,各行各业的买卖热闹非常。此外,周村的丝绸历史悠久,远近闻名,这与传说中董永相逢的天上的织女是否也有一定的关联呢?

池州学院教授纪永贵认为,民间传说必然有广泛的传播区域,且每一次传播都会携带上当地的文化信息。董永传说中,董永已经蜕变成了一个没有籍贯的传说人物,他不属于任何一个具体的地点与时代,就像七仙女没有籍贯、没有时代一样。"处处都有女娲庙,处处都有观音寺,所以也不妨处处都有董永墓"。纪永贵在《董永遇仙故事的产生与演变》一文中提出:"只要是与《天仙配》故事形成有关的地点,都可分享这一文化资源。孝文化中的积极因素是中国传统文化中的优良传统,今天仍然有它的现实意义。"其实,既然是传说,就是人民口头上流传下来的关于人和事的叙述,寄托了人们的思想和情感,里面难免有虚构的成分,因此对它发生在何地很难考究。多少年来,在淄博这片土地上流传的故事、这些庙宇和地名等,完全可以见证孝文化在淄博民间的源远流长。

第七节 牛郎织女传说地——沂源的孝文化

沂源因沂河发源地而得名。沂源历史悠久、文化底蕴深厚,有与"北京猿人"同期的"沂源猿人",是"山东古人类发源地"。沂源是中国牛郎织女传说之乡,也是沂蒙革命老区重要组成部分,是沂蒙精神的重要发源地。沂源的孝文化,集中体现在沂源辞公寺的传说故事中。

在沂源县石桥镇东寺村,有一座辞公寺。据记载,该寺始建于宋代,发展于元代,明清时期达到鼎盛。关于辞公寺,有一个动人的孝道传说。相传有一少妇,为逃避战乱,与公公隐居在深山之中。当时天气炎热,公公口渴至极,但附近无水。少妇无奈,在山顶用手扒土找泉眼。少妇的手指磨破,鲜血直流,依然扒土不止。最后果然扒出了一眼清澈的泉水,少妇以桑叶盛水,为公公解渴。但公公毕竟年老病重,难熬劳顿之苦,没过几日便弃世而去。少妇大哭一场,掩埋了公公的尸体,辞别了公公的坟墓而去。此事感动了当地百姓,后人称此泉为"孝妇泉",并在泉旁建起寺庙纪念这位孝妇,名为辞公寺,后人又称"东寺",东寺村便是由此得名。每年农历三月十五日、十月十五,这里都会举行庙会,周边群众都来祭拜,香火旺盛。可惜的是,由于种种原因,原来的辞公寺早已被毁坏,现在的辞公寺是周边群众捐资,于2013年左右修建而成。

沂源辞公寺

　　淄博的孝文化资源非常丰富，是淄博的一张名片。开发、利用好这些资源，不但可以在对传统文化的认知中净化现代人的心灵，展现出淄博文化强健的生命力，而且还可以打造孝文化品牌、彰显地域文化特色，对淄博市经济文化强市建设具有极大的现代价值。

第三章　方言民俗中的孝文化

民俗，即民间风俗，指一个国家或民族中广大民众所创造、享用和传承的生活文化。它起源于人类社会群体生活的需要，在特定的民族、时代和地域中不断形成、扩展和演变，为民众的日常生活服务。作为人类文化一个重要的组成部分，民俗文化是产生并传承于民间的、具有世代相袭特点的文化事项。它是社会文化的基础性资源，是以传统的非正式的形式流传和保存下来的某一社会的文化，是一个地域、民族或族群经过长时间的累积、传播、吸取和改造之后，形成的相对稳定的生活方式或表达方式，具有地域性、稳定性、传承性、可再生性等特点。民俗是在普通人民群众生产生活过程中形成的一系列非物质的东西，其涉及社会生活的方方面面，是一个地域的群体文化，具有广泛的代表性，更具有相对独立性。

民俗和语言有着密不可分的关系。语言学家索绪尔在《普通语言学教程》中指出，"一个民族的风俗习惯常会在他的语言中有所反映，另一方面，在很大程度上，构成民族的也正是语言"。从上述内容中，我们可以看出，语言和民俗之间有着密切的关系，它们都是人类社会的原生态文化形态，每一种语言都积淀着本民族、本地区大量的民俗文化资讯。正如现代民俗学家王献忠所言："方言是一个地区民俗的载体，它是民俗文化赖以留存、传承的媒介，它不仅是民俗文化表现形式，它也是内容。"不同的方言能够反映并影响着这种方言所代表地区的各种民俗的形成和传承，不同的民俗可以通过不同的方言语汇予以体现。因此，方言词语既是民俗文化的载体，也是一种文化的传承符号。

谭汝为先生在其著作《民俗文化语汇通论》中指出："在现实生活里，民俗往往在物质生活、社会生活和精神生活中体现出来。"日常生活中，方言是人们从事生产时进一步沟通思想与情感的工具，同时它还起着传承风俗的作用。随着社会的发展，很多风俗已经有了很大的变化，甚至有些已消失，但是风俗对人们日常生活的重要性没有变，而孝文化正是其中一个重要方面。

孝是中国民族的传统美德，是中国人自觉遵循的行事准则。在淄博地区的民俗中，孝文化主要体现在孝风孝俗上。因此，通过对淄博不同民俗的考证，我们可以看出孝文化与淄博民俗的融合，也可以深切感受到淄博人的孝文化是如何在百姓生活中得以传承、发扬的。

第一节 居住风俗中的孝文化

中国文化既有时代差异，又有地区差异。文化史家冯天瑜先生曾指出："任何一种文化均受惠并受制于特定空间提供的生态环境，文化研究理当用心于彰显地域特征，这是把握文化'一'与'多'、共性与个性相统一的必要劳作。"当我们走进淄博各个区县时，首先感受到的是富有地域特色的建筑之美。淄博地区在久远的历史长河中，形成了自己独特的建筑特色文化。这些特色既有中国传统的建筑风格展示，也有本地域的鲜明特点表现。

淄博大地，历史悠久，文化传统深厚。在房屋建造上保留了中国传统的四合院的一些建筑特色，在居住风俗上，则体现了浓浓的"孝"意。在淄博，不论是哪种家庭，都讲究良好家风的传承。这种家风首先表现在孝敬老人，以孝敬作为万德之先。博山被誉为"孝乡"，崇尚孝、践行孝，是博山乃至整个淄博普通家庭家风的一个重要表现。在居住风俗上，淄博绝大多数是父母住主屋、孩子住配房。这种"长者为大"的准则就是传统孝文化中的尊老、敬老的具体体现。

在淄博不同地区，房屋基本都有主次之分，一般面南背北的是主屋。根据自己家大门（院门）所建的方向，确定好主房后，在其旁边再修建的房屋，屋顶一定要比主房低一些，被称为配房、套房、下房屋等。在2010年获第五批"中国历史文化名村"称号的李家瞳村村民眼中，配房是单独修建的矮于主房的房屋，与主房不是一体的。东边和西边的配房分别叫做东厢房、西厢房。在淄博不少地区，人们一般习惯在建设房屋时，都是三间主房（北屋），一边一个配房。也有人会根据自己家宅基地的具体情况，对配房灵活调整。

上房屋、下房屋是淄川商家一带一种房屋建筑样式的称呼。主屋的旁边如果再盖屋的话，一定要比主屋矮1米左右，也要比主屋少1~2个房间。这个主屋叫作上房屋，旁边的小一点、矮一点的房屋叫作下房屋。

淄川东部山区的配房屋角处多装有马头。因此，很多人家都是一户有三个马头。配房有较为广泛的用途，一是可以作棚子用，主要盛放东西，相当于楼房的储藏室；二是作厨房；三是在人多的时候，可以放上一张床，住人用。

尽管对主屋、套房的称号有所区别，但是主屋通常都是留给长辈。配房、套房、下房屋等，一般是给晚辈居住的，这些充分体现了传统文化中的"尊老"

传统和"长者为大"的居住原则。当然,这种居住原则也会根据情况而发生变化。等到子女长大结婚时,一些不能为子女单独准备新房的人家,一般会根据情况,把主房让给结婚的儿子、儿媳居住。为此,淄博地区也留下了一个俗语:"北屋变南屋,婆婆成了媳。"但是家庭的角色和地位是不会变的,长者即使是住在旁边的配房或者套房中,孩子们还是要遵守长者为尊的规矩、礼仪等。

第二节 服饰民俗中的孝文化

在淄博市的一些地区,过去有一个"新媳妇给公婆做鞋"的风俗:新媳妇过门之后,需要给自己的丈夫、公婆及小叔子、小姑子等人做鞋,有的是7双,有的是8双,数量不一,而且必须是在自己娘家做的。新媳妇做鞋是流传下来的一个习俗。"颜奶奶"即颜文姜,是博山人非常信奉的地方神,在其他的传说故事中,就有颜文姜迈着小脚回娘家给公婆、小姑子、小叔子等做鞋的细节,现在淄博不少70岁以上的老年妇女对此还记忆犹新。与这个风俗相关的民俗还有:

(1)纳鞋底。博山人有六月天、腊月天做鞋的风俗,因为六月天和腊月天潮湿,这时候的麻线铮明,不容易断。所以,人们一般都是在这两个季节纳鞋底,且通常是在夏天入伏后和腊月数九天。

(2)做年下鞋。进入腊月,孩子们的妈妈一般都做年下鞋,给每个孩子做一双,过年时穿上。年前都要买双袜子放进鞋子里,大年初一一早,孩子们就会早早地穿好新衣裳、新袜和新鞋子,开心过春节。因此,淄博妇女,尤其是博山妇女经常会在年前给孩子们每人做上一双鞋子。过去家中子女多,经济条件不好,如何让孩子们能够每年有新衣、新鞋和新袜穿,就成了所有母亲要考虑的事情。做什么样式最时髦,什么时候完成,这让淄博的母亲们很伤脑筋,为此多数母亲都是要夜晚赶工。同时,做年下鞋,也是考验孩子母亲手艺的一种方式。家中母亲都试图把鞋子做得最精致、最好看,由此折射出的是母亲对孩子深深的爱。现在不少60多岁以上的人回忆起母亲深夜在油灯下纳鞋底、拿针锥的身影依然历历在目,而这也正是"慈母手中线,游子身上衣"在淄博母亲身上最真实、最现实的写照。因此,孝风的形成与母亲纳鞋底、做年下鞋的风俗也是密不可分的。

关于做鞋,博山人还有一种说法。颜奶奶是博山的一张名片,其故事在博山可谓是家喻户晓。很多老年人对其故事非常熟悉,虽然每个人的讲述有一些差别,但是主要情节是相似的。其中有一个细节与做鞋相关:颜文姜经常受到婆婆的刁难,为了按照风俗要求给婆家的小姑子、小叔子做鞋,即使六月天天气炎热,但因那时麻线最好,她依旧选择六月天回娘家做鞋。虽然颜文姜民间故事中没有突出这个细节,但是很多老年人却总是强调这一点,说明了人们对博山做鞋这一传统孝俗的重视。

随着社会的发展进步,市场经济的繁荣,妇女给公婆做鞋的风俗早已消失,但是感恩父母、回报父母却依旧作为一种风俗传承下来。逢年过节、四季更替时,子女们会给父母送去衣服、鞋子等,以表示对他们的孝敬和尊重,同时也体现了传统民俗文化在现代社会中的延续和改进。

第三节 岁时节庆风俗中的孝文化

中国的传统节日,如春节、元宵节、清明节、端午节、中秋节、元旦等,在淄博具有浓浓的"淄博特色",其中孝文化的味道更浓、更醇。

一、春节

春节是中国最盛大的节日,也是中国人民最重视的节日。在淄博,进入腊月,淄博人就正式开始了"忙年"。淄博人把过春节叫做"过年",把除夕称为"年三十""大年三十""年五更"。关于春节,有几个需要我们关注的词语。

年味,这是人们常说的一个词,"从另一种意义上说,物质生活的改善使得我们有条件把春节过得更加丰富多彩,但关键是要留住年俗,才能让春节重新热闹起来,欢乐起来",孙迎春、张嘉慧在《中外民俗》一书中指出:"如果把年俗淡忘了,懒懒散散,春节也就会变得没滋味,大家应当恢复好的年俗传统,比如:扫尘、贴窗花、贴年画、贴福字、挂灯笼、蒸年糕等,这些年俗有丰富的文化内涵,形式也饶有趣味。"现在,越来越多的人开始对"年味"这个词有了自己的思考。可以说,年味就是一种文化生命的延续,是一种民俗文化的传承,是一种根植于代代生命中的活跃因子,是一种不能忘却的过去年代的回忆。其实,这种对于年的回忆,也是由于有了家的团圆氛围,有了亲人的互帮互爱,才有了对幸福过大年的浓浓留恋。

只有留住年俗,春节才能更加热闹。老博山人关于过年有这样几个词语——说盼话、喝点酒、吃点菜,这是老博山人对过年的一种深刻的印象,也是他们从小过年的一种风俗。过年时,亲戚、朋友之间往往会聚在一起,交流一年的收获,畅谈来年的打算。喝酒是过年的一个重头戏。从年三十开始,喝酒的序幕就正式拉开了,这是家人团聚、好友相聚、亲戚走访的幸福酒,充满了温情。而吃点菜指的是走亲访友、品尝家家户户的特色饮食,同样也是博山人遵守礼节、体现待客礼仪的一个很重要的方面。春节时,各家都会准备最好的食材和菜式,以最高水平来煎炸炖煮。虽然平时也会吃到相似的菜,但是坐在别人家的炕头上,则是最有年味的一种呈现。"过年好啊",这一句最平常不过的问候语,是人们多层祝福含义的浓缩。想象一下这样的场景:老人们坐在一起聊家常,妇女们忙活各类饭食,小孩儿们在门外放鞭炮、做游戏,嬉笑打闹,还会得到长辈们的压岁钱;吃饭时孩子们则要给长辈敬酒、端茶,各家的男主人们则是坐在一起喝酒、畅谈,各家的媳妇们会和婆婆一起做好菜、饭,及时添到主桌上。在淄博老人这里,这就是过大年,就是最典型的年味。这其中,年轻人要给长辈拜年;孩子要给老人磕头、敬酒;吃年夜饭老人要坐在主座上接受年轻人的敬意;还有年三十晚上给祖先上供、上坟,都体现了浓浓的孝情和对孝道的遵守和传承。

（一）腊八日

腊月初八称为腊八日。这天淄博人普遍的食俗是喝腊八粥、腌腊八蒜,桓台马踏湖区人则在这一天擀汤喝。

腊八日擀汤,是桓台马踏湖区人的一项食俗,指腊八日这一天,家家必须准备好手擀面条,家人聚在一起,吃面条、喝汤。不少老年人回忆说,过年重要的几项期盼里,这就是很重要的一项。刚进腊月,就祈盼着这一顿汤了。因为那个时候,能够吃到一碗母亲亲手擀的热气腾腾的手擀面,别提多恣（高兴）了。所以说,腊八日擀汤无疑是最温情、最美味的一顿热乎乎的饭了。现代社会这样的手擀面可能天天都能吃得到,但在腊八这个特殊节日里就别具深意,是记忆中的味道。母亲亲手擀面条,本身就是一种对孩子的慈教。

关于腊八日,淄博周村则有不同的含义:当地老百姓认为腊八节是一个穷日子,是一个要饭吃的日子。由于腊八是一年中最冷的时候,"腊七腊八,冻死叫花"。在周村,穷苦人家腊八喝不上腊八粥,指望这天财主们施舍一点腊八粥、煎饼和菜等。"冻死叫花",一是说明这天很冷,二是告诉人们:过去这个节日,穷人要靠要饭吃才能度过。腊八,老百姓说"拉巴拉巴",意思是穷人让富人拉巴拉巴他,即救济救济他。很多老人们从记事起,就很少有人过腊八节。虽然只是一个日子,却让人们从中明白了帮助他人的大义。老人们常把腊八的这层含义讲给孩子听,意思是要牢记过去百姓日子的艰难,一定要珍惜现在安居乐业的幸福生活,同时还要学会帮助别人。这种让孩子学会珍惜、学会感恩、学会助人的教育,是一种潜移默化的孝德、孝道的熏陶和教育。

(二)年三十

淄博人心目中,到年三十这天就开始过年了,人们也把年三十叫做"年五更"。年五更,家家户户要吃素水饺,意思就是一年内要"素素静静",期待不要有乱七八糟的事情出现。高青地区流传下来两句话:年五更孩子不能说话,年五更不能拉风掀(拉风箱),也就是要烧死灶火。在沂源,有"两个年五更"的说法,即沂源鲁村春节期间要过两个年五更,即年三十和大年初一。之所以如此,是因为请家堂(祖先)的风俗。祖上留下来的规矩是年三十下午把家堂请到家里,在年三十和大年初一待上两个年五更,大年初二才送走家堂。而沂源其他地区的家堂请到家里,在家里过完年,大年初一下午送走,也就是只有一个年五更。

在桓台马踏湖区,年三十这天,人们吃年夜饭时,都要遵守一个规矩:中间一张八仙桌、一对圆头椅子(即元奎椅)放在两边。孩子不能坐在圆头椅子上。圆头椅子只能允许长辈就座。如果孩子坐上去的话,就会被认为"不知道老少,不尊重老人"。

年三十中午过后,人们就开始带着供品、香、纸等去自家林地(墓田)上坟,上坟的规矩是千百年来流传至今的。家中有刚去世的老人,则子女在三年内要到墓田上坟,三年后可以选择去墓田上坟或者自由选择一处合适的位置,面向墓田的方向,摆放好供品进行供养。过去上坟的都是家中的男性,后来女性也可以去上坟。

请家堂、守家堂、拜家堂、送家堂,这些不同的名称其含义是相近的,指把去世的先祖——列祖列宗"请"到家里过年、享受人间烟火,也就是采取不同的仪式将自家去世的先祖迎进家门,家族内兄弟子孙进行守护、拜祭并送走,尤其以沂源地区最为隆重。淄博地区的请家堂有着不同的特点,主要有以下几点:

(1)沂源地区的上坟风俗。

家堂,即先祖、老祖先,也就是已经去世的太祖、高祖、曾祖父、父亲等,民间称为老老爷爷、老爷爷、爷爷、爸爸等。家堂一般是一幅中堂、一张卷轴,年代比较久远,高度一般为2米左右,上下各有1个卷轴,每家正屋迎面墙上会保留几颗钉子,用于挂家堂和两侧对联。另外,农历七月十五人们也可以请家堂,形式与年三十相似。

家堂轴子,即绘有家堂的轴子,中间是三层(xíng)亭台楼榭式的楼,下面绘有不同的图案,有景色、人物等,两侧有对联,对联内容为:忠信孝悌,礼义廉耻。家堂轴年代一般比较长久,有的用桑树皮纸制作。

请家堂,也称为迎家堂,将祖宗和已去世亲人的亡灵"请"回家来,与家人一起过年,分为请老家堂和请小家堂。请老家堂是一个家族的大事,年三十这天,摆好家堂轴子、各色酒菜,焚香烧纸,"请"列祖列宗回家过年;请小家堂,过程和老家堂相似,只是把当年或近三年逝去的长辈在年三十"请"回家一起过年。

在沂源,不同村落请家堂的时间可能不尽相同,但是程序比较相似。一般指年三十下午,一个家族内所有成婚的男性,举行隆重的请家堂仪式,首先把家堂挂上,两侧需挂上对联,对联上写有:孝悌忠信,礼义廉耻。家堂从上到下画有一层层的楼,也就是人们生活的极乐世界。其次摆放好只写有名字的不同祖先的牌位,牌位前摆上数量众多的供品,家族内已经结婚的每个后代家里都要端来2~4碗菜(供养)并逐一摆放在家堂前,家堂下面的供品多是10碗以上,一般要摆满整张桌子,有炸肉、炸鱼、炸鸡、肉丸、炸藕盒等,还要有水果。燃香一般是两柱或者三柱。

守家堂,即家堂请回后需要一直守护到送回。期间,要不定期磕头、一直燃香。过去的传统是家中的男子都要守护在家堂前直至送走,除夕夜人们可以在家堂前专门置办好牌桌,以便年轻男子打牌、打麻将等,热热闹闹守护家堂一起守岁,而磕头和燃香是时时要注意的。按照沂源老人的说法,过年五更,守家堂,不能睡觉。

拜家堂。这里的"拜"指磕头,不仅是自己家人要不定期磕头,大年初一早晨,同一个村里同一个家族的人也要前来拜家堂,在家堂前磕头。

送家堂。大年初一午饭后,人们就可以送家堂了。每个家庭,一般根据自己的习惯,选择合适的时间把家堂送走。送家堂的人嘴里必须说着:"家里老,现在把你送走,明年再把你接来过年。"然后一家人磕头后,到大门外的合适位置发钱粮。发完钱粮后,开始放鞭炮,热热闹闹把家堂送走。

现在沂源的鲁村镇已经把"请家堂"申请了非物质文化遗产,并被列入了沂源县非物质文化遗产名录,说明了政府对这一民俗的文化认可。

(2)其他地区。

在其他地区,请家堂的习俗则稍有不同。年三十中午11点开始,人们就可以根据自己的习惯开始请家堂了。拿上两张黄表纸,点上两路香,在大路上,朝着自己家墓田的方向,嘴里念叨着:"家里老,跟我回去过年。"这样就可以请祖先回家里了。此时,家里已经挂好家堂,摆放香篓和各类祭品,摆上酒盅、揎上酒,摆上与家堂数量一致的筷子。男主人把刚才请家堂的燃香虔诚地放置于香篓内,家中男丁(也可以是代表者)逐一磕头,这样就等于把家堂请回了家里。

请家前。类似请家堂,家前就是祖宗。请家前就是举行一定的仪式,把已经去世的长辈"请回"自己家里过年。淄川某些地区一般是年三十傍晚前把家里的先祖、过世的老人请回家里过年。比较方便的方式有几种:第一种是朝着自家墓田的方向,手执三柱燃香;拜祭后,开始表达类似的内容,一是长辈的称谓,二是"今天过年了,咱们回家过年",这样就等于把先人"请"到家里过年。家中需摆放供品,在家供养一段时间后,当天晚上就可以把他们"送走"。如今这一仪式已被简化,很多地方在年三十当天下午4点多前上坟即可。第二种是拿着香在大门外"请","请"进来后,在家里正房摆上供养。有的人家放牌位,有的人家不放牌位,也有的人家放遗照。第三种是淄川双井村一带的人们多在小年后选一个时间去上坟,也等于请家前回家过年了。据老辈传说,"请他来"就是叫他来坐席,请过后家里就可过年了。

请老的。请老的就是把家中去世的老人请到家里过年,一般是在年三十下午。周村地区的风俗是:上坟了就不用请老的,请老的之后就不用再上坟。请老的要专门在一个房间进行,摆上3碗素包子,用小酒盅盛上酒、茶水供奉在包子碗旁边,并燃香、发纸。

过年请。除夕下午,周村地区的人们端着一碗包(子)汤,里面放上一些小米,在路口朝着墓田的方向拜拜,先画上一个圆圈,再在圆圈中心画一个"十"字,把香插在香篓里,再次拜祭,说道:"今天过年了,咱回家过年。"烧完香,也就是等到香燃到一定位置,人们就会把汤泼在"十"字处,然后把香篓端到自己正屋正堂的祖先牌位前,这就等于把老的请回家来。重新插上三炷香,摆上供品,开始供养。大年初一、初二、初三供养三天,正月初三把牌位撤回原来的地方,这就等于把老的"送走"了。

送老的。周村人一般在年三十送老的。采取的方式是:供养结束,烧好香,一家人磕头后,端着一碗包子汤走出大门。面朝着自家墓田的方向,烧纸、磕头,奠上这碗包子汤。这就表示把家里老的"送走"了。送完老的,讲究的人家再回家过年。

关于年三十的上坟,马踏湖区的人们至今流传着这样的话:下午上坟出懒人,上午上坟出勤快人。因此,人们一般都是上午去上坟,带的供品中必须有一方年肉。

关于过年敬老的礼仪,周村的老人这样表述:一般情况是做好饭菜,铺上垫子,儿子、儿媳妇、孙子、孙女、重孙子、重孙女,在家中大儿的带领下依次给老人磕头,老人给孩子发红包,也就是压岁钱,然后一家人再吃团圆饭。

从一定意义上说,这些习俗或许带有一定的封建迷信色彩。不过,经过代代相传,请家堂的习俗提醒后辈要慎终追远,不忘祖先;敬长辈就是要孝敬在世的老人。孝德,潜移默化地在这些看似繁琐的习俗中传承下去了。

(三) 大年初一

大年初一到初五,这是淄博地区的人们过年的重头戏,拜年、支长(压)岁钱是主要的两件事。拜年是大年初一家家户户都会参与的重头戏,一般是吃过"包(饺子)"后,家长就领着子女去长辈家拜年。磕头拜年与拜门子是沂源、桓台和高青地区的特色风俗。大年初一的早晨,有老人的家中都要在正堂八仙桌前准备一个垫子或席子,有的人家会把家里地面打扫干净,只要不沾脏裤子即可。随后老人端坐在元奎椅上,坐等小辈前来拜年。辈分高的老人,最盼望的就是晚辈们到自己家中磕头拜年的这一天,他不仅收获了喜悦与尊敬,也得到了心灵的慰藉。

拜门子是桓台马踏湖区对拜年的叫法。初一早上吃过饺子后,人们就开始拜门子,往往会从早上6点多一直拜到10点多。一般都是先到村中长辈那里拜,有长辈必须磕头,然后再一家一户挨个拜。关于过年,过去常说"一年一见面",意思是平时大家比较忙,难得一见,到了大年初一这天,大家都会到长辈那里,向他们汇报一下自己一年中的生活、工作、学习等情况,好让这些老人们放心,免得他们牵挂。借此机会,平时不常见面的人也可以见见面,聊聊生活琐事。桓台一带在拜年的时候,不是直接面对着老人磕头,而是面向北方磕头拜年,说祝福语。如果你正对着长辈磕头,那是对他们的大不敬。当地人从小就被大人教会这个规矩。

其实,无论是磕头还是拜门子,形式虽然有所不同,但是都包含着对老人的尊敬。人们不仅给自己长辈、家族长辈拜年,还要去村里所有的长辈家里拜年,这就很好诠释了"老吾老以及人之老"的道理。虽然这些习俗礼节繁琐,也不免带有封建迷信色彩,但是在提醒年轻人更多关爱老年人,这本身就是一种孝道的发扬。当然,随着社会的发展,形式上也在逐步简化,但是对于老人的敬爱是不会改变的。

(四) 正月十五送灯

正月十五给老的送灯,是沂源地区流传下来的一项特色民俗。在沂源,正月十五被称为"灯节",是一个送灯的日子。老人们说:"正月十五送灯的日子,不光祭祖先,也祭天地神灵。这天下午沂源人都要去祖坟上送灯,有些讲究的人家还拿着纸、香去林上,还要发钱粮。"在沂源,灯的制作方式不同,寓意也不同。比如河灯,蒸面灯、放面灯,都代表了不同的含义。而多数给去世的老人送的一般是萝卜灯。过去送灯都是在天黑后进行,现在多是五点前去送灯。不管是哪种形式,都是让先人过这个灯节,代表的是慎终追远的意义。

(五) 十六日过娘家

正月十六这天,出嫁的女儿要带着礼物去看望娘家人。在过去,沂源已经出嫁的女儿不能随便回娘家,必须在规定的日子里回娘家。其中,正月十六日就是一个回娘家的日子。

而在淄博的大部分地区,出嫁的女儿往往是在大年初二携家带口回娘家看望父母及家族中的长辈。这时候所带礼物要每家一份,给父母拜年后,需要挨个到自己的长辈,如大爷、二大爷、叔叔家拜年。这种家族的拜年之风也是淄博市的一个传统,体现的是尊父母、敬长辈的浓浓亲情。

二、清明节

清明兼具自然与人文两大内涵,既是自然节气,也是传统节日。清明节是传统的重大春祭日,经过历史发展演变,清明节吸收融合了寒食节与上巳节的习俗,具有极为丰富的文化内涵。全国各地因地域不同而又存在着习俗内容上的差异,但扫墓祭祖、踏青郊游是基本礼俗主题。在淄博地区,过去清明节称为寒食,时间上具有地域性的表现,高青地区过四天,沂源地区过三天,分别是一抔土、大寒食、清明日。可以说,每一天都有不同的名称和意义。

(一) 一抔土

一百五(bēi wǔ),在淄博指从冬至到清明是105天,也有一种说法,它实际上就是一抔土的谐音。清明第一天,要去先祖的坟上添土。添土其实就是祭祖。坟上添土了,说明这家人后继有人。中国人历来讲究"不孝有三,无后为大",如果谁的坟上清明这一天没有添土,那就意味着这家人是绝户(后继无人)。所以,清明节给逝去的亲人坟墓上添土,既是对前人的孝,也是后人的一种责任和义务,更是一种对孝道的无声教育和传承方式。

(二) 大寒食、寒食

寒食的第二天,这一天要上坟,也就是上供、祭祖的日子。上供是敬天,给天爷爷上供;祭祖是去祖坟给去世的老人们上供。

(三) 清明

这一天是闲暇日子,是人们玩、不干活、吃凉饭、放假的日子。沂源地区称这一天为闲暇日子,意思是这一天是人们走亲戚、游玩、荡悠千的日子,要玩一整天。走亲戚,即回娘家,也就是出嫁的女儿这一天要去娘家看望亲人。

三、端午节

农历五月初五,是我们国家传统的端午节。古人把五月也称作"午月",五日又常常写作"午日"。"端"意味着"初",因此五月初五就叫做"端午节"。古人常常把午时当作"养辰"时,故而"端午节"还有一个名称——端阳节。

和其他地区相似,淄博地区端午节也有吃粽子、插艾、挂荷包的风俗。同时也有一些特色风俗。

(一) 特色风俗

1. 五月端午看闺女

淄博不少地方,如淄川、博山等地,都有五月端午看闺女的风俗。也就是在农历五月初五前的某个吉祥日子,娘家人都要携带礼物去看望出嫁的女儿。不同地区看闺女的风俗也有着自己的特色。淄川不少女儿出嫁的第一年,其父母须在端午节看望女儿,一般要选择农历五月初二去,准备的礼物有:两把蒲扇、一对枕席、一大块糕、粽子,后来发展到凉席、风扇、夏帘、粽子,再后来就是凉席、空调、粽子,现在很多就是带着粽子和钱。尤其以淄川最为盛行。蒲扇即扇子,端午节给闺女送蒲扇,意思是让闺女用蒲扇给外孙打蚊子或者扇扇子。一同前往的还有其他人,如大爷、叔叔、舅舅、姑妈、姨母等长辈,以及哥嫂、表弟表妹等同辈亲戚。

端午节看闺女,送帘子、送糕是过去的节日行为,帘子与糕是常用到的礼物。众所周知,在中国文化中,谐音是一种重要的吉祥文化的表现形式。帘子既是一种真实的存在物,也可作为"怜子"的谐音形式理解。"糕"的谐音形式为"高",表示一种希望和祝福。

2. 送糕

出嫁女儿的娘家要在看闺女的时候,带着一大块糕,寓意是"步步高",希望闺女以后的日子会越来越好。具体做法是把熟粽子一个一个地剥开后,把它们铺在平坦干净的笸子上,铺好一层后再铺上一层,可以根据自己的需要铺到满意的厚度,使用工具将糕压实、压平。第二天去看闺女的时候,用刀切成整齐的正方形块状,包好后就可以带着前往亲家。这种20世纪七八十年代的风俗,现在随着时代的变化,早就被更实用、更便捷的生活物品代替了。

3. 送夏帘

夏帘即夏天挂的帘子,送夏帘,是指女儿出嫁后在婆家过第一个端午节时,母亲带着夏帘等礼物去看望。这种帘子最初是竹帘子,也就是用细竹条编织的帘子,后来变为机器制造的塑料帘子,上面可设计各种好看的图案。不管是哪种材料或者图案,都是希望闺女和外孙在夏天感觉比较凉快。

今天,很多传统意义上的礼品早就退出了历史舞台,但是那份长辈对子女的关爱之情仍然历久弥新。

(二)五月端午插香艾的传说故事

五月端午节一早,人们要往门上、窗户上插香艾是老一辈传下来的规矩。为什么会有这样一个风俗呢?淄川罗村千峪村一位80多岁的老大爷给笔者讲述了一个插香艾的传说故事。

某个朝代(不详)土匪作乱,向老百姓催粮催款,缴不上粮款就杀人。一个家庭在逃荒时,哥哥被土匪所杀,嫂子也伤心而死,留下一个孩子。而弟弟也有一个孩子,比哥哥的孩子小。有一次逃难到一个山沟遇到了土匪,弟弟背着哥哥的大孩子,叫自己的小孩子跑,那小孩跑累了哭闹,被土匪头子看到了,就问:"你让小的孩子跑,背着这个大的,他有病吗?"弟弟回答说:"没病。""那你位为什么背着大的,让这个小的如此哭闹?"弟弟就和那土匪头子说:"俺哥哥和嫂子都死了,留下这一个孩子。我得给他好好照看,照看不好的话,他就绝后了。我的小孩呢,即使哭出病来,我们俩还年轻,还能再生养。"那土匪头子听了之后深受感动,说:"这个人善良啊!"就从山沟里给他拔上一把艾,并折下一根桃枝,说:"你拿这东西回家插在你家大门口。"然后下令给所有土匪,以后看到人家大门口有这个东西,还进去抢掠就杀头。还对弟弟说,到五月端午这天,你插大门上,一年插一回,插上就行了,你放心就是。这人回家按照土匪头子的话去做,果然保了平安,其他人家也纷纷效仿,就遗留下这个风俗。

兄弟相敬,是中国家庭的传统。在古代,友爱家人、关心帮助兄弟姐妹,被称为"悌"。而且"悌"往往与"孝"联系在一起,属于"孝"的大范畴。上面这个故事中的弟弟,为了保护被土匪杀害的哥哥家的孩子,宁愿牺牲自己的孩子,这份善良是"悌"的体现。这个故事与淄博市的"倪萌救兄""冷平救弟""路臻路瑶互让争死"的"悌"德故事是一脉相承的,是良好的大孝教育文本。

四、六月节

六月节指在农历六月,淄博部分地区出嫁的女儿需要去看望父母。五月端午,出嫁女儿的娘家去看闺女;出嫁的女儿则要在六月,选择一个好日子,买好礼物去看望娘家的姨娘、舅舅、姑姑、叔叔等亲戚。这个风俗在淄川某些地区至今流传。

五、七月十五

农历七月十五在淄博人眼中,是一个祭奠先人的节日。这一天,人们普遍要去上坟,给过世老人"送"吃的、喝的、穿的、用的。送闺女、五谷"请过节"是两个特色风俗。

(一)送闺女

农历七月十五送闺女是临淄某些地区的风俗,也就是在农历七月十五之前,必须把出嫁后回娘家的女儿送回婆家。农历七月十五前,已经出嫁的女儿要携带礼物回娘家看望父母,其父母要携带礼物陪同女儿一同回去并看望女儿的公公婆婆。以前,女儿要挑着两个筐子回娘家,一个筐子放着两个大西瓜,西瓜上放着女儿亲手给父母等亲人做的鞋子,另一个筐子放着点心、酒等礼物。女儿可以在娘家住几天,也可以当天回去。父母要用筐子挑着西瓜等礼物,把女儿送回婆家。

现在70岁左右的老人对当时的情景还记得比较清楚。一般带回去的西瓜是女儿亲手种的,蕴涵的寓意是让父母能够品尝到自己的劳动果实,这就是一种根植于百姓中的最淳朴的孝道。点心、酒等是中国传统意义上的礼品,也是看望老人的必备礼品。因此,准备这些礼品去看望娘家父母,有着极其重要的意义。而父母又会带着礼物送女儿回婆家,是爱自己孩子的一种表现,也是对女儿公婆的尊敬。

(二)五谷"请过节"

五谷"请过节",即在农历七月十五这天晚上,用五谷请家中过世的老人们到家里,这也是周村区的一个比较古老的风俗。

过去,周村有些有钱的大财主家,在农历七月十五这天不去上坟,会在家里"请"过世的老人们"回家"。他们把五谷放在托盘上,晚上放在院中供养,最后把五谷放在自己的大门楼上。这实际上就是告诉老人:家里过得很好,很富裕。五谷,即棒子(玉米)、蜀黍(高粱)、谷子等五种粮食。当然,对于五谷的理解有所不同,古书中对五谷也有不同的说法,通常指稻、黍、稷、麦、豆,泛指粮食作物。百姓们能够用五种粮食祭奠过世的老人们,也是发自内心孝道的体现。

第四节 人生礼俗中的孝文化

一、结婚礼俗

结婚是人生最重要的事情之一。现在,淄博各地的结婚风俗依然沿用了很多流传下来的风俗,其中,浓浓的孝道贯穿始终。

(一)披红行礼

这是桓台马踏湖区的一个风俗,结婚的前一天是男方待客的日子。这天,新郎要穿上礼服、头戴礼帽、胸前十字披红,由本家的哥哥领着,到给自己添饭(结婚时的随人情就叫做添饭,添饭也叫做喜资)的人家中行礼。具体做法是:领着的哥哥要带上一块红毡,走进家门,要高喊一声"行礼了";然后在院子中铺好红毡,新郎面朝北方,跪地磕头,以表示感谢。

添饭是村里的一个老传统,尤其是长辈们,往往会早早去添饭,以表示对晚辈的关怀、祝福。披红行礼不仅仅是表示感谢,也是一种大爱的孝风孝俗的表现。

(二)喝婆婆汤

喝婆婆汤也是桓台马踏湖区的一个风俗。大婚当天,新娘过门后,新娘的婆婆,包括婆婆的所有妯娌们,要喝一碗婆婆汤,也就是厨师熬制的(鱼)丸子汤。每人分到一碗,在院子中喝掉。这个风俗因其喜庆、团聚的特色备受欢迎。大家相聚在一起,共同品尝这一碗丸子汤,其实就是要牢记自己的职责,不仅做好母亲、妻子、弟媳等角色,还要承担起所有长辈们的责任,共同为这个大家庭的安康、幸福付出自己的努力。

（三）新娘认亲戚

这是淄川、博山桓台等地区的一个风俗。结婚第二天,新娘由本家的一个嫂子领着,去新郎本家族的长辈那里问安。嫂子要带着一块红毡,进入屋门后铺在堂屋地面上。嫂子向新娘介绍长辈后,新娘马上按照称谓称呼问好,如"爷爷,你好""大爷,你好",然后磕头。

（四）上喜坟

上喜坟是淄博地区结婚后的必备环节和礼俗。婚后的一对新人要在家人的陪同下,携带上坟用品到男方和女方祖坟去上坟,俗称上喜坟。供养的物品要放在食盒或者挑盒中,长辈们要给新媳妇(新女婿)红包。上喜坟意思是让去世的先人看一下自己新娶(嫁)的儿媳妇(新女婿),也就是认可这个儿媳妇(女婿)。给他们送好吃的、送新衣,同时也希望他们保佑家庭越来越好。上喜坟的时间不同,多数选择在结婚的第二天,不过高青地区的人们多习惯在结婚当天。

（五）回门

淄博地区的回门风俗大部分是在结婚第三天,新郎、新娘要携带礼物去新娘家中,新娘的主要亲戚中午都要陪同新女婿一起坐席吃饭。新郎要给所有的亲戚分发礼物,新娘家要拿出最高的宴席标准盛情款待新郎。而高青某些地区是在结婚第二天,新娘家派人,一般是新娘的哥哥或弟弟赶着马车、牛车(后来演变为骑自行车)去新郎家接新娘回娘家,也就是回门。

在桓台马踏湖区,过去的风俗是叫送回门。回门前新娘的两个送客去叫新娘回门,新郎不用陪同,时间可以选择是结婚后的第四天、第五天或第六天。回门前的这几天,新娘可以给婆婆做衣服,如做个单裤等,也可以给娘家人做衣服。回门时,新娘一般带着个包袱,里面放上给娘家做的棉裤或者其他衣服。从娘家返回时,娘家人可以送新娘,也可以不送。

二、寿诞礼仪

淄博地区历来有给老人过生日的风俗,亲戚朋友也会欣然前往予以祝贺,这被称为"做生日"。老人的生日就是寿诞,寿诞礼义中无不体现出浓浓的孝道特色。

"家有一老,如有一宝。"尊老的习惯,决定了家中老人的生日是全家人非常重视的日子。在淄博地区,这一天除了家中子女的祝贺外,亲戚和朋友也会前来祝贺。在淄博,民间规矩是60岁以上的人才正式开始过生日。虽然儿女结婚后父母的生日每年都过,但仅局限在家庭内部。从60岁以后,老人过生日时,亲戚、同一家族的后辈也都会前来祝贺。一般来说,60、70、80、90岁的生日都是隆重的。下面列举其中比较有特色的地方风俗。

(一)六十六一刀礼

一刀礼指在老人66岁生日的时候,二闺女给自己的父亲送一刀肉。一刀肉也就是卖肉的一刀下去割下来的一块肉,这刀肉没有具体的分量规定,但分量不轻,寓意老人吃了这刀肉,生活幸福,身体健康。

(二)七十七吃闺女家一只鸡

淄博有的地方盛行"77吃闺女家一只鸡"的风俗,也就是给老人过77岁生日的时候,女儿要给老人送一只鸡,也是表达对父母的孝敬之意。

(三)八十大寿过正日子

过去,老人因为协调子女时间等原因,可能会提前过生日,但是八十大寿的时候必须要过正日子。即使是非休息日、非节假日,老人的子女和后代都要请假前往。

(四)回糕

淄川西河一带、博山不少地区,在老人过生日的时候,有回糗糕的风俗,意味着年年高——老人长寿,身体健康。淄博某些地区在老人过生日的时候,主家会在当天糗好糕,分装在一只只碗中,待祝贺客人的宴席结束后,回给每户一碗糕,寓意期待老人长寿。

这些风俗带有时代特点,如今,老人们的生活水平大大提高,生活方式已经现代化了,许多传统习俗也在逐渐被新做法所替代。比如,现在很多单位和社区都会在老人生日这天专门给老人送去祝福——生日蛋糕、鲜花等,这大大提升了老年人的幸福感。笔者所在的社区是淄川城三社区,每年家中老母亲过生日这天,会有村委干部专门送来生日蛋糕。做子女的也会反思:国家把关怀老年人的观念落实到了实际行动中,作为子女的我们更应该照顾好老人,把"孝敬"二字真正落实到我们的日常行为中。

三、丧葬风俗

在各种习俗中,丧葬习俗对孝的体现最为直接、全面。古人认为"送终"是极其重要的孝的体现。"践其位,行其礼,奏其乐,敬其所尊,爱其所亲,事死如事生,事亡如事存,孝之至也",这是传统的礼仪要求,也是一种孝道的要求和原则。在淄博,"孝"不仅仅体现在对老人生前的奉养、关爱、尊重,也体现在对老人逝世后的丧葬仪式中。中国人讲究"入土为安""死者为大"。葬礼的举办既是"孝"文化的体现,也是对传统的继承。

直至今天,虽然社会上"红白事新办"已经蔚然成风,人们的思想观念也发生了彻底的变化,但是传统丧葬的一些程序和习俗至今仍在沿用,蕴涵的孝道意义一直没有改变。

(一)净面、穿老衣裳

逝者咽气后,有的地方是在逝者即将咽下最后一口气的时候,由死者的子女、儿媳等人给死者净面,让死者干干净净地走。

1. 净面

净面,指用新棉花蘸着白酒象征性地擦一下死者的脸部、嘴巴、耳朵、脖子、手、脚等部位。淄川有些地区在给死者净面时,还会根据死者的身份,念叨着诸如"爸(娘、妈),你别怕,我给你擦擦,让你干干净净走,去找俺爷爷、奶奶、爸爸,去享福哩"。

2. 穿老衣裳

穿老衣裳,也就是穿寿衣,即人死后由逝者的儿子、儿媳妇、女儿等人给他穿上的按照当地流行下来的规矩所置办的全套新衣服,包括帽子、秋裤、秋衣、棉袄、棉裤、裙子、鞋子、袜子等。若逝者为男性,通常由儿子和女儿来料理;逝者为女性,则由女儿和儿媳来料理。穿老衣裳时,要从上往下穿;并且讲究有铺有盖,上有头枕,脚下有脚枕。枕头有两种,一种叫平安枕,一种叫莲花枕。如果逝者是比较年轻的,则睡平安枕;如果逝者是老年人,则用莲花枕。衣服要用布带系好,都系活扣。身上用红线绑好,主要是手、脚。头上还要戴上帽子(花冠),嘴里含上一枚制钱。

(二)守灵、哭路、褾鞋

守灵、哭路、褾鞋是死者子女需要做的事情。

1. 守灵

逝者去世后,逝者的儿子、儿媳、闺女、侄子、孙子等人,要一直不停地为逝者守灵、烧纸,中间不能空人(不断人),这就是人们所说的——三天三夜不断人,在此期间守灵的人可以互相倒替。

2. 哭路

逝者去世后,从当天夜里十二点开始,逝者女儿开始为其哭路,也就是一直哭,且边哭边烧纸,一直哭到第二天进客,并且与客人们一起哭。哭路的寓意在于通过女儿的哭声为逝者打开天门。

3. 褾鞋

逝者去世后,其后代,如儿子、女儿、儿媳妇、侄子、侄女等都要褾鞋,也就是将一块白布缝在布鞋的前脸上。穿鞋时,不能把脚后跟提上;等到烧"五七"时,把这块白布拆下来一起烧掉。

(三)烧炕

烧炕也叫煎炕、煎糕,是一项在下葬之前完成的仪式,也就是给逝者所睡的炕热一热,让死者睡热炕。出殡前,死者的女儿、侄女儿、儿媳妇等六位女性前往逝者墓地,为死者暖炕。淄博市各地暖炕的风俗不尽相同。淄川地区需要携带鏊子、棒槌秸(玉米秸秆)、蜀黍秸(高粱秸)、棒槌苴(zhà)、豆腐页、锨火刀(菜铲)等。支好简易的炉子,把豆腐页放在鏊子上,用棒槌秸、蜀黍秸、棒槌苴作为点火之物,用锨火刀翻动豆腐页,象征性两面煎几次,就开始抛撒坟外,边哭边说:扔高,过高;扔远,走远(有前途)。博山地区所需材料有芝麻秸、蜀黍秸、棒槌苴、豆腐页、炝火刀(锅铲)、鏊子等。

淄博不同地区烧炕形式有所区别,不过说词内容相似。下面这段就是一则比较典型的说辞:

烧啥?烧苴,下一辈带把儿。

烧啥?烧芝麻秸,下一辈出大官儿。

烧啥?烧蜀黍阆,下一辈出状元郎。

这些唱词寄托着后代们的心愿,就说词本身来说,既是祝福,也预示着家庭兴旺、人才辈出,生活节节高。虽然地域不同,说词内容也有所不同,但其含义大体相似,这里不再一一列举。

(四)圆坟、烧五七、上百日坟等风俗

圆坟、烧五七、上百日,这是三个淄博人很看重的上坟日子,是给逝者"送三顿饭"。不过,上坟的时间是有讲究的。圆坟,过去是在出殡后的第二天天亮前进行,五七坟和百日坟也要在中午前结束。

1. 圆坟

按照传统的淄川丧葬习俗,第一天出殡,第二天早上天不亮就要去圆坟。圆坟实则是供养"土家",即土地爷爷。因为逝者在这里落葬,意味着安家落户,所以要供养土地爷爷,请他保佑逝者在此平平安安。圆坟时带着石头、瓦片、麦秸、香等物,供奉的时候口里唱着:扔石头、扔瓦,给某某(逝者)盖瓦房。因为还需要用苫盖一下,所以就要在坟上插麦秸、插香。

2. 上五七坟

上五七坟也叫烧五七,"五七"指在死者去世35天后,死者的子女等去坟上吊唁逝者,并焚烧逝者的一些衣物。当然,35天只是一个大体的时间,具体时间是由专人按照一定方式进行计算得出的。烧五七就是给逝者"送"饭、"送"衣、"送"各类生活必需品。

在淄博地区,上五七坟时,有一些比较普遍性的注意事项,如不烧半袖衣服,要烧长袖的衣服,这样才能保证长久;不烧被子,因为"被子"是"辈子"谐音。

上五七坟时,撼钱树、金山、银山、米山、面山、柜子、楼房、电器、桌子等都是常用用品。撼钱树一般由逝者的女儿准备,由专门的纸扎匠糊好并制作。每根树枝上都挂有元宝串(串成串的金银元宝),顶端上挂五彩纸花,元宝枝上还会贴有剪好的凤凰或者放上银纸糊制的小叉子(簸箕)和小笤帚。烧撼钱树时,逝者的子女要一起念诵一段说词。地方不同,词的内容也是不同的,主要是把逝者的心意表达得特别完整,也把生者的心意表达得特别吉祥的。下面是其中一则淄川区较有代表性的说辞:

> 撼钱树,姑娘糊五七栽,栽到老人屋一边。树大根深,长起来,扎根扎到花盆里,开花开到五月春。树也长来钱也长,结的黄金百万两。撼钱树撼钱粮,撼钱树上落凤凰,凤凰扎扎翅,金银财宝往下落。凤凰跺跺脚,金银财宝落满地。笤帚扫叉子收,收到老人柜里面。

3. 上百日坟

上百日坟也就是在逝者去100天后,逝者的亲属去坟上吊唁逝者。

(1) 时间规定。百日坟名义上是第100天,实际上要根据规律进行推算,夫妻一方在世要减去一天,每个儿子要减去一天,这样确定好上坟的最终时间。上百日坟的时间在圆坟后就要确定好。

(2) 纸扎用品。因为是供养逝者,亲属们要保证逝者在"另一个世界"生活富足,因此,从衣食住行等各个方面给逝者准备最好的用品,并要多烧纸钱。纸扎用品要由逝者的女儿负责。

4. 上忌日坟

忌日，亦称忌辰，是长辈去世的日子。淄博地区有句俗语——活盼生日，死盼忌日。对于生者而言，每年的生日让人最期盼，而对于逝者来说，忌日就是享受晚辈供奉的日子。一般来说，前三年，子女必须要亲自到坟墓前祭拜，需要的祭品是炸菜（炸肉、炸鱼、炸豆腐）、点心、水果（一般是苹果、香蕉、橘子等，桃和葡萄不能作为祭品）、下包（熟的素馅水饺）、元宝、钱粮、酒、香。三年后，子女则可以将祖先"请"到家里，或者在一个合适的地方举行祭拜仪式。

5. 立碑

给逝者立碑，也是淄博地区的一个丧葬传统。一立立三辈（代）是这一地区自觉遵守的一个传统。三辈也就是自己这一辈之上的三辈，包括父亲、祖父、曾祖父。

当今社会，虽然丧事新办已经成为一种风尚，但是人们对于上述流程和特色还有着非常深刻的印象。固然，淄博地区的传统丧葬习俗存在一些封建迷信的因素，其中一些风俗是很多人难以接受的。不过，我们也应该注意到丧葬风俗在一定程度上体现了事死如事生的观念，表达出了生者对死者的"孝"。而对孝子贤孙而言，更是一种情感的寄托和补偿。

第五节　方言俗语中的孝文化

孝是子女对父母的一种善行和美德，孝也就由原来父母对子女抚养的义务，转化为子女报答老人养育之恩而履行的赡养义务，是一种双向互动关系。

方言俗语是活跃在百姓口语中的一种形式比较固定、意义比较丰富的语言形式，在人们的生活中有着突出的表现，可以分为歇后语、俗语、谚语等形式。淄博地区的这些俗语具有雅俗共赏、话糙理不糙的特点，是一种特别接地气的方言表达形式。方言俗语不仅是千百年来人们宝贵的生活智慧和文化财产，也是淄博地区优秀的语言文化财产，口耳相传，传承至今。

淄博人把尊老作为美德，流传着"家有一老，如有一宝"的说法。淄博人有一句常常挂在嘴边的话是"老人一句俗话说"，这样一句简单的话语，就很好地说明了老人话语的权威性，它是淄博百姓多年智慧的结晶，是百姓农耕生产、日常生活经验的感悟和积累，也与人们对美好生活的向往有着密切的关系。自古至今，作为一种语言符号，反映孝道的方言俗语在淄博非常丰富，是当地"孝文化"的重要组成部分，记载、传承着淄博人感恩父母、孝敬父母、秉承良好家风的道德观。

一、"人老知识多"

这是淄博地区的一句俗语,与一个流传下来的传说故事——"人过60,不死活埋"有关。

相传秦始皇的时候,外国进贡了一个动物,和牛一样大,很多人都不知道是什么。皇上称,谁要是认识就封官,不认得就杀头。有一个年轻的官员犯愁了:他父亲已经年过60,按照规矩应当活埋。他特别孝顺,把他父亲藏在一个夹墙里,晚上送饭。一天送饭的时候对父亲说:"我这可能是最后一次送饭了。"他父亲问原因,他说:"外国使节进贡了一个动物,非常大,不认得就得杀头,我又不认得。"父亲听孩子描述了动物的样子,就说:"有可能是个鼠啊!你把狸猫藏在袖子里,让它看那个动物。如果它退缩,那就是一个鼠。"儿子试验后,果然那个动物就抽缩成一个小老鼠,被猫逮住了。皇上问道年轻人是怎么知道的,他说听父亲说的,并把父亲的情况一五一十说清楚了。皇上深受感动,说:"人老知识多,今后60岁以上的老人不能再活埋了。""人老知识多"告诉我们:老人们的生活阅历、知识经验都比较丰富,我们必须尊重他们;为子女,也必须好好孝敬他们,这才是为子女之道。

二、"子不嫌母丑,狗不嫌家贫"

这句话广为流传,淄博地区的人们说得尤其多。孝的核心是感恩父母,不管父母俊与丑、穷与富,都应该理解、感恩父母。这句耳熟能详的俗语,有巨大的传播力和影响力,如春风化雨般浸润着一代代人的心田。

三、"孩儿生日娘苦日"

这是淄博老人们经常说的一句话,最简洁的意思是孩子的出生之日就是母亲的受苦日子。因此,孩子生日这天都要表达对母亲的感恩之情。成年后的孩子,每逢自己的生日,都会给母亲买礼物,去父母住处吃饭、聊天等,这是淄博市的一个比较普遍的传统。与此相关的一句话是"养儿方知父母恩",虽然都知道父母恩情大于天,但是在现实生活中,只有有了自己的孩子,才能真正理解父母为孩子付出的辛苦,也才明白父母对于我们的爱。一句普通的俗语,道出了人间至爱,其对孩子们产生的深远影响是淄博地区孝风孝俗淳朴的一个根源所在。

四、"在家敬父母,强过远烧香"

这句俗语告诉人们:要真正把孝敬父母当作头等大事,这远比到庙里烧香拜佛要有用得多。对于那些不孝敬父母而相信烧香能给自己带来好运的人,人们常常用这句俗语进行规劝。

五、"有娘有爷是个宝,无娘无爷是棵草"

这与《世上只有妈妈好》那首歌表达的含义是一样的。有爸爸妈妈的孩子是幸福的,无娘无爹的孩子就像无根的草,道出了失去父母的孩子的真实感受。既然父母是孩子的宝,就要趁父母健在的时候好好珍惜、好好孝敬。其实,老人说这句话的时候,也是希望自己的孩子真心把父母的恩情记在心中,真心孝敬父母。

六、"小羊羔吃奶双膝下跪,小乌鸦报母恩一十八天"

这是老人们常常挂在嘴边的一句话,也是教育子女要孝顺时常说的一句话。连动物都知道要感恩母亲,人类更应该做得到。不难看出,这既是父母的希望,也是他们一直奉行的一个做人原则。最朴素的语言其实说明了深刻的道理——孝敬父母是所有生命的一种存在形式和生存体现。

第六节　庙会文化与孝道传承

庙会一般设在寺庙里边或附近,是我国市集贸易形式之一,多在节日或者规定的日子举行,是老百姓参与率较高和影响力较大的一种形式。庙会作为中国传统民俗文化的组成部分,有传统文化中的"活化石"之说,在淄博人眼中,"赶庙会""赶会"是很多人的文化记忆。淄博民众赶庙会的目的,一是烧香拜佛,二是祈求神明庇佑,三是还愿。

淄博地区的庙会数量比较多,而且多数庙会有着孝文化传承的特色。颜文姜、炉神姑等都是百姓耳熟能详的孝女,颜文姜庙会、炉神姑庙会、萌山庙会等,其文化价值就在于用庙会这样一种民众喜闻乐见的方式,使民众在轻松愉快的氛围中习得孝文化、弘扬孝文化。庙会上,人们或通过传说故事的讲述,或通过庙会仪式的举行,或通过庙戏的展演,使更多的人学习到孝文化,而孝道也在潜移默化中,走入民众内心,并化为淄博人的集体观念。

一、庙会传说与孝文化

中国向来遵循忠孝文化,从上层社会到普通民众,都深受其伦理道德教化的影响。孝是家庭、宗族之间紧密联系的精神纽带。因此,庙宇中对于孝女(子)形象的弘扬也是为了营造全社会"重视孝、尊重孝、奉行孝"的良好社会风气。

孝妇颜文姜的传说在博山地区妇孺皆知,世代相传。博山人对于颜文姜救公婆、小姑子的细节耳熟能详,因此,庙会上当人们看到庙宇中颜文姜的塑像时,总会再次重述颜文姜的传说故事——任劳任怨地侍奉刁钻狠毒的婆婆,照顾百般挑剔的小姑子,奋不顾身救公婆和一方百姓。虽然人们的个性表达有所不同,但是对于颜文姜的孝道总会归结到这样几个关键词——善良、容忍、孝顺、解救危难等。

在炉神姑的传说故事中,对于李娥投入火炉救助父亲及一方百姓的孝道行为,人们最为敬仰。除此之外,还会谈及这位孝女的其他故事。现在张店孟家村炉神姑庙中的壁画中展示着她小时候的事迹:从小她就是一个孝女,经常给姥爷捶背;一位生病的老人想吃鱼,但是很难吃到鲜鱼,炉神姑就破冰给他捞鱼并给他送到家里;因为她太善良了,狼虫虎豹碰上她都不忍心伤害她……这些虽然都是神话传说,但是这些孝行时时影响着后人。

除了上述在淄博影响广泛的孝女之外,淄博地区的庙宇中,还有其他的一些孝女形象。如周村萌山寺中的高老姑的侍女——小姑就在其一侧,接受众人的参拜。张店铁冶村炉神姑庙中的"孝悌忠信"大殿中的炉神姑塑像旁边,也塑有其他的孝女的形象——胡仙三姑。之所以把这样的民间孝女的形象放置于大殿中,目的也在于弘扬孝道。

因此,从传播意义上说,人们走进淄博的庙宇、庙会中,就可以更近距离地感受、理解孝道。

二、庙宇对联碑文与孝文化传播

淄博地区的庙宇中,存有大量的碑文。石刻碑褐是我国古代劳动人民发明的一种特殊的纪事形式,常作为政治、历史事件、水灾、地震、灾异等自然和社会变化的重要记录载体而被保存下来。可以说,碑文是记录历史的重要载体,从中我们可以感受到不同的神灵形象和庙宇文化。

史修真是淄博桓台的一位孝女,其事迹在当地世代流传。走进其祠堂,不同殿中的对联就是一种孝道的呈现:修真祠正殿的匾额为"孝名天下",两侧楹联是"女可为儿大义真一时无两,孝义得寿行年已八秩有七",横批是"巾帼淑女"。正殿内塑有史修真的塑像,两侧墙上悬挂着其生平孝道事迹的介绍。看到这副对联,再去瞻仰下这位孝女的事迹,相信人们对孝德、孝道会有更深的认识。在这里,"立贤德、淑贞仁、展奇才、为民祈"成为史修真这位孝女的孝德关键词。

博山颜文姜庙门的对联为"百行孝为先孝妇懿风吹典范,千缘诚乃首诚人高德启贤良",这副对联把颜文姜的孝德故事进行了高度凝练,对人们起到了很好的启示和影响作用。其他殿的对联也是对于颜文姜孝道的一个概括:顺德夫人殿的对联是"惊天地感社稷莫大于孝,配江河揭日月至诚如神",姊妹殿(供奉碧霞元君和颜文姜)下方的匾额是万民孝神,其对联是"灵迹著海山,神崇碧霞祀万代;孝行感天地,泽被乡间昭千秋"。颜文姜祠内的"二十四孝"蜡像馆对人们更是一种孝文化的普及性教育。

桓台的炉姑园、张店铁冶村的炉神姑庙和张店孟家村炉神姑庙都是专门纪念炉神姑的庙宇。炉姑园里的对联"炉德至刚溶万物,姑行纯孝耀千秋"充满了对孝女的推崇和歌颂。"至孝堂"的匾额实际就是对孝的总结、概括。

三、念唱经文与孝文化传承

念唱经文作为庙会的一项特色民俗活动,往往是庙会上的重头戏,它是一种与语言相关的具有方言特色的民俗事项,是淄博市不同地区的文化遗产,也是淄博的一种民俗特色。念经,也叫唱经、诵经、念佛,是在各种仪式中演唱歌颂诸位神灵、诉求美好愿望的类宗教歌曲的活动,人们以这种方式来表达虔诚的信仰情怀,其功能类似于西方基督教中的唱诗班。

淄博地区的经文数量众多,不同地区都有自己本地域的经文。故事是人们熟悉的一种文学体裁,与其他体裁相比较,它更加侧重于对事件发展过程的描述,强调情节的生动性和连贯性。故事型经文是指内容中包含着故事型的因素,有情节的展开、有叙述方式的变化等特色,虽然这类经文的主旨是对神灵进行颂扬,但有些故事型经文把孝道文化特色融合其中,使得内容上更加丰富和新颖,因此有着较强的吸引力。劝诫是一个常用词语,它的意思是劝告人改正缺点和错误,警惕未来。劝诫经文无论是直接劝诫还是通过神灵进行劝诫,最终目的都是规劝善男信女要行善、行孝,因此,在传播孝文化上有一定的积极意义。同时,因为其经文内容中有不行孝、不行善的恶果的展现,也对人们提出了警醒。无论是念唱人还是听者,只要用心听听这些念唱的经文,就会对孝有一定的认识。

(一) 孝道经文

淄博地区的经文数量非常多,其中有一部分经文与孝道有关。

1."颜奶奶"经文

颜文姜是博山的一张名片。每年以"颜文姜祠"为中心,举行"颜文姜庙会"两次,农历七月初一至初三是颜奶奶的生日,正生日是初三。庙会和生日时,来自博山不同地方的香客、善人和博山外的莱芜、邹平、淄川、张店等地的信众会到颜文姜祠上供、拜祭、念唱经文等,以表达对颜奶奶的敬仰之情。关于颜奶奶的经文主要有《颜奶奶》《颜奶奶净面梳头》《颜奶奶佛》等。在这里,我们只选择了《颜奶奶》经文,其经文内容为:

  济南府博山县,有位孝女坐南关。
  孝女生来命好苦,贪了个婆母家法严。
  白天打水千千担,夜晚推磨五更天。
  手扶磨辊打了一个盹,叫她婆婆偏看见。
  上边就是巴掌打,下边就是脚来捲①。
  石马桥上去打水,返回四十整一天。
  轱轮担仗尖尖苇,压的少女无处搞。
  孝女生来心眼好,惊动上方丈八仙。
  半路借水去饮马,送她一支青龙鞭。
  送我鞭子有何用,送我鞭子为何言。
  鞭子搭在瓮沿上,永远不叫你把水担。
  六月歇伏好热天,上你娘家住几天。
  娘门住了三天整,睡不着来坐不安。
  手掐灵纹仔细算,算着婆母出了事端。
  大步跑来小步颠,小姑子提鞭水淹山。
  孝女一见慌张了,急忙坐到那瓮沿边。
  颜神奶奶本姓闫,奶奶生在宝斗泉。
  不知年龄大或小,吵吵闪闪五百年。

---

① 捲,读音为juǎn,意思是"用力踢"。

黄白草里有菩萨,无人知道修大殿。
唐王征兵往这里走,唐王下马施礼端。
奶奶保俺得了胜,俺给奶奶修大殿。
唐王施礼上马走,颜神奶奶起云端。
单人独马上了阵,□子杀了万万千。
吓得唐王打颤战,颜神奶奶显灵感。
枪刀剑戟拿不动,未从提刀手腕酸。
杀得那鲜血如河流,人头身子堆成山。
记着唐王杀个净,征下鞑子很德安。
唐王施礼上马走,颜神奶奶起云端。
唐王来到马莲山,低头想来仰头视。
两座马蜂拦着路,忽然想起那口愿。
叫声奶奶收蜂去,我给奶奶修大殿。
先修上公婆殿父母双全,
大姑殿、小姑殿,有配房两间,
影壁上挂斗子玉石栏杆。
大门口又修上香磨两盘,
曹国舅拉簸箩好打香钱。
有儿的打香钱为了儿女,
无儿的打香钱求福德安。

这则经文具有故事型经文的特点,孝道文化的传承特色也比较鲜明。从内容看,比较符合"颜文姜传说故事"原型。它主要讲述了颜奶奶成为孝女前后的一系列事情:结婚后碰到了个恶婆婆、坏小姑,用尖底水桶去石马那里挑水,来回路程有30千米;因为心眼好被神仙送了鞭子,鞭子只要放在瓮里,提起来,水就满了瓮;六月天回娘家,小姑子提鞭导致水漫山;颜文姜跑回来一屁股坐到泉眼上拯救了一家人。颜奶奶坐化成神,还帮助唐王征战获胜。唐王凯旋时忘记了为颜奶奶修建大殿的承诺,于是有马蜂横在唐王兵马前挡住了道路,唐王于是为奶奶修了大殿。这些都是颜文姜故事中的细节,真实性无从考证,推测是创作经文的人的想象,目的在于更好塑造颜奶奶的人物形象。

因为是故事型经文,能够吸引人们更好地理解、学习和念唱,了解故事的人会加深对颜文姜故事的理解,不了解故事的人也会在短时间内了解故事。可以说,从某种意义上,传播了颜文姜颜奶奶事迹,弘扬了孝行、孝道,是孝文化的一种传承。

2. "炉神姑"经文

炉神姑,老百姓一般称呼其为"炉姑",淄博地区四个地方有其庙宇,其一为桓台炉姑园,其二为张店孟家庄炉神姑庙,其三为张店铁冶村的炉神姑庙,其四为淄川洪山镇十里村的路神庙。淄川洪山镇的十里村也有一座"炉神庙",原名是"慈孝庵"。至今,村中还流传着炉神姑为神后解救这一方百姓的故事。

很多年以前,炉神姑成了神,有一天路过这里,看到这个地方有两个湾,就像是蝎子的两个眼睛。通往村里的一条路,过去是一条深沟,被称为"羊股道",是放羊的人走出的一条小道,远远看上去,这条道就像是蝎子的尾巴。炉神姑看这个村庄有灾难象,就落座在蝎子的肚子这个地方,从此"慈孝庵"就成了这一方百姓的保护神。这个简短的故事,告诉我们炉神姑为神之后,也和原来一样,把解救百姓作为自己的职责。以下是经文内容:

> 春秋战国年间,出了位孝女代代传。
> 为救父亲和乡亲,奋不顾身跳火炉。
> 化作祥云升空去,九霄云中显全身。
> 众位乡亲得平安,修建庙宇来报恩。
> 立下庙会炉姑来收香烟,香火会上把灵显。
> 遇事就把炉姑求,逢凶化吉保平安。
> 三月九月十一月还有腊月二十八,(经本文字)
> 善人们相聚炉姑庙,感谢炉姑搭救恩。
> 求娃童求功名,有求必应保众生。
> 保的老人子孙旺,福大寿大赛长星,
> 保的中年病不生,工作顺利事业成,
> 保的学生学习好,金榜题名中状元,
> 保的家中都平安,金银财宝进家园。
> 风调雨顺盛世年,国泰民安齐欢乐。
> 众位弟子来还愿,带着供品香火钱。
> 炉姑显灵把话传,嘱咐弟子多行善。
> 忠孝仁义要牢记,一人修来全家福。
> 不恋吃穿不恋钱,救苦救难把名传。
> 小小年纪本领大,五湖四海美名扬。
> 炉姑恩情重如山,叩头施礼报恩典。
> 念到这里佛为满,念声弥陀保周全。
>
> 阿弥陀佛。

这则经文开篇三句对炉神姑进行了简要的介绍,主要交代了炉神姑的出生年代、孝女身份、孝行事迹等内容。下面五句说明了百姓修建庙宇的目的和庙会时间,这一部分与开篇有一个互相补充的关系。由于炉神姑自幼孝顺,对乡邻也是讲孝道、行善事,成神之后仍然造福百姓。这些经文既是对炉神姑的颂扬,也是一种诉求、愿望、劝诫。

3. 其他的孝道经文

《姐妹二人去修行》是故事型经文中比较典型的一则,也叫《姐妹劝》,经文内容为:

> 清晨念佛起高声,众位神灵都来听。
> 姐妹二人去修行,不知哪个能修成。
> 姐妹的心情不善,姐姐真心去修行。
> 姐姐修的桥上走,妹妹打到奈河中。
> 姐姐坐轿轿上走,听到奈河里有哭声。
> 左耳听,右耳听,越听越是妹妹声。
> 掀开轿帘行下看,看看妹妹罪不轻。
> 铁锁搭在脖子上,钢鞭触得鲜血红。
> 叫声玉女你停一停,我给妹妹求来情。
> 叫声善人你快着走,这件事情你不成。
> 她在阳间不行好,众位神灵看得清。
> 公婆身上不孝敬,丈夫身上也无功。
> 东邻家打仗她插嘴,西起家有事她乱拨。
> 她家去了个要饭的,面条倒在恶水坑。
> 河里无水难靠岸,一辈子没烧过纸钱。
> 上房神更看得清,善的恶的记分明。
> 你在阳间不行好,到了阴间受苦情。
> 叫声姐姐你慢走,你再替俺求求情。
> 我在阳间嘱时你,一遍两遍你不听,
> 三遍四遍你不应,五遍六遍照样行。
> 早知阴间规矩大,你娘三岁俺早修行。

这则经文讲述了姐妹二人不同的修行经历,就有了不同的结果。"姐姐修的桥上走,妹妹打到奈河中",一句直接说明了姐妹二人的修行结果:姐姐修得好,妹妹则被打到了河水中。下面则是具体的情节展开,虽然字数不多,但是仍然把原因给我们理清了:一是不孝敬公婆,不善待丈夫;二是插嘴与乱拨,不睦四邻;三是心地不善良,面对要饭的人,宁可把面条倒掉,也不会献上自己的爱心；四是不敬神灵，从来没有烧过纸钱。虽然这一部分经文没有展开说明，但是我们仍然可以通过个人丰富故事的个性方式，运用想象，形成富有自身特色的故事。就上述四部分的原因分析看，我们明晰了在人们的认识中，父母、丈夫、四邻、社会人、神灵是不同的层面，提倡对这几类人的善心，就是大力倡导和弘扬的一种社会风气，是上天神灵评价你的标准，也是做善人的标准。做不到这些的妹妹，心肠歹毒，"铁锁搭在脖子上，钢鞭触得鲜血红"，这个警示性的语句冲击力是强烈的。妹妹备受折磨，哭声不断，凄惨的遭遇，源自其不善的言行，这些言行正是百姓深恶痛绝的。这则经文在结尾部分呈现了警示性内容，目的在于告诫大家：如果能够早修行，做善人，将来就会有福报，就像姐姐一样；如果不修行，不做善人，将来就一定会遭到种种折磨。这种结尾方式是很多故事的惩戒性目的所在，以达到宣扬的作用，教育人们自觉遵守规矩。虽然带有封建迷信的色彩，但是在惩恶扬善、坚持孝悌仁等大义前面，这种目的性的宣扬有一定的积极性。

（二）劝诫型经文

劝诫型经文唱词主要是提醒、劝诫信众，要遵守戒条，才能得到福报，主要有《厨房十戒》《十劝》《佛祖的真言》《劝世佛》等。其中，《劝世佛》内容比较细致，对于人们进行了种种的劝导，目的在于希望人们不做恶、多做善事。

为什么淄博地区有劝诫型经文这种类型呢？这主要是源于人们的民间信仰。民间信仰，也叫做民间俗信，自古有之。淄博老百姓坚信天神是最公平的，他能明断人间是非，若谁做了愧对良心的事情，就要遭到天谴，会遭报应，会天打五雷轰；反之，做好事、为好人就会受到奖赏。在淄博地区，老天爷是自然神中的最高神，他统率一批下属神，如日神、月神、星神、雷神、雹神、风神、雨神、山神、水神、火神等，共同成为民间的信仰对象。"人在做，天在看"，淄博的老百姓常常这么说，直至今天这句话也被普遍使用着，也是源于这一朴素且坚持的信仰观念。劝诫型经文作为民间信仰的一种文字传播形式，"惩恶扬善"的作用非常明显，这是人们的一种愿望，也是社会正义的一种表现。

1. 直接劝诫型

直接劝诫型指经文中的劝诫意义比较直接。《十劝》就是一则直接劝诫型经文，语句朴实，规劝每个人要孝敬长辈、哥嫂，号召人们自觉学会包容、忍让、勤劳、谦虚。无论是在家庭中还是在社会上，对每个人都提出了具体、明确的做人做事要求和原则。虽然这其中有一些封建的成分，比如"家中有父父为大，家中无父听长兄""识字的人功名大，中举会试进门庭"等，但是总体而言，其所宣扬的多读书、不做贼、不嫌穷爱富等观念，都是现代人也要做到的，对和谐社会、和睦家庭都是非常有积极意义的。

2. 通过神灵劝诫型

这类经文主要是借助神灵之口传达出一种善的声音,号召人们要行善事、做善人。在家庭中,孝敬长辈就是一种最基本的善,做到了就会有福报,这是神灵劝诫的目的所在。《佛祖的真言》是一则通过神灵劝诫型经文,光是题目,就能让人们更加重视、信服。这则经文是典型的"五字句",给我们讲述了生活的真谛——知足、忍耐、心正、一视同仁、行孝、勤俭、不要乱弄是非、不要乱争辩等。其中"对老人行孝,夫妻要良贤。儿女面前站,性子要温暖。同胞兄弟们,不要把脸翻。为点小事情,何必去争辩"等内容,都是对孝道的劝解。唱念这样的经文,人们的心态自然趋于宁静;即使生活中有很多不公平,也会消弭怨恨和烦恼。经文在历史创作和发展流传的过程中,带有封建迷信的性质是可以理解的,这源于人们对神灵的敬畏,其中蕴含的道理更多是正面和积极的。如今我们要吸取其符合时代特色的东西,自觉摒弃那些有悖现代社会理念和价值观的东西。

"腊月二十三辞灶"是全国范围的一个风俗。辞灶,是指辞别灶王。灶王也被称为灶君、灶神、灶王爷爷、灶君老爷等。淄博各地的人们在这一天都要在家里的某个地方张贴的一副画像,画像两侧贴对联,内容一般为:"上天言好事,下界保平安(或者下界降吉祥)。"人们对灶神的信仰由来已久,早在《礼记·月令》中即有对灶神的记载。尽管灶神地位不高,但由于其贴近民众的日常生活,具有"一家之主"的性质,因而古往今来我国民间各地不论贫富贵贱,厨房灶间皆供有灶王神龛。

淄博百姓都相信灶神,相信作为一家之主,家里的好事、坏事都瞒不过灶王的眼睛。因此,人人都不要做恶事,否则他会上天如实禀报。《灶王经》有好几则,内容大同小异,但都对于"孝"提出了具体要求。

> 只要你孝父母恭敬兄长,只要你亲祖宗和睦乡邻。
> 行仁义顾廉耻各安生理,守本分学良善忠厚让人。
> 灶王爷秉真心奏知上帝,玉皇爷发慈心永不屈人。

在淄博,尤其是在周村地区,流传着一个与灶王爷有关的风俗:过去经常外出做买卖、出远门的人,把灶王的画像贴在或者糊在腿肚子上,表示走到哪里都是家,走到哪里都安全,这是因为灶王是一家之主,而出门在外的人最想得到的是平安,因此,把灶王的画像贴在腿上,念唱《灶王经》,就是敬灶王的具体表现,背后是百姓心里一种祈求灶王的祝福与保佑的朴素心理。

> 有一等歹妇女心肠毒狠,惹是非招口舌骂断四邻。
> 说人长道人短欺大压小,气翁姑骂妯娌作践男人。

>有一等奸诈人口善心恶,对着善人说好话背地黑心。

这三句是警示那些在家里"气翁姑骂妯娌作践男人"、在外面"说人长道人短欺大压小"和平日里"惹是非招口舌骂断四邻"的人,劝诫人们要在家照顾好家人,在外要谨言慎行、与人为善,否则就没有福报。

"三尺头上有神明""人在做,天在看",这都是淄博地区的人们常说的俗语。在古代,人们希望通过虔诚地叩拜和奉祀来得到神灵的佑助,长此以往,相沿成俗,各种"神邸"的香火也因此得以在现实社会生活中世代接续、绵延不绝。在今天看来,虽然这些民俗都带有非常明显的时代痕迹,但是其中所蕴含、体现的孝道,却是我们都要保留和传承的精华。

第四章 聊斋文化中的孝道观

蒲松龄,淄博历史文化名人,因其著作《聊斋志异》被称为"世界短篇小说之王"。《聊斋志异》是一部大胆揭露封建社会黑暗,并给予严厉批判和辛辣嘲讽的作品,书中通过花妖狐魅的故事,揭露了封建社会一些官员的贪婪、谄佞、昏庸、无耻,控诉了他们欺压剥削人民的罪行,同时对科举制度的弊端和社会的黑暗也进行了有力的鞭挞。聊斋文化在淄博的文化中占有举足轻重的地位。在《聊斋志异》中,蒲松龄通过对众多人物形象的描述,表达出他对孝道的理解和认识。

老舍有言:"鬼狐有性格,笑骂成文章。"蒲松龄善于借助犀利冷峻的语言,给阴暗丑恶的东西剥去华丽的伪饰,在痛快淋漓地揭露黑暗、抨击丑恶,寄寓生命中最深刻"孤愤"的同时,热情讴歌人世间最真、最美、最善的品性,并为之喜悦,为之欢畅,从而折射出他对生命最诚挚的渴望和憧憬。

在中国传统文学中,很多作家都会通过塑造鲜明生动的人物形象,弘扬儒家的伦理道德思想,以实现其道德教化的目的,蒲松龄当然也深知自己的责任。虽然聊斋文苑表现的题材大部分为神妖狐魅鬼怪的故事,但由于这些故事大都来源于民间,加上蒲松龄的妙手改造,因而就包含了更为深广的社会内容和丰富的思想内涵,其中惩恶扬善的伦理教化思想尤显丰厚。蒲松龄作品中强烈的善恶观,很大一部分是通过孝道悌德表现出来的,所以说,孝悌自然成了他反复申述的一大主题,并贯穿始终,至高无上。

第一节 蒲松龄孝道观产生的渊源

一种观点的产生,往往会受到主观和客观两个方面的影响。蒲松龄孝道观产生的动因,既受传统文化、外来文化和地域文化的熏陶,还与他自身的孝亲行持密不可分,综括起来,大致如下。

一、淄博地域孝文化的熏染

齐鲁是儒家文化的发祥地,孝义仁德的土壤丰饶肥沃,《说苑》里曾记载过一个义妇舍子救侄的故事:

> 齐遣兵攻鲁,见一妇人将两小儿走,抱小而挈大。顾见大军且至,抱大而挈小。使者甚怪,问之。妇人曰:"大者妾夫兄之子,小者妾之子;夫兄子者,公义也;妾之子者,私爱也,宁济公而废私耶!"使者怅然,贤其辞,即罢军还,对齐王说之,曰:"鲁未可攻也,匹妇之义尚如此,何况朝廷之臣乎?"

一个村野之妇,在生死关头,为救兄之子,竟能置自己的儿子于不顾,最终让侵略者感其义举而怅然罢兵,不仅救了自己全家,也保住了鲁国的安宁。

鲁妇的义举难能可贵,齐鲁大地上的至孝品行更是千秋传扬。在著名的"二十四孝"故事中,发生在山东境内的就近三成:曾参啮指痛心、子路百里负米、王裒千里寻亲、闵子骞芦衣顺母、郯子鹿乳奉亲、江革行佣供母等。可见,齐鲁孝文化的传统源远流长,孝道影响较之其他地域自然会更为显著。

地处山东腹地的淄博大地,孝文化的脉络从未中断,且能历久弥新,源源不断地滋养着淄博的人文精神和文化气质。可以说,孝文化在孝妇河畔有着深厚的土壤,孝子孝妇的事迹层出不穷,经久不衰。

善良能干的博山孝妇颜文姜,守节持家,任劳任怨地侍奉刁钻狠毒的婆婆,照顾百般挑剔的小姑子。危难之际,为救公婆和一方百姓,她挺身而出,勇堵泉眼,终坐化为神。

临淄少女缇萦,父亲淳于意含冤获刖刑,缇萦舍命上书汉文帝,痛陈父亲廉平无罪,情愿给官府为奴,替父赎罪,代父受刑。汉文帝深为缇萦的孝行所感动,不仅赦免了淳于意,还废除了刖刑。

东汉时为避战乱,临淄江革背母逃难,几遇匪盗,贼人欲置他于死地,江革哭告:老母年迈,无人奉养。贼人见其仁孝,终弃杀心。江革后迁江苏,做雇工养母,自己赤脚,母亲所需甚丰。

宋时,契丹兵侵入淄川,挟持了王裒父母在内的部分百姓。王裒拔剑追赶,辗转数千里,历时三年多,寻亲最终未果。归来后王裒雕刻双亲模样,长年香火供奉。终以双亲木像入葬,守墓六年。现淄川区淄城以西有慕王村,村名因仰慕王裒而起。慕王村的先民们为倡孝道,为王裒立祠修墓,表达对他孝行的敬慕。

无论是奉养恶婆婆的颜文姜,冒死为父洗冤的缇萦,还是兵荒马乱中恪尽为子之道的江革,历尽艰辛寻亲不止的王裒,一串串光辉不朽的名字,一个个感天动地泣鬼神的孝亲故事,在淄博这块热土上世代传承,不断滋养着丰厚的孝文化资源,汩汩不息地浇灌着历代人们的心田。

在蒲松龄生活的时代也不乏孝亲的范例。据盛伟先生的蒲松龄年谱记载:康熙三十一年壬申(1692),53岁的蒲松龄为王敏入作《追远集·序》。在《淄川县志》《王氏世谱》和王敏入的族人王培荀的《乡园忆旧录》等史料中,都记载过王敏入夫妇事亲至孝的事迹。

《淄东王氏世谱》载:"敏入,字子逊,号梓岩。行一,邑庠生,性至孝,行谊载邑志及传。妻陈氏孝行详列女传,子二。"《淄川县志》卷六《续孝友·王敏入传》载:"家贫,读书娱亲。当明季王茂德之乱,负其父夜遁,误入贼营。贼攒刃相向,以身遮刃,哀祈父命。贼心动,叱出免之……及两亲殁,既葬,朝夕营墓者二十余年……又筑石室,自写两亲真容供诸其中,朝夕虔奉,一如事生仪。年至七十犹然孺慕,语及两亲辄双泪涔涔下。盖其一生艰难崎岖,念念不忍忘亲如此。"

王敏入的孝行主要有:在动乱之际,两次前往贼营,舍生救父;父母去世之后,自负石块营造坟墓,手镌其父遗诗于山崖;自绘父母画像于石室,朝夕供奉。不管遇到怎样的情景,他都不忘父母恩情,在当时的淄川地区很有名气。

孝子王敏入比蒲松龄大十几岁,二人交情笃深,互为知己。蒲松龄对王氏夫妇的孝行耳濡目染,特为他们创作了情辞并茂的《陈淑卿小像题辞》。

伯鸾将婚,兵方兴于白水;文姬未嫁,乱适起于黄巾。居民窜诸深山,王孙去其故里。随舟纵棹,忽睹秦、汉之村;扣户求浆,竟是神仙之宅。开扉致诘,始辨声音;秉烛倾谈,恍疑梦寐。倥偬搭面,送神女于巫山;仓猝催妆,迎天孙于鹊渡。片时荒会,遂共流离;一点雏龄,便知恩爱……青鸟衔书,频频而通好信;红衿系线,依依而返旧庐。且喜运数之亨,珍珠复还合浦;未释帝天之怒,牛女终隔明河……对影之鸾,相看欲舞;闻箫之凤,并偶成仙。离合惊其非常,悲欢感而交至。沈吟为尔,不意有今;娇羞悦人,犹疑是梦。引臂替枕,屈指黄檗之程;纵体入怀,腮断明珠之串。红豆之根不死,为郎宵奔;乌臼之鸟无情,催侬夜去……遭逢苦而忧患深,艰厄尽而债孽满。雷霆虽烈,渐感悟于湘蘅;伉俪久成,初合欢于豆蔻。鸳鸯眠渚,不患风涛;燕子偎梁,同栖玳瑁。好期世世,香灼凝玉之肌;誓在生生,梳断衔山之月。朝炊暮绩,迎人之笑屦仍开;儿啼女号,谪我之恶声未有。所恨离奢会促,孙子荆怨起秋风;可怜乐极哀生,潘安仁悲深长簟!香奁剩粉,飘残并蒂之枝;罗袜遗钩,凄绝断肠之草!

蒲松龄倾注满腔热情,字里行间歌颂了王陈二人忠贞不渝的爱情和贤淑仁孝的不凡品德。

据袁世硕先生《蒲松龄早年"岁岁游学考:蒲松龄与沈天祥、李尧臣、王永印"》一文考证,蒲松龄曾在淄西沈氏的沈润家做过西宾。就年龄与辈分而论,沈润属蒲松龄的前辈,他们两人之间曾有过交往,而且蒲松龄与沈润的长子沈天祥更具有"夜雨连床"的深交。沈润,仁心好施,友爱兄弟,以至孝闻名。《淄川县志》为其立传:"里居厚德载物,与人无竞。""至于推己产与诸弟,方仲弟澄抱病,焚香默祷,割肱以进。澄没无嗣,以次子凝祥为之后,其孝友尤著云。"对这样一个事亲至孝、友爱弟兄的前辈,蒲松龄对他很是尊重和敬仰,他曾经代沈润做过一篇情真意切的祭文,题为《代沈静老祭翟夫人文》。

木必有本,水必有源。不知其母,请视子贤。呜呼夫人!毓瑞伟阀,曰嫔我公。幼娴闺训,无骄无矜。内则东海,母仪京陵。勤俭是图,夜寐夙兴。内外大小,咸式规绳。呜呼噫嘻!谁比其能。呜呼夫人!佐子成名,公门桃李,郁郁葱葱……呜呼!人不能有生而无死,犹天之不能有春而无秋。阴阳消长,终始互周。天实为之,其又何尤。块然之形,虽与寻常而俱化,昭昭之德,直并日月而无休……嗟乎!我生不长,伶仃孤苦。尝于晨夕,屈指细数。亲戚故旧,十不存五。仅有夫人,爱及我母。诟意衍积难赎,皇天不祐。夺我母于曩年,遽舍我而归土。每当北雁晨星,西风夜雨,未尝不怆心于杯棬,洒泣于环堵也!方羡夫人之筹添,叹我母之去急,奈何卧病之未几,遂吉违而凶集。初得之道路之惊传,予归为哽咽而襟湿。嗟我兄弟,屺岵交泣。何善人之在世,天偏夺其算之汲汲耶!迨夫束刍临丧,瞻仰灵位。回首斑衣,恍如梦寐。睹蕙帐之寂飔,接蓼莪之声泪。念天命之靡常,不禁具裂腑而酸鼻。呜呼夫人!悠悠何往?熊丸鲊封,竟属空想。登堂展拜,我心怏怏。酌醴酒而哭奠,彷生平于影响。倘九泉有知,尚仿佛而来享!

拳拳孝亲之情可知可感,可敬可佩!可以说,在孝养双亲上,蒲松龄与沈润是"心有灵犀一点通"。

生于淄博、长于淄博的蒲松龄,吮吸着孝妇河的乳汁长大,这里的孝文化资源不断感染着他、激励着他,并潜移默化地影响了他的人生观,甚至对他的文学创作也产生了一定的影响。

二、儒家孝文化的传承和佛教果报思想的浸润

翻检聊斋文集,不难看出,蒲松龄思想的主导方面是儒家的入世思想。与大部分习儒家文人士子一样,蒲松龄信奉和笃行的是"学而优则仕"以及"修齐治平"、为官心存社稷的人文理想。在此,我们重点阐释的是在儒家道德体系中占据重要席位的孝文化对蒲松龄产生的深远且巨大的影响。

如前所述,孝是儒家仁爱伦理的底线,是中国传统文化的核心和重要链条,是调整人伦关系的基本原则。孝作为一种古老的文化传统,一代又一代积淀下来,影响和制约着世世代代的读书人,蒲松龄当然不会例外。可以说,蒲松龄非常重视儒家的伦理道德,我们仅从《为人要则》:《正心》《立身》《劝善》《徙义》《急难》《救过》《重信》《轻利》《纳益》《运损》《释怨》《戒戏》中来考察,这12条为人处世的准则基本没有离开儒学轨迹,这是他对儒家孝悌仁爱、礼义廉耻教条最基础地诠释。

蒲松龄继承发扬着儒家的伦理思想,特别崇尚儒家性本善的思想,认为人性是善的、人性是美的,因而大力提倡向善、行善的美德,并一直把记录和创造崇高的人性美作为自己的美学追求、创作目标,而且他坚定不移地认为,一个人最大的善行莫过于"仁孝"。他用艺术的强光映照出潜藏于普通人内心深处的真善美,给黑暗阴冷的现实投注了些许光明和温暖。正如冯镇峦云:多言鬼狐,款款多情;间及孝悌,俱见血性,较之《水浒》《西厢》,体大思精,文奇义正,为当世不易见之笔墨,深足宝贵……《聊斋》非独文笔之佳,独有千古,第一议论醇正,准理酌情,毫无可驳。如名儒讲学,如老僧谈禅,如乡曲长者读诵劝世文,观之实有益于身心,警戒愚顽。至说到忠孝节义,令人雪涕,令人猛省,更为有关世教之书。①

也正因基于此,在近500篇记述神仙狐鬼精魅的《聊斋志异》中,蒲松龄开篇给我们激情讲述了一个名为《考城隍》的孝亲故事,以此开宗明义。何守奇、但明伦的评点,要言不烦地揭示了《考城隍》倡扬仁孝的主旨:"一部书如许,托始于《考城隍》,赏善罚淫之旨见矣。篇内推本仁孝,尤为善之首务。《考城隍》,寓言也。自公卿以至牧令,皆当考之。考之何?以仁孝之德,赏罚之公而已矣。"可以说,《考城隍》在整部《聊斋志异》中起到了一个系统纲领性的作用,也为我们提供了蒲松龄早期创作《聊斋志异》的思想动机。

应该指出的是,蒲松龄对孝的追求、推崇,与统治者所极力宣扬的孝道本质有着很大区别。孔子、曾子、孟子普遍认为,孝悌乃仁之根本,在家孝敬父母,友善兄弟,就能维护家庭正常的秩序,进而能够促进社会的安定团结。将奉亲推于事君,由在家孝敬父母延展到在外忠顺天子。也就是说,儒家的孝理论是以"治天下"为最终目标的,具有明显的忠君意味。蒲松龄对儒家的孝悌观念,既有接受继承,更有批判改革。所以,我们在蒲松龄的作品中,很少看到聚义抗暴的忠臣壮举,更多的是表现平民百姓的悲欢离合,是具有浓重世俗色彩的家庭伦理问题。换言之,蒲松龄所表现的孝道,少了一些宣扬忠君爱国的色彩,几乎褪去了所有的功利目的。它是一种至善至美的人间真情,是源自天

---

① 朱一云. 聊斋志异资料汇编[M]. 天津:南开大学出版社,2002:480-481.

性的善良品行的自然流露。

除了深受中国传统孝文化的浸润滋养,佛教观念、佛理中的因果报应思想对蒲松龄的影响也是显而易见的,他曾在《聊斋自志》中坦言:松悬弧时,先大人梦一病瘠瞿昙,偏袒入室,药膏如钱,圆粘乳际。寤而松生,果符墨志。且也:少羸多病,长命不犹。门庭之栖寂,则冷淡如僧;笔墨之耕耘,则萧条似钵。每搔头自念:勿亦面壁人果吾前身耶?

蒲松龄叙述当年他出生时,父亲梦见一位瘦弱的和尚走进房门。他少年时体弱多病,长大后又常走背运,门庭冷落、生活清苦,就像和尚那样清贫幽居。自己靠文墨吃饭——教书、当幕友,为了生计四处奔走,如和尚拿着钵盂化缘一样,大概是自己还没有剪断凡尘俗念,没有摆脱尘世间的种种烦恼。蒲松龄一直相信自己的前世是一个尚未得道的穷和尚,这样或许能给自己终生追求功名却一直未能如愿的抑郁经历以及寄人篱下的心酸际遇找一个合理的解释。

蒲松龄天性聪慧,通晓诸家。18岁时与贤惠的刘孺人结婚,19岁时,连中县、府、道三个第一,考中秀才。新婚至喜、初试大捷,让蒲松龄大有"春风得意马蹄疾,一日看尽长安花"之慨。弱冠之年,意气风发的他与挚友张笃庆、李尧臣、王鹿瞻等同结"郢中社",旨在长学问,补文业。他惜时笃学,渴盼再创佳绩。其间,即使经兄弟分爨之变,也未改求取功名之念。此时,志在云霄的蒲松龄,对前途充满憧憬,他天真地以为,凭借满腹经纶,取青紫当如俯拾地芥。可他万没料到,第一次的成功,竟是一生唯一的一次。在以后的日子里,尽管他对八股文奉若神明,历经波折,耗血尽心,但功名却始终对他收敛起笑容,就像空中的那轮明月,尽管闪耀着诱人的清辉,却可望而不可即,似乎是在挑逗或是考验他的耐心和恒心。科举考试,除了须要下些苦功夫,"当然还要一般正常的智力,智力与创造力过高时,对考中反是障碍,并非有利""好多有才气的作家……竟而一直考不中"。林语堂先生的话竟魔咒般地在蒲松龄身上应验了。虽怀经天纬地之才,抱扶危解困之心,但蒲松龄一直没有跃过高耸、神秘的"龙门"而一飞冲天,直至垂垂老翁,理想中的功名依就是水月镜花,不甘却无奈地以潦倒不遇的一介寒儒形象而终身。因此他满怀郁郁不平之气,不无感慨地悲叹"仕途黑暗,公道不彰,非袖金输璧,不能自达于圣明",他"愤气填膺",甚至"顿足欲骂""怆恻欲泣"。科举的惨败不禁让他愤恨冲天:"天孙老矣,颠倒了天下几多杰士。蕊宫榜放,直教那抱玉卞和哭死!病鲤暴腮,长鸿铩羽,同吊寒江水……数卷残书,半窗寒烛,冷落荒斋里。"才高八斗,却终未攀缘科举出仕,对蒲松龄来说,实在是一种钻心刺骨的伤痛。他在精神上遭受的重创和煎熬,怀才不遇、良骥被困的酸楚,可想而知。

可以说，一生科举未遂、遭际坎坷的强烈失落感，是蒲松龄趋向佛教的最强烈的心理动因，促使他对佛理有了更加深刻的感悟与出自本能的认定，特别是佛学中因果报应的理念，深深刺激并明显影响了蒲松龄的文学创作。

佛教教义中有所谓的三世轮回、因果报应之说。按照这个说法，因必果，果必因，因果轮回，这是毫无疑义的。佛教的因果论认为：众生的生命并不限于今生今世的一个周期，而是按照前世、现世、来世的时间顺序轮回周转，众生的一切善恶活动，都会招致相应的报应，而报应通过生命的轮回体现出来。也就是说，每一个人在他的一生中，所享的福，所受的罪（惩罚）是有定数的。众生在现世遭遇的寿夭祸福与贫富贵贱，都是前世的作业引生的结果，在现世的所作所为，同样会导致在来世得到相应的果报。这就是所谓的"善有善报，恶有恶报，不是不报，时候未到"。蒲松龄由于佛教思想的影响而深信因果报应的存在，又因深受果报思想的浸润而极力宣扬善恶果报，在《代沈燕及募修洞子沟疏》中，他还以真实例证向读者展示他的佛学信仰："今善士某人者，回思五蕴，顿悟三生，床头之狐狸，一旦割怜；膝下之赘疣，终朝断爱；于是尊承慧业，敬授法门，性耽幽寂，卓锡于此，欲借檀那之力，以成菩提之功。"

蒲松龄认为，既然前世命运已不可能更改，今生就应该多行善事，为后代子孙积功累德。所以，在他的创作中，会反复表达这种思想意识：因果报应，生死轮回，善恶终有报，只是报的形式不同，报的时间不同而已。一句话，善恶到头终有报，"非祖宗数世之修行，不可以博高官；非本身数世之修行，不可以得佳人"(《聊斋志异·毛狐》)。"大善得大报，小善得小报，天道好还不爽，以所为，卜所报，炽而昌，不俟詹尹也。"而且蒲松龄还坚定不移地认为"善莫大于孝"(《聊斋志异·陈锡九》)，恶莫大于不孝，孝与不孝会直接关涉果报，奖孝惩不孝，决不含糊，才有警策人心的效力。正因如此，我们在他的作品中会看到，不孝者大都不得善终，晚景凄凉恐怖，不寒而栗，为自己的恶行败德付出了惨痛代价。他认为，作恶之人不论生前死后，都要遭遇种种惨状，也就必然带有一种"多行不义必自毙"的性质，这也符合中国百姓的接受习惯。相比之下，孝悌者则大都终得善报，般般遂心，事事顺意，生活中有所缺失的地方也会获得补偿，某种希望也得以程度不同的满足：或得列仙籍，或科考登榜、飞黄腾达，或鬼神保佑、家业兴旺，或福荫子孙、光耀门楣等。如此得偿所愿或得获意外报偿之事，通常看来可能只是供人饭后茶余的俗套谈资，但在百姓积淀已久的惯性思维中，却是可以被理解并乐意被接受的。因此，笔者认为，我们没有必要去过于纠缠聊斋故事本身真假与否，而只要理解领会了蒲松龄的良苦用心就行了。

蒲松龄在作品中反复宣扬孝道与因果报应的关系，其作用乃是告诫人们：

从思想到行为,都要时刻坚持孝敬父母长辈的本分。尽孝养父母之责的操守,既为自己,也给后世子孙造福祉、消祸灾。他真诚地希望通过一个个福善祸淫的果报故事,能够防恶止非、劝导善行、惩邪戒恶,以期人心归正。

说到底,不管是积极入世的儒家伦理,还是"四大皆空"的佛家教义,在提到人世间最无私、最可靠的血亲情感——孝的时候,都是"条条大路通罗马"的。因为建立在血缘亲情之上的孝,乃人类道德的本原,是人类的善根所在。因此,孝文化尽管是中国传统文化,但在佛家那里也被欣然接受,孝的意义和价值也被充分肯定。下面这个著名的寻佛故事,便生动地告诉我们人为什么要"孝"的道理:

有位年轻人离开自己的家到深山里去找佛。跋山涉水,找了很久也找不到。一天,他在路上碰到一位老和尚,就问老和尚:"佛究竟在哪里?我怎么总也找不到佛呀?"老和尚指点他说:"不要在深山里找佛了,赶快回家去吧!在回家的路上,你会碰到一位反披着衣服,趿拉着鞋迎接你的人,那就是佛啊!"年轻人听了将信将疑,但是想反正也找不到佛,索性就听老和尚一回。于是就往家赶,一直快到家门口了,也没有碰到这样的人。他很懊恼,心想自己被老和尚捉弄了。但是已经到家了,只好敲响了家门,这时已经半夜了,睡下的老母一听是儿子回来了,哪里还顾得上穿衣穿鞋?手忙脚乱中,反披着衣服、趿拉着鞋,连忙跟跟跄跄地去给儿子开门。门开了,儿子看见老母亲这个样子,恍然大悟,眼泪哗地流了下来。佛在这里,就是伟大无私的母爱!

古人云:"水有源,木有本,父母者,人子之本源也。"人立于世的根本在于父母,作为子女,我们必须感恩。孝敬父母,乃天下第一大福德。佛祖释迦牟尼有句名言:我以孝顺父母的功德,在天为天帝,在地为圣王,三界独步,乃至成佛。一位禅师也说:你们来听我讲经说法,求得福报,不如回家给老母亲打一盆洗脚水。

总之,传统儒家文化的浸润,外来佛教思想的渗透,促使蒲松龄无论在实际生活行为中,还是在收集编写的伦理故事里,都积极地传递着浓浓的孝亲敬老的伦理思想,彰显着温情脉脉的人性之美。正是真挚、强烈的情感投入,使蒲松龄的孝道文章,至今仍在发挥着撼动人心的艺术魅力。

三、现实社会的影响

作为入主中原的少数民族统治者,清代君主不像其他朝代的帝王那样,江山甫定,便大张旗鼓地倡导忠君爱国。他们敏锐地认识到,要想获得公众的最大认同,就要从中国古代圣贤那里汲取智慧:"以顺天下,民用和睦,上下无怨。"睿智的清代统治者很快找到了建立和谐社会的一大法宝——孝悌。他们将孝悌之道,从个人、家庭,进而向宗族、社会推而广之,作为治理天下的人文工具。

据说,故宫的养心殿曾有这样一句提醒后代皇帝的话:"不孝者万不可用。"这是清帝立嗣的告诫之语,从中可以窥见清政府对孝道人伦的重视程度。

清兵入关以后,有三部必读之书:第一部是《三国演义》,以求兵法权谋;第二部是《老子》,以便揣摩政治哲学;第三部则是《孝经》,以通达民心民意。顺治、康熙、乾隆等帝王常常在朝堂之上亲率文武朝臣诵读《孝经》。可以说,满族统治者对孔子及其儒家学说的尊崇,几乎达到了中国历史的顶峰。特别是康熙大帝,在孝道方面更是一个罕见的典范。鉴于"风俗日敝,人心不古"的形势,他在康熙九年(1670)十月特颁布《圣谕十六条》,极力提倡孝悌之道:"敦孝弟以重人伦;笃宗族以昭雍睦;和乡党以息争讼;重农桑以足衣食;尚节俭以惜财用;隆学校以端士习;黜异端以崇正学;讲法律以儆愚顽;明礼让以厚风俗;务本业以定民志;训子弟以禁非为;息诬告以全善良;诫匿逃以免株连;完钱粮以省催科;联保甲以弭盗贼;解仇忿以重身命。"

《圣谕十六条》开宗明义,将孝悌列于十六条之首,要求子女报恩尽孝。清代各地方官一上任,就要召集各乡民宣讲《圣谕十六条》。更重要的是,这种学习是认认真真的,绝非走过场作秀,《圣谕十六条》无疑对清朝的统治产生过深远的影响。

康熙四十一年(1702)正月,又颁布了《训饬士子文》,其中有云:"从来学者,先立品行,次及文学,学术事功原委有序。尔诸生幼闻庭训,长列宫墙,朝夕诵读,宁无讲究,必也躬修实践,砥砺廉隅。敦孝顺以事亲,秉忠贞以立志。穷经考义勿杂荒诞之谈,取友亲师悉化骄盈之气。"

由此观之,无论是《圣谕十六条》,还是《训饬士子文》,讲的都是做人做事的基本道理,特别是把儒家的孝悌之道融进其中,要求人们知孝悌,重人伦,懂得上下有别,尊卑有序,安分守己,家家和睦。

特别在惩治不孝方面,清政府还增加了一条"忤逆"罪。凡抗逆父母之命,招致父母生气的行为皆属之。经父母告于官,县官可予以训责、打板子,以至判重刑。如此这般教导,社会上形成了由"孝父母",进而演变为"爱天下人"的风气,孝的精神深入人心,全面实现以"孝"治天下了。可见,清代较之前朝历代,在宣教伦理道德之本的孝道上做足了文章。

尽管如此,当时已处于封建社会末期,各种社会危机潜滋暗长,社会秩序更加复杂混乱,阶级矛盾、民族矛盾日益尖锐,旷日持久的大小战争已让人们饱受颠沛流离之苦,加之连年不断的各种自然灾害,把广大民众陷于水深火热之中。蒲松龄就生活在这样一个社会文化大背景中。

据盛伟《蒲松龄年谱》载,康熙年间发生的蝗灾、水灾、地震、旱灾等各种自然灾害将近20次。淄博是一个十年九旱的地区,蒲松龄一生遭遇的严重旱灾约有10次。从康熙四年(1665)达至康熙四十二年(1703)间,他写下了诸如《午中饭》《四十》《忧荒》《淫雨之后,继以大旱,七夕得家书作》《䖬虫害稼》《糠市》《五月归自郡,见流民载道,问之,皆淄人也》《流民》《饿人》《离乱》《饭肆》《旱甚》以及《康熙四十三年记灾前篇》《秋灾记略后篇》等大量诗文,真实反映了因长期干旱造成的民不聊生、背井离乡、饥民成群甚至尸横遍野的惨状:"壮者尽逃亡,老者尚呻嘤。大村烟火稀,小村绝鸡鸣。流民满道路,荷簏或抱婴。腹枵菜色黯,风来吹欲倾。饥尸横道周,狼藉客骖惊。"

战乱、天灾,加之各级官吏的横征暴敛、巧取豪夺,让本就穷苦不堪的百姓如同雪上加霜,痛不欲生。在这样的社会环境下,传统的宗法伦理观自然而然会失去对人们应有的约束作用,正统的人伦道德观念不断冲击着甚至改变着苦难中的各种人际关系。在当时,家反宅乱、父子相憎、兄弟相欺、手足相残的情况时有发生,生不能养、死不能葬的不孝父母之举也屡见不鲜。

作为深受儒家传统教育成长起来的知识分子,又一向关心社会文明、关心民生疾苦的蒲松龄,置身于这样一个特殊的社会大环境中,对于现实政治自然有一种强烈的责任心与参与意识,自然会不自觉地把笔触伸向社会底层,通过一个个普普通通的家庭伦理故事,映射出更为深广的社会伦理关系。对此清代学界评论道:"柳泉蒲子,以玩世之意,作觉世之言,握化工之笔,为揶揄之论。凡其所言孝弟廉节,达天知命,与夫鬼怪神仙,因果报应之说,无不可以警醒愚顽,针砭贤智,即所谓事异而理常,言异而志正者,岂得以言之无稽而置之哉?"

蒲松龄通过敏锐的洞察力,对世风日下的社会现实,如婆媳矛盾、父子冲突、兄弟不和等诸多家庭伦理问题,给予了特别的关注和深刻的思考:"骨肉之间,亦用机械,家庭之内,亦蓄戈矛。"尤其是农村中老无所养、老无所依的民生问题,更是他须臾不可能忽视的重要内容。比如《祝翁》这篇小说,就间接反映了农村万千老人凄惶的晚年境况,表现了蒲松龄对农村养老问题的深刻反思。该作品记载了一件发生在康熙二十一年(1682)的奇闻逸事:

济阳祝村有一老者,50多岁时去世,只因惦念老妻,他不但死而复活,而且竟荒唐地提议要携老伴一块去死。家中人当然会以为他"新苏妄语,殊未深信",老妻开始也不信,在老翁再三重复催促下,出人意料地,她竟同意了,终将"并枕僵卧",双双死去。

这里写翁媪两人一块儿赴死,表现得温情脉脉,了无悲伤,"媪笑容忽敛,又渐而两眸俱合,久之无声"。如此处理故事,似乎传达了这样一种情感:老伴老伴,老来做伴。现实生活中,相濡以沫的伴侣去世,往往会导致另一半郁闷寡欢,甚至没多久也去世了,这是很常见的一种社会现象。所以说,老翁让老妻弃生从死,看似离奇荒唐,却有着发人深省的弦外之音,我们还可从老翁刚刚复苏时的一番话中去找寻答案:

> 我适去,拚不复返。行数里,转思抛汝一幅老皮骨在儿辈手,寒热仰人,亦无复生趣,不如从我去,故复归,欲偕尔同行也。

原来如此,老翁深层的心理状态是,生怕自己死后,留下老妻,孤零无依地过日子;若无孝子顺妇,活受折磨,岂不更惨,即使活着也没什么乐趣可言,还不如接老妻与自己永远做伴。这则故事反映了农村孤苦老人老无所依的无奈、凄凉的心境,映照出广大老年人的共同忧虑,读之不免心酸。

从《聊斋志异》中我们看出,蒲松龄用传统的孝悌观念,对家庭伦理进行了较为系统的建构。那些反映社会伦理道德、惩恶扬善、醒世除弊的内容,鲜明地反映出他对当时社会家庭伦理道德的深刻反思以及惩劝世人,使世道人心归于纯正的良苦用心。为了这种鲜明的教化立场,为了更多不具有欣赏高雅文化能力的人也能从中受到教育,蒲松龄甚至放低了艺术的尺度,将宝贵的艺术才华倾注在通俗鄙俚的杂曲创作之中,正如其子蒲箬在《柳泉公行述》中所说的那样:

> 《志异》八卷,渔蒐闻见,抒写襟怀,积数年而成,总以为学士大夫之针砭,而犹恨不如晨钟暮鼓,可参破村庸之迷而大醒市媪之梦也,又演为通俗杂曲,使街衢里巷之中,见者歌,而闻者亦泣,其救世婆心,直将使男之雅者、俗者,女之悍者、妒者,尽举而匋于一编之中。呜呼!意良苦矣!

于是,就诞生了《墙头记》《妇姑曲》《慈悲曲》《禳妒咒》等反映家庭伦理关系的俚曲名作,意在通过这种易被广大人民群众所喜闻乐见的俗曲,起到"劝人醒世"的功效。

四、自身孝道的践行

蒲松龄特别尊奉儒家道德,具有浓厚的儒家孝悌观念,对传统伦理道德相当重视并力加维护,在其《省身语录》中,就有多处浅显且朴实的劝孝文字,如"孝子百世之宗,仁人天下之命""孝莫辞劳,转眼便为人父母""愚忠愚孝实能维天地纲常""天下无不是的父母,世间最难得者兄弟"等。

不仅如此,在日常生活中,蒲松龄深受王敏入、沈润等人事亲至孝品行潜移默化的影响,更是以身作则,不遗余力地推行儒家的孝悌之道。因生活所迫,蒲松龄不得已常年在外坐馆授徒,家里虽有贤妻孝儿替他奉养双亲,但他犹以不能亲自孝亲而深以为憾,一有机会,他必定尽心竭力侍奉孝敬。蒲箸在《柳泉公行述》中曾深情描述了其父事母至孝的感人情景:

> 我祖母病笃,气促逆不得眠,无昼夜皆叠枕瞑坐,转侧便溺,事事需人。我父扶持保抱,独任其劳,四十余日,衣不一解,目不一瞑;两伯一叔,唯晨昏定省而已。我祖母亦以独劳怜我父。一夕至午漏,灯光莹莹,启眸见我父独侍榻前,泪眼婆娑,凝神谛听,辄嚬呻曰:"累煞尔矣!"自是不起。我父自市巴绢作殉衣,并不令伯叔知也。

在母亲病重不能自理期间,在两个哥哥一个弟弟除了晨昏定省之外无所事事的情况下,蒲松龄没有攀比,没有抱怨,40余日不脱衣、不闭目,独自一人不离母亲左右,任劳任怨、精心伺候。眼见蒲松龄日夜陪侍,病重的母亲心疼得泪眼婆娑,禁不住蹙眉呻吟地自责道:"可把你累坏了。"即便到了生命的终点,蒲松龄毅然不顾75岁高龄,不听孩子们力劝,仍拖着病弱之躯,顶着猎猎寒风,亲自去扫墓祭父。正如蒲箸在《祭父文》中所言:"人非盛德,文虽美而不传,而我父之懿行,又三代而下所仅见也……盖我父之以孝谨闻,固至今啧啧人口也。"其孝心孝行可见一斑。

蒲松龄是个"孝悌忠信之词,浸入肺腑"之人,他不仅事母至孝,始终恪守儒圣的孝道教条,更为可贵的是,能够委曲求全,努力维护兄弟之间的血脉亲情。从他自己所作的《述刘氏行实》等材料看,蒲氏兄弟几人,成家之前关系尚好,但在蒲松龄娶亲之后,家里便发生了些许变故:"入门最温谨,朴讷寡言,不及诸宛若慧黠,亦不似他者与姑悖謑也。姑董谓其有赤子之心,颇加怜爱,到处逢人称道之。冢妇益恚,率娣似若为党,疑姑有偏私,频侦察之;而姑素坦白,即庶子亦抚爱如一,无暇可蹈也。然时以虚舟之触为姑罪,呶呶者竟长舌无已时。"就因妻子刘氏朴厚孝亲,深得婆母怜爱,乡邻称道,其他妯娌竟因此结为同党,不断惹是生非,制造家庭矛盾,搞得人仰马翻、鸡犬不宁。面对这样"长舌呶呶"的境况,蒲松龄依然顾全大局,包容忍让,竭力维护"血浓于水"的手足深情。最终是他的父亲,实在不忍心蒲松龄夫妇继续遭受兄嫂们的闲言冷语,不得已才说:"此鸟可久居哉!"大家庭不得不面临分开:"乃析箸授田二十亩。时岁歉,荍五斗、粟三斗。杂器具,皆弃朽败,争完好;而刘氏默若痴。兄弟皆得夏屋,爨舍闲房皆具;松龄独异:居惟农场老屋三间,旷无四壁,小树丛丛,蓬蒿满之。"分家的结果是,蒲松龄只得到薄田20亩(1.33公顷)和旷无四壁、破落不堪的3间农场老屋,而不孝不淑却能争善抢、百般挑剔的兄嫂弟媳们却在房产上赚足了便宜。在分家明显不公的状况下,蒲松龄夫妇却如同"傻子"一般,任凭处置。即便兄弟们未尽友爱之责,蒲松龄也要恪守恭让之仪。更为难得的是,他丝毫没有因此而对弟兄们怀恨在心,仍能一如既往地惦念着关爱着自己的同胞,而且这种"兄弟之情,老而弥笃。大伯早世,悲痛欲绝;己丑岁,二伯又故,我父作诗焚之,其词怆恻,见者无不感泣!呜呼!此可以知兄弟之情矣"。特别是在弟弟鹤龄"荡析离居,日以薄产修仪,不能兼赡其多口为恨"的窘况之下,蒲松龄深感以前没有尽到做兄长的责任,心中颇觉不安,在传统的上元节这一天,特意让儿子把鹤龄接到家中,共享团圆之乐:"作团圞之会,兄弟连榻,声息相闻。虽我父喘嗽,我叔胁痛,而早起盥漱两餐,仍按常时。"

就这样,不管遇到何种情形,哪怕委屈自己,蒲松龄也要努力维护兄弟之间的关系,真正践行了兄友弟恭的儒家教义,用兄弟之间的这种和谐,完成了更高意义上的孝亲之举。

蒲松龄一生当中,和先圣曾子一样,自始至终都在践行一个"儒者"的责任与义务,继承弘扬儒家的孝道精神,大力倡导传统的孝义廉耻。正因如此,蒲松龄对不正之风、不孝之流,哪怕那个人是挚朋好友,他也会出自本能地苛责鄙薄,绝不掩饰自己满腔的愤怒,突出表现在对待王鹿瞻纵妻虐父的鲜明态度上。

王鹿瞻,淄川人,与蒲松龄、李尧臣和张笃庆同是"郢中诗社"的社友,年龄相仿,诗词酬唱,切磋文章,感情甚笃。在《郢中社序》中蒲松龄对此有过详细记载:

> 余与李子希梅,寓居东郭,与王子鹿瞻、张子历友诸昆仲,一埤堄之隔,故不时得相晤,晤时瀹茗倾谈,移晷乃散。因思良朋聚首,不可以清谈了之,约以宴集之余暑,作寄兴之生涯,聚固不以时限,诗亦不以格拘,成时共载一卷,遂以"郢中"名社……此社也只可有一,不可有二,调既不高,和亦云寡,"下里巴人",亦可为"阳春白雪"矣。抑且由此学问可以相长,躁志可以潜消,于文业亦非无补。故弁一言,聊以志吾侪之宴聚,非若世俗知交,以醉饱相酬答云尔。

这些文字,是蒲松龄与王鹿瞻深厚友谊的最初见证。

康熙九年(1670)到康熙十年(1671),蒲松龄进行了平生唯一的一次远游,在江苏省宝应县为同乡知县孙蕙作幕宾,此时王鹿瞻恰好也在时任扬州府江防同知邱荆石处做幕宾。他乡遇故知,蒲松龄甚感兴奋,为此专门写了一首题为《王鹿瞻在瓜州邱荆石先生幕,作此寄之》的诗,以示问候,诗云:

> 落日淡空庭,楼台净如洗。美人天一方,雕栏空徒倚。在家隔一山,犹恨不同里。今日隔重江,而乃如邻比。一在江之头,一在河之尾。宁不愁参

商？同饮一乡水。

虽然两人像参、商两星互不相见,但同饮一江水,共享桑梓情。即使山高水长,也阻挡不住亲密无间的感情。思念之情溢于言表,表达真挚热烈,绝非一般应酬之作可比。

不曾想,如此情同手足的一对好朋友,却因王鹿瞻家一场突如其来的家庭变故而急转直下,以致彻底崩裂,没能将深厚的友谊进行到底。

王鹿瞻排行老大,娶丁氏为妻,无子。丁氏悍虐成性,王惧内同畏虎,王父常常被折磨得吃不饱饭、穿不暖衣,最终被逐出家门,以致客死旅邸。面对好友明显的过错和已经造成的极其恶劣的社会影响,蒲松龄没有以情胜义,而是"涕泣相道"。他慷慨陈书《与王鹿瞻》,直言不讳,强烈痛斥:

客有传尊大人弥留旅邸者,兄未之闻耶?其人奔走相告,则亲兄爱兄之至者矣。谓兄必泫然而起,匍匐而行,信闻于帷房之中,履及于寝门之外。即属讹传,亦不敢必其为妄,何漠然而置之也?兄不能禁狮吼之逐翁,又不能如孤犊之从母,以致云水茫茫,莫可问讯,此千人之所共指!

父亲被丁氏虐待,王鹿瞻却不禁"狮吼"而竟任凭"逐翁",致使父亲客死旅馆。乡亲报丧与王,而他竟能无动于衷。王鹿瞻是个书生,怕老婆原本无可厚非,但不可容忍的是,他竟一味纵妻胡作非为,实在叫人愤恨不齿。蒲松龄严厉指责王鹿瞻漠然置之的恶劣态度,对丧失孝心的好友痛心疾首,深恶痛绝。他满怀激愤,提醒王鹿瞻不要做千人共指的无德之人。只是鉴于朋友一场,蒲松龄还是不失诚恳地再三敦促道:

请速备材木之赀,戴星而往,扶榇来归,虽已不可以对衾影,尚冀可以掩耳目;不然,迟之又久,则骸骨无存,肉葬虎狼,魂迷乡井,兴思及此,俯仰何以为人?……若佥公函一到,则恶名彰闻,永不齿于人世矣!

蒲松龄严正警告王鹿瞻要及早悬崖勒马,痛改前非,尽快消除不良的社会影响,否则的话,就会"恶名彰闻,永不齿于人世"。尖刻犀利的言辞之下,是一颗善良真诚的孝心在跳动。如此泼墨直陈,可以明见,蒲松龄面对如此败坏乡风民俗的劣行败德,毅然挺身而出,勇敢担当起维护尊亲敬老优良传统的道义责任。

王父惨遭虐死之后,蒲松龄悲愤不已,特撰《挽王印老》,深表痛悼之情:

旷达士瓢衲飘零,荷锸拼似伯伦,直将谓黄土遍人寰,枯骨何须归里社。
怨慕人梦魂飞越,抱足徒怀吕向,幸于今青松依马鬣,高坟犹得傍子孙。

王鹿瞻之父王灏,号印素。诗中的"伯伦",即荷锸狂饮,醉死便埋的刘伶。《晋书·刘伶传》记载刘伶"常乘鹿车,携一壶酒,使人荷锸随之,谓曰:'死便埋我。'"蒲松龄运用此典,明显有谴责王印素儿辈不孝的用意。"抱足徒怀吕向"一句出自《旧唐书·吕向传》:"始,向之生,父发客远方不还……后有传父犹在者,访索累年不得。它日自朝还,道见一老人,物色问之,果父也。下马抱父足号恸,行人为流涕。"意在说明王鹿瞻纵妻虐父,儿辈们竟不知音讯,与吕向之父的遭遇到有几分相似。

蒲松龄因王鹿瞻听任妻子逐父出门,在父死于途的问题上行止有亏而中断了往来。这一场轰动一时的纵妻虐父的家庭变故,导致了蒲王两人关系的最终破裂,从此,蒲松龄的诗文里再没有出现过王鹿瞻的名字。可见,在蒲松龄的观念里,朋友之义的支点,除了共同的情趣,还有一个极其重要的原则,就是孝亲与否,充分体现了蒲松龄疾恶如仇的性格和"不以情胜义"的友谊观。

几乎所有的蒲学研究者都不否认,王鹿瞻之妻丁氏凌辱公公事件,是蒲松龄创作小说《马介甫》的直接诱因。

《马介甫》以王鹿瞻纵妻虐父事件为故事原型,穿插了异人马介甫惩治悍妇的精彩内容,故事跌宕,令人省思。杨万石的生活原型是王鹿瞻,悍妇尹氏的原型是王妻,而狐仙马介甫则是包括蒲松龄在内的所有曾经劝诫过、批评过王鹿瞻的诸多好友的缩影。《马介甫》是《聊斋志异》中表现悍妇懦夫题材的绝妙代表,杨万石的妻子尹氏是个残忍刻毒、丧尽天良的河东狮,她上不尊老下不爱幼,对年已六旬的公公如奴仆般对待,当杨万石的好友马介甫施舍给老人新袍时,"妇方诟詈,忽见翁来,睹袍服,倍益烈怒;即就翁身条条割裂,批颊而摘翁髭"。当尹氏一次次发作悍病后,"翁不能堪,宵遁,至河南,隶道士籍,万石亦不敢寻"。杨父忍受不了尹氏的残酷折磨,竟逃跑到河南,当起了道士。在众目睽睽之下,尹氏对丈夫大发龙虎之威,竟羞辱丈夫"跪受巾帼",并"操鞭逐出"。尹氏对待王氏更是嫉恨有加,先防范丈夫与她"旦夕不敢通一语",当得知王氏怀有身孕后,妒火中烧,竟痛下狠手,致使王氏"褫衣惨掠","就榻之,崩注堕胎"。对客人马介甫她也是百般吝啬,招待的饭食难以入口下咽。对待弟弟杨万钟一家更是惨无人道,害弟自杀而死,又费尽心思逼弟媳再嫁,年幼的侄子喜儿也被她折磨得几尽殒命。小说最后让犯下斑斑劣迹的尹氏终得恶报,其结局悲惨可怖。她被一屠夫"以钱三百货去",又被屠户"以屠刀孔其股,穿以毛绠,悬梁上"。邻人为其解缆,"一抽则呼痛之声,震动四邻"。因受不了屠夫的百般凌辱,尹氏"欲自经,缳弱不得死,屠益恶之"。渐为"里人所唾弃,久无所归,依群乞以食",竟然混迹于群丐中,以乞讨终生。

现实生活中王鹿瞻的妻子只是虐待公爹,而蒲松龄却在《马介甫》中极尽夸张之能事,安排尹氏除了虐待公公外,还虐夫、虐夫妾、虐夫弟、虐弟媳、虐侄儿、虐朋友,简直无人不虐,无恶不作,罪恶到无以复加的地步。如此苛刻地处理,可见作者对不孝无德行为的切齿痛恨。而受尽悍妇欺辱的杨万石在尹氏得到应有的惩罚之后,竟还想把她接回家来,哪有这么没出息的窝囊男人?尤为解气的是,安然忍受悍妇为非作歹的杨万石,也遭到了乡人的唾弃,最终连功名也被提学使以不孝之名罢黜。可以看出,蒲松龄对惧内的杨万石的憎恨鄙夷程度,并不在悍妇尹氏之下。

蒲松龄正是耳闻目睹了王鹿瞻纵妻虐父,任意妄为的恶行,以及现实生活中如他嫂子弟媳般不孝不淑等诸多真实情况,才导致他对不孝行为难以抑制的愤怒和切齿的痛恨,而这种情绪又会促使他不断思考类似的家庭伦理问题,于是便催生了《聊斋志异》中《杜小雷》《珊瑚》《张诚》《江城》以及俚曲中《墙头记》《禳妒咒》《姑妇曲》等同类作品的不断问世。

蒲松龄嘉言懿行的孝道,给我们的启示是:孝顺父母必须是长期的,不是一时的,是发自内心的敬爱,不是做给人看的表面文章。父母以毕生岁月为我们辛苦奉献,我们应该尽最大能力承欢父母膝下,保证父母物质上不亏缺,精神上不寂寞。而且兄弟之间应该和睦共处,以保家道昌盛兴旺,让父母长辈放心安心。

第二节 蒲松龄孝道观的丰富内涵

翻检聊斋文集,我们很容易发现,蒲松龄既没有描写帝王将相的称霸夺权之争,也很少表现聚义抗暴的英雄传奇,而是将更多的笔墨倾注于普通人物的家长里短上,表现平民百姓的离合悲欢,关注具有浓重世俗色彩的家庭伦理问题。对此,早在清代学界就有诸多评说。

清人冯镇峦《读聊斋杂说》云:

予谓泥其事则魔,领其气则壮,识其文章之妙,窥其用意之微,得其性情之正,服其议论之公,此变化气质、淘成心术第一书也。多言鬼狐,款款多情;间及孝悌,俱见血性,较之《水浒》《西厢》,体大思精,文奇义正,为当世不易见之笔墨,深足宝贵……《聊斋》非独文笔之佳,独有千古,第一议论醇正,准理酌情,毫无可驳。如名儒讲学,如老僧谈禅,如乡曲长者读诵劝世文,观之实有益于身心,警戒愚顽。至说到忠孝节义,令人雪涕,令人猛省,更为有关世教之书。

清人孙锡嘏《读聊斋志异后跋》云:

事虽涉俗,各有用心,皆足挽浇薄之风而扶伦常之正,亦见其嬉笑怒骂,无不本与人为善之意,非漫为游戏而已也。

清人刘东侯在《聊斋志异仁人传序》云:

《聊斋志异》一书,久已风行海内,以其原名《鬼狐传》,人多视之为茶余酒后消闲遣闷之需。鄙则以为柳泉之志,实在提倡道德。夫中国古籍所言道德,以仁为纲领:仁以爱人,以孝为先,其首篇《考城隍》,则曰:"推仁孝之心,给假九年。"仁以爱己,以抵抗强权为贵,其终篇《死神》,则曰:"莫言蒲柳无能,但需藩篱有志……"盖径言道德,人或目为陈腐而不加意。故多为寓言,凡鸟兽虫鱼木石花草,胥纳之于父子兄弟夫妇朋友伦常之中。

一向把眼光投注到社会底层的蒲松龄,针对当时社会"世情浇薄"的现状,加之好友王八垓的诚邀,写下了《为人要则》,包括《正心》《立身》《劝善》《徙义》《急难》《救过》《重信》《轻利》《纳益》《远损》《释怨》《戒戏》等十二则,我们可以看做是蒲松龄伦理道德方面的总主张。蒲松龄特别把首题定为"正心",意即"心中一点之正气",并且慨而叹曰:"无此一点,尚得为人乎哉!"纵观蒲松龄的创作,可以说他是以《为人要则》十二则的内容为目,用形象化的表现手段,关注平民百姓的日常生活,弘扬中华民族的传统文化,传播重建与当时社会形势相适应的社会伦理道德、家庭伦理系统,积极倡导家庭和睦,营造敬老养亲的社会风尚。借助文学透视出人们美好的灵魂,用仁爱的甘露浇灌那些干涸了的心田,使传统的美德得以发扬光大。

如前所述,父母与子女之间相亲相爱是天经地义的。在父母与子女的和谐伦理关系上,蒲松龄是一个热情的赞颂者和积极的鼓吹者,他在对封建社会无情抨击、深刻批判的同时,又从扬善的美好愿望出发,创作了许多讽喻世情的作品,这些作品大都以传统伦理道德"孝、悌、仁、义"为纲,表现了对人性中真善美的追求。蒲松龄尤其对"孝悌"表现出异常的热心,他不仅积极宣扬孝悌,更重要的是尽心竭力以身作则。可以说,精心细致地修补传统孝悌道德,鲜明地劝善惩恶,大力弘扬孝道,表彰兄友弟恭,像根红线一样贯穿在蒲松龄的各种作品之中,成为其创作的重要主题之一。关于这一点,蒲松龄在《省身语录》中说得非常明晰:"孝子百世之宗;仁人天下之命。""兄弟和,其中自乐;子孙贤,此外何求。"充分表现了他对儒家孝道思想的固守。他衷心希望孝亲这种最大的善行,能够泽被后世,投射到社会的每一个家庭。

无论在《聊斋志异》还是在俚曲作品中,蒲松龄浓彩重墨地塑造了许许多多形象各异的孝子贤妇的典型,既有现实生活中敬亲养老事迹感天动地的凡夫俗子,也不乏生活在异域幻境中能恪守孝道、孝敬长辈的神仙鬼魅、动植物精怪(这里的孝子没有性别之分),以为世人树立楷模,呼唤人们潜在的孝德之心。如同在《陈锡九》《佟客》等作品中反复强调的那样:"善莫大于孝。鬼神通之,理固宜然,使为尚德之达人也者。""忠孝,人之血性,古来臣子而不能死君父者,其初岂遂无提戈壮往时哉,要皆一转念误之耳。"

细读蒲松龄的作品,发现其作品中的的孝子形象主要有以下几大类型。

一、为孝选择生死

古诗云:人生天地间,忽如远行客。

人生自古谁无死?既有生必有死,死是无论什么人都无法逃脱的、迟早都会面临的现实,也是人人都必须思考的一个沉重的人生话题。蒲松龄用曲折的故事情节、鲜活的人物形象来表达自己对死亡的思考。

大部分人面对死亡都是恐惧的,但蒲松龄笔下的人物在面对死亡时却很少表现出伤感、恐惧,反倒呈现出一种从容、淡定,我们从中能够体味到那种生命的美感。究其原因,大概是其中浸透了许多伦理道德的因素,比如说,为了爱情,"生者可以死,死者可以生"。为了孝悌,可以穿越时空,打破生死之界。蒲松龄借助性格各异的文学形象,充分阐释其一以贯之的孝亲主题:儿女对父母的孝敬,既包括物质的奉养,也包括精神的慰藉。无论面临怎样的处境,都要想方设法安排好父母的衣食住行,是儿女最基本的责任和义务。一个个血肉丰满的人物形象,演绎着儿女对父母的眷眷孝心,也使得一个个生与死的故事变得摇曳生姿,撼动人心。

被冠以《聊斋志异》首篇的《考城隍》,是一个宣扬仁孝之德的寓言故事。在《聊斋志异》的各种版本中,收录的作品在数目上、卷次上、篇目排列的次序上不尽相同,且终篇各异,但是,开篇皆为《考城隍》。可见,对蒲松龄本人而言,《考城隍》是他极为看重的一个作品,它开宗明义的揭开了人生的一大根本问题:孝行。

主人公宋焘骤染怪疾,卧病在床,迷迷糊糊间被官差叫去参加考试。阴间众神十分赏识宋焘的才能,特别是他文章中"有心为善,虽善不赏;无心为恶,虽恶不罚"的句子,深得十几位考官交口称赞,决定委派他任河南城隍。作为一个老廪生,在困顿寒窗的痛苦折磨中突然被宣告自己考中了,本该是自天而降的大喜事,应欢呼称快才是,但宋焘却念及七旬老母无人奉养,不忍弃之于不顾。故而,他非但高兴不起来,反倒是顿首哭泣:"辱膺宠命,何敢多辞?但老母七旬,奉养无人,请得终其天年,惟听录用。"宋焘苦苦乞求众神且发慈悲,容他赡养老母"终其天年"后再来听候任用。众神感动于宋焘的赤诚孝心,就依从其母还有九年阳寿,破例批准他九年的假期,作为对他弃官从孝行为的最大恩赐。

在宋焘看来,作为儿子理所应该及时尽孝,这是最为重要的人生选择,重要性远远胜过赴任做官得来的荣华富贵。在这个人物身上,生的首要意义或全部价值均归结为一个"孝"字,孝亲成了维系他生与死的唯一纽带。众神之所以赏识他,亦源于他是个世人仰慕的孝德贤才。在为官与尽孝之间,宋焘出自本能地选择以尽孝为先,这对那些官迷心窍、不要仁孝的无德无品之辈,无疑是个有力地批判。

大家都知道"管鲍之交"的著名典故。管仲和鲍叔牙曾经一起参战,鲍叔牙总是冲锋在前,撤退在后,而管仲则恰恰相反。参加三次战斗,三次都逃跑回来。因此人们讥笑说管仲贪生怕死,是逃兵。鲍叔牙对此却这样向人解释:管仲不是怕死,是因为他哥哥早逝,年迈的母亲要靠他一人供养,所以他不得不那样做。原来,管仲在战场上屡屡逃跑,不是胆小,是大孝啊,管仲知道鲍叔牙如此对待自己,感慨不已:"生我者父母,知我者鲍叔牙。"

很明显,管仲和宋焘一样,绝非贪生怕死之辈,他们之所以那么渴求活着,目的既明确又单纯,只是为了创造条件侍奉自己的老母亲,尽到一个儿子应尽的孝亲之责。

《席方平》也是一个感天动地泣鬼神的孝亲故事,酣畅淋漓地刻画了一个不惧鬼神、不计生死,用灵魂为父报仇雪耻的孝子形象,在至孝故事中有极高的知名度。席方平的父亲席廉生性戆直,生前受尽了富豪羊某的欺凌。羊某死后没几年,席父也病倒在床,弥留之际对家人诉说,姓羊的在阴间买通差役,日夜不停地毒打自己。席方平得知父亲蒙冤受屈,便不畏人鬼殊途,决意要替父申冤。来到阴间,获悉羊某买通阴间狱吏,变本加厉地折磨父亲,性情刚烈的席方平从此便踏上了一条险恶而漫长的告状之路。他层层上诉,从城隍到郡司,又从郡司直至冥王,历尽艰辛,得到的却是官官受贿相护,沆瀣一气而惨冤不能申。席方平决心只要寸心不死,就要抗争到底。应该说,是亲情的力量支撑着席方平在历经鞭笞、火烤、锯解等一系列酷刑之后,毅然执拗地不放弃报仇的决心。硬的不行,阎王就来软的,干脆把席方平化为一个稚弱无力的婴儿重新投生,即便如此,席方平依然不服输,不吃不喝,以死抗争。最后终于惩治了贪官,为父昭雪申冤。

《席方平》是《聊斋志异》中不忍卒读的篇什之一,揭示的主旨不是单一的。此篇通过控诉司法不公,入木三分地揭露和鞭挞了封建时代政治的黑暗,吏治的腐败,也极力表现了作为受害者一方的席方平为父鸣冤的执着与坚忍。还有一个不容忽略的主题,就是席方平身上表现出来的铮铮孝义。席方平以孝义为精神支柱,凭借孝道得以公道,终雪大冤。我们明显感觉到,席方平身上有股勇往直前毫不气馁的韧劲儿,而对父亲生养恩情的回报,就是其勇气和韧性之根源所在。他之所以能够忍受常人难忍之痛,源于对父亲的至情纯孝。席父也终因儿子的孝义被再赐阳寿,而得以"九十余岁而卒"。特别值得一提的是,在席方平历尽艰辛的层层诉讼中,他承受了种种酷刑,但是,下手实施锯刑的鬼隶却能够感其至孝,敬其坚强,悯其无辜,并为其格外开恩:"此人大孝,无辜,锯令稍偏,勿损其心。"俗话说:"阎王好见,小鬼难缠。"这种总结,是中国百姓对阎王殿里的小鬼痛恨至极的情感流露。但席方平的孝义精神,竟连最难缠的小鬼也深深为之感动,竟敢置阎王爷的圣旨于不顾,锯齿之下,特意保留席方平一颗完整的孝心。特别是当席方平被锯的伤奇痛无比时,一小鬼又赠予丝带帮助他减轻痛苦:"赠此以报汝孝。"席方平的至诚孝义感动了小鬼,小鬼的脉脉温情感动了广大读者。

当年,在延安文艺座谈会前夕,毛泽东主席曾约见文艺界人士,谈话过程中提及《聊斋志异》,特别提到《席方平》一文,称其可做清代史料看。毛泽东尤其欣赏小鬼故意锯偏席方平心脏的细节,还建议此篇应该选入中学语文课本。

《席方平》中不仅小鬼同情席方平,就连滥刑冷酷的冥王,也不得不对席方平大加称赞:"汝志诚孝。"后来二郎神在判词中也称席方平"孝义"。书中,无论是神还是人,无论是阳间还是阴曹,对孝道都是极其看重的。小说末尾,连蒲松龄都忍不住站出来,激情洋溢地感慨道:"人人言净土,而不知生死隔世,意念都迷,且不知其所以来,又乌知其所以去,而况死而又死,生而复生者乎!忠孝志定,万劫不移,异哉席生,何其伟也!"

心为之所属,情为之所系。席方平至诚的孝行,获得了读者强烈的情感共鸣,大家在为之悲、为之怒、为之惧之后,最终为之喜、为之欣、为之快。席方平"惟孝义,故虽屈于城隍,扑于郡司,笞炙锯解于冥王,百折不磨,而卒鸣其冤"。

《商三官》是《聊斋志异》中荡气回肠的篇章之一,讲述的是一个智勇双全的孝女为父报仇的故事。商三官的父亲因酒后开玩笑而得罪了豪绅,结果竟被活活打死。三官的两个哥哥向官府告状,却迟迟没有下文,这分明是官府与豪绅勾结,不想公断此案。正是在这样的情势之下,三官断然推迟婚期,再伺机行动。后得知豪绅为了祝寿要找戏班子演戏的消息,她便女扮男装,略施巧计杀死豪绅,自己也悬梁自尽。

"三官之为人,即萧萧易水,亦将羞而不流,况碌碌与世浮沉。"商三官,一位足以让刺秦壮士荆轲汗颜、让碌碌须眉羞愧不已的二八少女,由于司法秩序失控,公权力失信,致使她对"明镜高悬"的官府产生了彻底的绝望。一个柔弱女子,对社会残酷的敏锐洞察,比起寄希望于黑暗的官府、打算留下父亲的遗体继续告状却软弱又不理性的两个哥哥来说,更加一针见血。为了早日让父亲入土为安,尽快摆脱家庭突遭的危难,三官经过冷静的思考,毅然决定,用稚嫩的双肩勇担孝义,凭一己之力,惩恶申冤,得以告慰父亲的在天之灵。三官以死抗争的决绝之心,以暴抗暴维护正义的壮举,源于对父亲出自本能的孝心,也是封建制度不满的表现。作品把孝亲的品性与抗暴御侮的精神结合在一起,从而给这种完美的情操,赋予了更为深广的社会意义。

由《商三官》联想到明代的杜氏贞义姑,一位同样集孝悌与贞烈于一身的杰出女性。

贞义姑的祖父有两个老婆,贞义姑的父亲是新房所出,祖父过世后,好的田地和财产都被旧房霸占,贫赤田地分给贞义姑家。父亲39岁过世,贞义姑随孀母抚养弟弟,立志终身不嫁,事母扶家。后弟弟早逝,贞义姑视侄儿如同己出,六十年如一日。侄儿成婚后生有五子,终使杜氏家族发扬光大。

贞义姑坚守孝悌,不计个人得失,其贞烈大义与商三官同样让人领首感佩。

《陈锡九》中陈锡九的父亲多次科考未果,游学在外客死他乡,母亲终因悲愤而亡。陈锡九离家沿途乞讨,不畏艰辛寻找父亲的骸骨。在其灵魂和父母相遇时,他居然提出不想再回到人间,要求留在阴间侍奉双亲。后经父母苦苦劝阻,他只好拿到父亲的遗骨回来,把父母的灵柩合葬之后,已是家徒四壁了。乡亲们悯其孝心,纷纷供给饭食。蒲松龄大赞陈锡九的孝道:"善莫大于孝,鬼神通之。"何守奇、但明伦也抑制不住地称颂:

孝子节妇,出于一门,其为鬼神所祐宜矣,况又名士之后哉?

陈之孝,女之贤,事皆处于万难,非人力所能为者。

《水莽草》中的主人翁祝生因贪恋女色,误食女鬼寇三娘的水莽草而死,变成水莽鬼。他只有再去毒死别人,找到替身,才能起死回生。祝生把已经投生人世的寇三娘抓回,与之结为夫妻。祝生死后,其妻不能守节,不久改嫁,留下周岁孤儿由其母自哺:"劬瘁不堪,朝夕悲啼。一日,方抱儿哭室中,生悄然忽入。母大骇,挥涕问之。答云:'儿地下闻母哭,甚怆于怀,故来奉晨昏耳。'"祝生在地下听到母亲的哭声,心里很是难过。他不忍心留母亲一个人在世上孤独而生,于是和三娘双双回到人间,精心服侍母亲。后来,祝生有了再生的机会,却让给了他人。母亲不解,祝生曰:"儿深恨此等辈,方将尽驱除之,何屑为此?且儿事母最乐,不愿生也。"祝生夫妇一直尽心竭力地侍奉老人,直到老母寿终正寝。天帝感动于二人的孝道,就把他们双双列为仙籍。

为养老母而乞求投生的宋焘,替父雪耻而勇赴阴间的席方平,为父报仇慷慨赴死的商三官,为侍奉阴间双亲不愿返阳的陈锡九,为事母而返阳的祝生,均是把生死价值系于一孝的至孝典型。他们的义举,似乎已经远远超越了通常的孝道,他们以最真实的生命冲动,把各自的人格提升到了更加纯美的境界。

二、为孝弃绝富贵

孔子曰:"父母在,不远游,游必有方。"孔子不主张父母健在,儿女远游在外的做法。曾子也留下谆谆教导,"往而不可还者亲也。至而不可加者年也。是故孝子欲养,而亲不待也。木欲直,而时不待也",以此警醒世人,孝亲当及时。所以说,做儿女的千万不要说,赡养父母我还有很多机会,否则留给自己的定是"子欲养而亲不待"的终生遗恨。

但在古代,读书人大都渴求"学而优则仕"的人生梦想,以便实现自己的人生价值。可以说,仕途是统治者对士人抛出的一个诱人的红绣球,这种政治上的诱惑,久而久之,会逐渐成为士人自觉的一种心理需求。为了满足这种心理需求,读书人不得不时刻准备着迎接机遇的光临。如此一来,及时行孝和适时做官之间自然就会产生冲突,二者孰重孰轻,很难抉择。所以自古成大事者,都难免要经受忠孝难以两全的痛苦。其实说到底,忠孝无所谓孰重孰轻,应该有缓急之别。在《聊斋志异》中,蒲松龄很少去描写精忠报国之人,更多表现的是在忠孝之间能够弃忠抛贵、坚韧守望孝道的孝亲行为。

在蒲松龄看来,拥有孝亲品行的人,可以得到神护鬼佑,可以博得功名富贵。

《钟生》中的辽东名士钟庆余前来济南参加乡试,其间邂逅了一个能够预知祸福的老道。老道恭祝钟生有大德行,有大福分,科考很有胜算,同时还预测到钟生高中后就见不到母亲一事。钟生闻之潸然泪下,当即决定弃考回家。老道深为钟生的孝心所感动,特赠药丸替他救母,钟生听从老道的劝告并拜托仆人日夜兼程赶回家中,让病中的母亲及时服了救命的药丸。次日,他走出考场后便疾驰回家,母亲欣喜地对他说:"适梦至阴间,见王者颜色霁和,谓稽尔生平,无大罪恶,今念汝子纯孝,赐寿一纪。"几天后,母亲果然康复如初。不久,科考捷报也传至钟家。

因为至孝,钟生得以科举高中;因为至孝,其母得以享富贵又寿延。在孝亲和功名利禄产生冲突、矛盾之际,钟生并没有经过痛苦的抉择,而是出自本能地抛却功名利禄而坚守孝道:"母死不见,且不可复为人,贵为卿相,何加焉?"其行为品质实在可贵、可敬、可佩,是那些唯功名是求的禄蠹之辈根本无法比拟的。

《田子成》中的江宁田子成,过洞庭湖时舟覆而殁,其妻杜氏,惊闻噩耗,也服药而死。其子田良耜当时年幼,受庶祖母抚养成人。后田良耜考中进士,到湖北做官。一年多以后,他又奉命去湖南做营务官。走到洞庭湖边,想到过世的父母,他难掩悲伤,痛哭一场后,遂返回家乡。他自称能力有限不能胜任,被降职为县丞,隶属汉阳府。

上任途中,田良耜的船只停泊在洞庭湖边。入夜,忽闻舟外洞箫抑扬,寻声见一茅舍,中有几人在饮酒作乐。席间有个秀才模样、态度倨傲的人,还有一个少年郎。秀才模样吟诗道:"满江风月冷凄凄,瘦草零花化作泥。千里云山飞不到,梦魂夜夜竹桥西。"声调十分悲伤。田良耜被邀一起饮酒,并得知秀才模样者叫卢十兄,少年叫杜野侯。酒至酣时,主人们纷纷以诗赠他,卢十兄的赠诗中有"父子喜相逢"句,少年郎赠诗中又有"兄弟喜相逢"句。酒令行毕,良耜起身告辞。一直傲慢的卢十兄这才站起来表示挽留,并透露了一个信息,说他和田子成是好朋友,是他收了田子成的尸骨,葬在了江边。良耜闻听,泪流满面地跪在地上拜谢。回到船上,田良耜通夜不寐,忽有所悟。次日,他寻迹往访,发现有一大坟,旁边有一小坟,坟上有十根芦苇。他忽然间明白过来,昨天遇到的就是父亲和表兄的魂魄。良耜向当地人详细打听,知晓事情原委,原来20年前,有位老者乐于行善,把溺水淹死的尸体都打捞上来埋葬,所以才有好几座坟在那里。于是良耜挖了坟,背着父亲的尸骨,弃官不做返回了家乡。

田良耜后又知晓母亲死后埋在江宁老家的一座"竹桥"的西边,所以父亲的鬼魂一直在追忆她,才有了诗中"梦魂夜夜竹桥西"的诗句。

在为父母尽孝和充满诱惑的富贵利禄之间,田良耜毅然弃官返乡,尽到了一个儿子思亲守孝的责任和本分,从而满足了自我心灵的慰藉,也给自己的情感找到了寄托。

《大男》讲了一个孝子行乞寻父的感人故事。成都奚成列之妻申氏虐待其妾何昭容,奚成列为求耳根清净,选择离家外出逃避,后弃儒为商,十几年竟音信两无。何氏生子大男,以纺织养家,艰难糊口度日。大男十岁时,便决意离家寻父,但茫然不知何往。途中遇到钱某,钱某把大男转卖给某僧,僧有感于大男的孝行反而赠金与他,大男又不幸遭遇强盗夺金,最后辗转进入陈翁家做了伴读,后从陈姓并晋身仕途。大男因寻亲不成,几欲弃官不做,陈翁苦劝方罢。在父亲没有下落之前,大男居官期间不食荤酒。苦心人天不负,几经努力,大男终得以与父亲团圆。

古人常把这种寻找离别亲人之举,称之为"寻亲之孝"。"二十四孝"中有个辞官寻母的故事:宋代朱寿昌,7岁时,侍妾出身的生母常被大房嫉妒,不得不改嫁他人,50年母子音信不通。朱寿昌遍寻四方,不见踪影。提起母亲总是痛哭流涕,不惜刺血写金刚经祈祷母亲平安。神宗时,朱寿昌在朝做官,得到母亲的线索后,他立即弃官寻母,终于找到生母和二弟,一起返回故里。朱寿昌寻母尽孝的事被上奏朝廷,皇帝诏谕其回朝做官。

大男寻父得官,因官获父;朱寿昌弃官寻母、寻母复官的家庭悲喜剧,旨在表彰孝子锲而不舍,撼动人心的孝心孝行。

三、为孝舍己忘我

《论语·为政》篇载,如子游问孝。子曰:"今之孝者,是谓能养,至于犬马,皆能有养。不敬,何以别乎?"孔子将孝与敬联系起来,揭示了孝的本质意义是对父母发自内心的敬爱。

就儿女对父母行孝而言,物质上的奉养大都不成问题,精神上的慰藉可能不太容易做好,而最难也最可贵的是在特殊情况下的孝亲行为,特别是当父母生病尤其是年老的父母病重或久病不愈之时,往往是考察儿女孝心、耐心、恒心的关键时刻。通常来讲,子女尽孝时,内心可能会因"消费"孝而带来精神收益,比如受到别人的好评,自己的付出得到肯定后的满足等,但是这种精神收益会随着时间的推移而逐渐减弱。再者,服侍病人必须要付出极其艰辛的劳作,要做到不怕脏、不怕累,要透支体力、精力,长期身心两乏的现实必然会考验儿女的意志和耐性。儿女原有的生活节奏完全打乱,几乎每天都要围着病人转,要考虑病人的一日三餐,要及时调节病人的情绪,还要承受很多难以承受的委屈等,所以在种种特殊情况下,要做一个发自内心敬爱父母的孝子,的确不是一件容易的事情。所谓"久病床前无孝子"大概就是这个道理。《聊斋志异》也在积极探讨"儿女照顾病重的父母"这样一个司空见惯的问题,展示的大都是儿女对病重父母不厌其烦地服侍,尽心竭力地照料以及异乎寻常的承欢顺从。

《青梅》是一个因孝亲而获得美好爱情的故事。青梅,一个"以目听""以眉语"的聪慧狐女,给王进士家的小姐阿喜当丫环。王家房客张生家贫"性纯孝",人品端正又勤奋好学。青梅偶至张家,见张生自己喝糠粥,却供给张母猪蹄。恰张父重病在床,张生抱着父亲小解,以致"便液污衣,翁觉之而自恨",面对父亲的自责愧疚,张生却"掩其迹,急出自濯,恐翁知"。青梅从这些细节中,便认定张生很不寻常。于是力劝阿喜勿嫌其贫,嫁给张生。张生托卖花者到王家说媒时,进士夫妇对于贫士的求婚持这样的态度:"夫人闻之而笑,以告王,王亦大笑。"两个"笑"字,就把进士夫妇嫌贫爱富的势利心理暴露无遗。而阿喜偏偏是个事事只会依从父母之命的主儿。青梅见状,就决定"我的青春我做主"了,不但主动去找张生示爱,并耐心说服,打消张生的顾虑,两人终于喜结连理。婚后,青梅侍奉孝顺公婆,远远胜过张生,并以刺绣维持一家人的生计。后张生考中举人、进士,终于晋升仕途。青梅誓死要嫁张生的决绝之心,源于她亲眼目睹了张生非同一般的孝亲行为。

张生因忘我的孝道而获得美好的爱情生活、家庭幸福,也因至孝而改变了贫穷卑贱的窘状以致富贵荣华。

聊斋故事中,为了顺亲救亲而宁可自残也在所不惜的故事,尤其震撼人心。

《周顺亭》写周顺亭事母至孝的故事。母亲股生巨疽,痛不能忍,昼夜呻吟,尽管周顺亭废寝忘食、精心侍奉,但数月已去,母亲的病情依然未见好转。正当他愁苦无助之际,父亲托梦给他:"母疾赖汝孝,然此创非人膏涂之不能愈,徒劳焦恻也。"得到父亲梦的启示,周顺亭丝毫没有犹豫,毅然用利刃割下自己的胁肉为母亲治病:"烹肉持膏,敷母患处,痛截然顿止。"更为难得的是,周顺亭不仅用自己的肉做成药膏及时根治了母亲的顽疾,没让母亲在病痛上遭受折磨,而且还考虑到母亲一旦知道真相后,会因心疼儿子而愧疚自责,故而他忍受住割肉带来的剧痛,编织假话以搪塞母亲,甚至连妻子也被蒙在鼓里。如此孝心,不亚于曾子在遭受父亲痛打致昏,醒后鼓琴而歌之举。很显然,周顺亭根本不是用"人膏",而是用一颗滚烫至诚的大孝之心治了母亲的病,救了母亲的命。

《乐仲》也是一个伤身孝亲的感人事迹。遗腹子乐仲,打小就厌恶其母尚佛茹素的行为,长大后,他"嗜饮善啖,窃腹非母,每以肥甘劝进。母辄咄之。后母病弥留,苦思肉"。乐仲因不满母亲吃斋念佛的行持而暗地腹诽,还常以肥美饮食对母亲劝进诱惑,当然遭到痛斥。让乐仲不曾料到的是,母亲病重弥留之际,却反常到百般思肉的境地。乐仲在急无所得肉之下,竟自割左大腿肉呈给母亲。母亲初愈,却后悔破戒,竟不食而亡。乐仲哀悼更加真切,又以利刃刺右股,直至见骨,"家人共救之,裹帛敷药,寻愈"。乐仲怀念母亲,又恸母之愚,于是焚掉母亲所供的佛像。对乐仲的这一行为,我们可以这样理解,因为真性情,因为孝道,佛是不会怪罪的。正如蒲松龄所说:"断荤远室,佛之似也。烂漫天真,佛之真也。"从后文可以看出,乐母已然得道成仙。因此说,乐仲对母亲的"修行方式"看似反对,实际并非如此。乐仲悲恸的是母亲持戒的愚蠢,而非持戒本身,他依然是顺亲的孝子。后母亲托梦告诉他她现在南海,他毅然至南海寻母。神奇的是,在社人跪拜皆无所示时,而乐仲刚刚投地,忽见遍海满是莲花,花上璎珞垂珠。乐仲见花朵上俱是母亲的形象,便"急奔呼母,跃入从之……少间,云静波澄,一切都杳,而仲犹身在海岸,亦不自解其何以得出,衣履并无沾濡,望海大哭,声震岛屿"。

割股疗亲的陋俗始于先秦,盛行于唐宋元明清。《淄川县志》中有关割股疗亲的记载,就有近10条之多。

清·张鸣铎《淄川县志·人物志·重续孝友》载:

> 韩辅世,邑北鄙农人。母病半载不起,饮食不进者三日。辅世大痛,暮夜割股肉致祷,愿以身代,氏病旋愈。又二十八年,寿八十五岁卒。邑侯叶公祝旌其门曰,孝能致身。

《人物志·续列女》记载:

> 袁氏,若望女,年十九岁适痒生张永裕第四子……氏天性至孝,姑老多病,侍饮食汤药,无间晨夕。翁病危笃,氏痛切中心,向夕割股吁天,乞延翁寿。病愈,乡人称叹,咸谓孝妇至诚,感格所至。具呈投县存案。王氏,诸生王炜女也。幼而端庄,长适张克和为妻……乾隆二年正月姑病复作,至十六日晚,氏怂恿克和就寝,家人俱睡。氏设几案,燃香烛,偏左袒,匍匐祷天,愿以身代。既而氏天性勃发,情极意恳,左手撮乳下肉,右手持利刃用力割之。割肉三寸许,掷刀恚然,而克和觉矣。觉而烛之,举家惊悸。氏方坦夷自若,手捻炉中香灰一撮,敷上刀口……自是姑病日愈,氏之伤痕不逾月亦平。邑令唐闻之,表其门曰,孝懿可风。

割股疗亲在如今看来是一种自残的愚孝,但在当时的社会背景下,是被世人敬仰的壮举。深受儒家思想熏陶的蒲松龄明知此举有违儒家"身体发肤,受之父母,不敢毁伤,孝之始也"的教训,仍坚持称赞这种行为,其意在赞扬子女为减轻父母痛楚、愉悦其心情的孝行,所以,他在《周顺亭》篇末如是说:

> 刲股为伤生之事,君子不贵。然愚夫愚妇何知伤生为不孝哉?亦行其心之所不自已者而已。有斯人而知孝子之真,犹在天壤。司风教者,重务良多,无暇彰表,则阐幽明微,赖兹刍荛。

意思是说:割肉是伤害身体的事,君子并不称道。然而,再愚钝的夫妇怎么会不知道损伤自己的身体是不孝呢?他们只是按照自己的愿望去做不能不做的事罢了。有这样的人,人们才知道孝子们的真诚,有时真有天地之别。如果主管风俗教化的人公务繁忙,没有时间去表彰这种孝行,那么,阐明深奥的神理,就靠着我们这些乡野之人了。

其实,我们不妨做这样的理解,《周顺亭》《乐仲》这两个孝亲故事,告诉世人一个通俗浅显的道理:父母生病,只要儿女孝敬顺从,有一种舍己敬亲的精神,无论怎样,都会给父母带来莫大的精神安慰。

除了父母生病考验儿女的孝心外,现实生活中的非常时期,莫过于突如其来的天灾了。《水灾》讲述了巨大灾难中两个孝子的故事：

一则写于康熙二十一年（1682）。当洪水来袭，"彻夜不止，平地水深数尺，居庐尽没"的生死抉择之际，一对农民夫妇被推向了"手心手背都是肉"的两难境地：是先救老母还是两个无助的幼子？情势不容权衡得失，夫妇俩百般顾惜孩子，却毫不犹豫地选择了前者，迅疾搀扶"老母奔避高阜，下视村中，已为泽国"。蒲松龄尽管主张先救老母，但他实在不忍心让孝子贤妇的孩子死于滔滔洪水之中，于是安排了"水落归家，见一村尽成墟墓，入门视之，则一屋仅存，两儿并坐床头，嬉笑无恙"的大团圆结局。

第二则故事记载了康熙三十四年（1695）发生的平阳地震："死者十之七八，城郭尽墟，仅存一屋，则孝子家也。"

两个故事表现了大灾大难中，上天对孝子的开恩眷顾："茫茫大劫中，惟孝嗣无恙，谁谓天公无皂白耶？"热情颂扬了至诚至孝的善行。在蒲松龄满怀深情的白描式叙述中，看似普通平凡的孝亲之举，天地竟然为之俯仰，直接表达了"孝可感天动地"的思想意识。当然，两个作品也无不打上了恪守孝道、好人必有好报的佛家因果思想的深深烙印。

无论是自残而救母的周顺亭、乐仲，还是舍子而择母的农民夫妇，他们都是舍己忘我的孝亲楷模。

四、为孝顺从不违

常言道："孝顺，孝顺，以顺为孝。"孝顺就要以顺为本，《聊斋志异》很好表现了这一传统孝道观：儿女对父母的孝顺，不仅是物质的，也应是精神的。

《田七郎》中有个享有"小孟尝"美誉的富人叫武承休，他热情好客广交朋友，得先祖梦中指点：猎人田七郎可与他共患难。田家赤贫，武家富足，武承休欲赠重金与七郎结交，田母却以"受人知者分人忧，受人恩者急人难。富人报人以财，贫人报人以义。无故而得重赂，不祥，恐将取死报于子矣"为由力拒。但武承休依然常赠财物，特别帮忙打理了田妻的葬礼。田母教导儿子：受人钱财定当以物偿还。七郎便谨遵母命勤于出猎，以盼早日抵清被迫接受的武家钱财。七郎把捕杀的一只猛虎抬至武府，声称已还清人情，并减少上武府的次数。武却不以为然，依旧善待七郎。

七郎为争猎豹，失手殴死人命，武承休四处奔波，七郎因而被解救。田母因之告诫："子发肤受之武公子，非老身所得而爱惜者矣。但祝公子百年无灾患，即儿福……往则往耳，见武公子勿谢也。"从此，田母方答应七郎与武承休交往，以报救命之恩。

武家突遭大难,先是儿媳惨遭下人"林儿"奸杀,"林儿"逃到武承休仇家赵老爷府中。赵家有亲戚在朝中担任命官,县官只能讨好赵老爷。结果,武承休及家人惨遭毒打,果园也被霸占。在被赶尽杀绝含冤无告时,武承休想请失踪多时的七郎帮忙,未果。后来七郎先杀了"林儿",又杀死赵老爷和县官,之后自刎。因七郎长时间未与武承休来往,这起连环杀人案最终也未累及武家。

田母对儿子与武承休的交往态度前后迥异,她训导儿子拒绝武承休多种方式的资助,是意识到受人恩须报人恩,正如世间借债要还钱一样。再者,两家贫富悬殊巨大,贫寒人邂逅富贵人,祸福难定,让田母心生疑惑也是自然不过的。在儿子被救之后,田母教导儿子,如果武家有难,定要报答恩人,足见其深谙人情世故,是一位高义的贤母。母亲如此,七郎亦然。忠厚正直的七郎是个典型的顺亲孝子,他秉承母亲"无功不受禄"的教诲,以多打猎赠送武承休,以便实现"两不相欠"的诺言。在武承休蒙冤危及身家性命时,七郎又是在遵循"知恩必报""受恩报恩"的母命,不动声色中扑杀了恩人的全部仇家后选择慷慨取义,以死报答了再生父母,换来了恩人武承休一生的平安。可以说,田七郎能够在必要时倾己之所有乃至生命以报,义薄云天的壮举,源于他朴质纯粹的孝道,源于他贤德善良、审时度势、明辨是非的母亲不失时机的谆谆教诲。身怀绝技的七郎,没有在杀敌报恩后选择逃走之路,表现了他不愿伤及无辜的善良品行。七郎决意报恩杀人舍生取义之前,先妥善安置好母亲,使其免灾避祸:"衙官捕其母子,则亡去已数日",又见七郎真孝子的本性。

《崔猛》也是篇感人肺腑、令人动容的佳作。崔猛是个世家子弟,性情刚毅,武艺超群,因爱打抱不平,深得乡亲敬服。他脾气不好,"每盛怒,无敢劝者。惟事母孝,母至则解。母遣责备至,崔唯唯听命"。崔猛因一时气急而凌迟了隔壁虐待婆婆的悍妇,让崔母气得不肯吃饭。崔猛便跪求杖责,并保证日后改悔。崔母在崔猛的手臂上刺了十字花纹,并染上朱红颜料,使其永不消失。

一天,崔猛随母亲在去给舅父吊丧途中遇见一伙人绑架了一个男人。原来绑人者是一乡绅之子,得知李申的妻子漂亮,便命家人勾引李申赌博,用高息贷给他钱,并强迫李申在借券上写明以老婆作抵押。李申赌输没钱还债,结果老婆被抢,自己也惨遭毒打。崔猛决意要惩治这个欺男霸女的乡绅儿子,因母亲从中阻拦,只好临时作罢。接下来的几天里,崔猛寝食难安,直至乡绅的儿子被人杀死在床上。官府怀疑是李申所为,李申屈打招供被判死刑。此时,正当崔母去世。办完丧事以后,崔猛告诉妻子说:"杀甲者,实我也。徒以有老母故,不敢泄。今大事已了,奈何以一身之罪殃他人?我将赴有司死耳!"最终,崔猛在故旧赵僧哥的搭救下消灾免祸,服刑一年就被赦免回家了。

崔猛一看见不平事,总是气涌如山,不能自已。但对母亲却能做到"惟命是从",俯首帖耳。这个故事说明,孝子大都能听从父母教诲,一般不会在社会上为非作歹。因为母亲健在,崔猛没有说出自己杀人之事,在见义勇为的同时,要避免老母亲为其担惊受怕。其顺亲孝亲之拳拳之心,昭昭可现。母丧甫过,他认为不要因自身的杀人行为而殃及无辜,从而选择慷慨赴难,真可谓孝义无双。刚柔相济,使崔猛的孝显示了独特的力度和深度。何守奇、但明伦对此有评语云:

  崔猛刚毅,成于天性,其见戒于师与母者旧矣。李申,人夺其妻而不能报,何其弱软?及乎手刃凶淫,计除逆贼,又何其壮也!岂立顽起懦,亲炙于猛者久,有以使之然欤?辛之寇盗抢攘,结团自固,远近归者,咸赖以安。呜呼!勇矣!

  事妙文妙。吾于崔也敬其孝。于李也爱其谋。反复读之,有推倒智勇之概。

  《菱角》中的胡大成,因"其母素奉佛。成从塾师读,道由观音祠,母嘱过必入扣"。在上学必经的观音祠里看见一个名叫菱角的美少女,一见倾心。少女也有意,胡家求亲,少女家人勉强同意。

  大成不仅孝敬自己的父母,而且还怀有"老吾老以及人之老"的博爱境界。他去伯父那儿奔丧,因起叛乱滞留在外,好几个月回不了家,与家庭也断了联系。途中,大成遇到一个老婆婆,她声称要卖自己,但是不当奴隶要当妈,很多人觉得是个笑话,但是大成看她容貌有点像自己的母亲,就把她接到住处,如对待母亲般加以侍奉。

  一天,老太太说即使在外流浪,我也要给你娶个妻子,大成说明在家乡已有亲事。老太太不顾大成反对,以"天下大乱,谁还等你"为由,仍然准备好新房,迎娶来一个女子。女子在帐子里哭说,自己已经有了夫君叫胡大成,原来她就是菱角。大成这才知道菱角和家人也流落到长沙,父母强逼她嫁人,菱角半途逃跑,但又被人抬到这里,两人就此团聚。老太太又说大成的母亲不久会来,然后就走了。胡大成因而怀疑老太太是观音的化身。

  田七郎遵母训而以义待人,崔猛遵母训而戒斗殴,胡大成遵母训而一心向善,所有这些都是在精神层面表现出来的至孝。其他如《陈锡九》里的陈锡九、《田子成》里的田良耜等人寻亲的故事,虽然其行为及行为对象是物态的,但所体现的孝心则是精神方面的。

五、为孝含辛忍辱

  李鸿章有句广为人知的名言:"受尽天下百官气,养就心中一段春。"凭借如此超常的"内春功",李鸿章忍受种种屈辱,平安度过一个又一个政治危机。李鸿章能把"忍"字功夫做到极大,才把成就做到最大。

《聊斋志异》中,也有个把"忍"功做到极致而终得善报的故事,即著名的婆媳大战——《珊瑚》。

重庆人安大成,娶了知书达理又孝顺漂亮的珊瑚为妻。大成的母亲沈氏,蛮横无理、不讲仁爱,处处虐待珊瑚,但珊瑚脸上始终毫无怨色。尽管珊瑚小心翼翼伺候,但沈氏却横挑鼻子竖挑眼,珊瑚把自己打扮得漂亮一点去拜见她,她就说珊瑚诲淫;珊瑚不打扮去见她,她更加愤怒不已,还自己碰头打脸、哭闹耍赖。一向软弱的安大成为了显示自己的孝顺,竟然鞭打珊瑚。更为过分的是,为了表明自己心中只有母亲,安大成竟然与妻子分室而居。不论温柔贤惠的珊瑚如何周到谨慎地侍奉,沈氏依然"身在福中不知福",依然不停息地指桑骂槐,直至逼儿子休妻方罢。遭受极大委屈的珊瑚非但不怨,反而泪流满面自我责备:"为女子不能作妇,归何以见双亲?不如死!"以致竟拔出剪刀直刺咽喉,虽然被人救了下来,却也"血溢沾衿",幸亏大成的婶母王氏暂时收留了珊瑚。让人难以容忍的是,安大成得知此事后,竟找上门来对珊瑚横加指责。珊瑚脉脉不语,只有俯首鸣泣,万般委屈都化作行行"胭脂泪"。没过多久,沈氏也气冲冲地跑到王氏门上,万般数落珊瑚,谴责王氏。王氏傲然相对,反将沈氏骂得理屈词穷,大哭而返。珊瑚觉得再留此处会给王氏平添麻烦,心里不安,就投奔大成的姨母于老太婆,以纺纱织布维持生计。安大成没有再娶,不是因为他牵挂着珊瑚,而是因为他的母亲早已"悍名远扬"。

过了三四年,大成的弟弟二成完婚,媳妇叫臧姑,此人性情骄横凶暴,言语尖刻无理,比她婆婆沈氏还厉害几倍。加之二成一味地纵容放任,日益凶悍不淑。臧姑使唤起婆母来如同奴婢般随意,婆婆由过去的施暴者渐渐沦为遭虐待受欺压的角色。不久,沈氏积郁成疾,身体虚弱不能自理,大小便翻身都须大成伺候。珊瑚得知,就以于大姨儿媳的身份,无数次用自己纺织赚来的辛苦钱给她买东西、做好吃好喝的送给她,终于感化沈氏,婆媳相见时珊瑚"含涕而出,伏地下",而沈氏则惭愧得不停扇自己耳光,婆媳关系终于有了质的变化。

珊瑚苦尽甜来,不但"生三子举两进士,人以为孝友之报",还得以寿终,纯孝得以善报。

"孝"是传统儒家的伦理道德规范,虽然孔子等圣贤都强调要"敬亲",但却不主张没有原则的愚孝,并提出了在不违背"敬亲"前提下的"谏亲"原则。安大成为表示自己是个孝子而一味地顺从母亲的意愿,不但打骂妻子,择室别居,最后竟然毫不留情地把贤惠的珊瑚休出家门。安大成所为,显然违背了圣贤之教。更有甚者,面对丈夫的无情和懦弱,珊瑚竟能一味容忍并且能够安之、乐之;对恶婆婆的刁蛮刻薄、无端挑剔,也能委曲求全;对恶婆婆的百般虐待,反能以德报怨,无怨无悔,真是"打了右脸送上左脸",委实有些太过愚孝了。对珊瑚的所作所为,常人难以理解,也不容易接受,但蒲松龄对这个人物显然是肯定的,反映出他强烈的男权意识,流露出他对女性必须要恭顺、谨守妇道的性别要求。可以说,蒲松龄让珊瑚时时处处为婆婆着想,忍受常人难以忍受之屈,代表了天下所有善良贤惠的儿媳妇身上最为可贵的一面,而如此作为,才是尽到了做儿媳妇的本分,这也为自己"天下无不是的父母"的主张做了很好的注脚:婆媳之间要讲究个名分、等级,为人媳者要孝敬公婆,能讨公婆的欢心,这是天职,如心存不满,便是不孝,便是犯了"七出"之条,最终只能被夫家休掉,不论儿媳的言行有没有错误。

《珊瑚》的故事,典型反映出蒲松龄孝道观的严重局限。

无独有偶,《陈锡九》中的富室小姐周氏,也是一个柔顺承欢的典型人物。她嫁入"日不举火"的陈锡九家后,精心诚意地侍奉婆母。面对嫌贫爱富的娘家人种种的挑剔责难,她能忍受委屈,不惧艰难,千方百计地相夫孝亲,极力维护贫贱丈夫和婆家起码的尊严。一天,娘家派老佣去探视她,对其婆母出言不逊:"主人使某视小姑姑饿死否。"周氏唯恐婆母因此惭愧,便一面强装笑颜以乱其词,一面赶紧拿出食盒中的肴饵,孝敬婆母。后来周氏的父母直逼陈家写修书,欲将她另嫁他人,周氏硬是"泣不食,以被韬面,气如游丝"。

六、为孝割舍爱情

人生在世,充满抉择。在"鱼和熊掌"不能兼得的时候,选择必然意味着痛苦。当孝亲和爱情发生冲突的时候,是选择伴随自己逐渐长大的血脉亲情,还是选择半路而获却让生活充满玫瑰色的浪漫爱情?面对这样一道见仁见智的选择题,蒲松龄先生用性格各异的人物形象明确做出了他的判断:不能舍弃生养自己的亲人,要想方设法抓住孝亲的机会。虽说爱情承载了太多的快乐和甜美的幸福,但可以暂时放弃爱情,孝亲却应该连续、及时。毕竟,我们没有办法能够阻止父母一天天衰弱,最终永远离我们而去,而我们却能够有机会和自己的爱人一起慢慢变老。

《翩翩》中的罗子浮,自幼父母双亡,为叔父收养。叔父富而无子,视子浮如同己出。子浮14岁那年被坏人诱骗,抛弃了叔父对他的疼爱和厚望,更抛弃了自己应当承担的家庭责任,偷了家里的钱后离家嫖娼。眠花宿柳,风流浪荡的结果是钱散财尽,落得一身脏病。妓女们见他浑身腥臭不堪的流脓,就把他扫地出门。这是他自绝于社会和家庭的后果。罗子浮流浪街头,靠四处行乞,打算回家找叔父,却感觉没脸见人,只好在家附近逗留。就凭这一点未泯的"知耻之心",罗子浮幸遇了千载难逢的仙女翩翩。翩翩不仅用神水帮他治好了脓疮,还给他穿上了约束浪子恶习反复的"仙衣"。在不伤害他自尊的前提下,大度而宽厚地对其进行教化,用母性的温柔去治疗他的创伤,并与之结婚、生子。改恶从善的罗子浮为人夫、为人父后,十分享受幸福而美满的家庭生活。在翩翩的仙洞中,美美地度过了十多年餐叶衣云、美酒佳肴的神仙眷侣生活。正是家的温馨气氛使他开始"每念故里",后至"每以叔老为念"。因念及对自己有养育之恩的叔父老无所依,离家15年之久的罗子浮产生了重回现实社会的强烈愿望。从抛家弃亲到故乡情思的萌发,显示了罗子浮开始认识到身为人子的责任,从而完成了一次人格的救赎。最终,不得不要在亲情和爱情两者之间做出选择的时候,他顿感真爱的难以割舍和亲情的不忍丢弃。可贵的是,知礼的翩翩忍痛割爱,罗子浮方得以带着儿子、儿媳离开温柔富贵乡,回家报答叔叔的抚养之恩,为其养老送终。

《罗刹海市》中的美男子马骥,自小聪慧,14岁就考上秀才。在父亲的启发下弃文经商,经过罗刹国奇遇之后来到罗刹海市,大开眼界。在龙宫作客时,被龙王招为女婿。龙女与马骥的结合可谓郎才女貌,琴瑟相合。按理说,宏图大展的马骥完全可以和龙女"执子于手,白头偕老",然而,他们做恩爱夫妻才一两年,马骥却因眷念双亲,生出故土之思:"亡出三年,恩慈间阻,每一念及,涕膺汗背。"马骥的至孝,深深打动了龙女,她实在不忍心以鱼水之爱而夺膝下之欢:"仙尘路隔,不能相依。妾亦不忍以鱼水之爱,夺膝下之欢。"并称赞马骥"归养双亲,见君之孝",还宽慰对她恋恋不舍的马骥"人生聚散,百年犹旦暮耳,何用作儿女哀泣",并深情地表示了自己的忠贞:"妾为君贞,君为妾义,两地同心,即伉俪也,何必旦夕相守,乃谓之偕老乎?"面对人生的聚散离合,龙女毅然割舍了朝夕相守的爱情。为了奉养双亲,最终马骥抛弃了龙宫的荣华富贵,忍痛诀别龙女,回到人间。幸好父母尚健在,马骥得以及时孝亲终老。

《仙人岛》中的王勉,被一道士带到仙人岛上,娶仙女芳云为妻,得到了仙人一家无微不至的关怀。数月过后,王勉念及双亲年事已高,常常想家,哀求芳云与他同行。芳云知书达理:"我等皆是地仙,因有夙分,遂得陪从。本不欲践红尘,徒以君有老父,故不忍违,待父天年,须复还也。"回到凡间后,得知母亲不幸已故,幸而老父还在。王勉夫妇新居华服地伺候老人三四年,直至卒年,又重金买下墓地,以礼厚葬。

罗子浮、马骥等这类艺术形象的共同之处在于,宁可放弃个人舒适的生活,暂时割舍美满的爱情婚姻,也要让父母的晚年生活得到物质、精神的双重保证,这是一种忘我的诚孝。而正是这种最朴素的孝亲之道,也使得美妙的爱情婚姻生活得以稳固、绵长。

七、为孝求嗣延后

名利之心,人皆有之。即使不说它是人之本性,也是人之本性的自然或必然延伸,这是由人的社会性决定的。

要在人世间留下名来,那是光宗耀祖的一件美事。孔子就十分看重名,他认为:"君子疾没世而名不称焉。"就是说,到死而名声却不被人们称道,君子会引以为恨。据《孟子·滕文公章句下》载,周霄问曰:"古之君子仕乎?"孟子曰:"仕。传曰:'孔子三月无君则皇皇如也,出疆必载质。'"

孔子三个月没有官做,就惶惶不安,每离开一处必定带上拜见君主的礼品。可见,名与利,特别是名,是读书人梦寐以求的东西,圣人如孔孟者亦不能免俗。不是吗?读书人皓首穷经,遭受寒窗苦读,不就为了求个"一朝成名天下知"吗?

中国古代的男性崇尚出名,无外乎两条途径:一是靠自己出名,二是通过子嗣传宗接代来扬名。无论男女,成年以后都要进入婚姻殿堂,这是中国社会传统生活方式的一种常态,也是人人都必须遵循的人生轨迹,上至皇室贵戚,下到平民百姓,概莫能外。子嗣之情,代表了有子为福,多子多福,少子为憾,无子为恨的普遍心态。曾子曰:"父母生之,子弗敢杀;父母置之,子弗敢废;父母全之,子弗敢阙。故舟而不游,道而不径,能全支体,以守宗庙;可谓孝矣。"所以,无后就必然延续不了香火,无后因之被视为最大的不孝,更是最大的不幸。

中国古代休弃妻子有七种理由,即"七出"或"七去":"不顺父母去,无子去,淫去,妒去,有恶疾去,多言去,窃盗去。不顺父母,为其逆德也;无子,为其绝世也;淫,为其乱族也;妒,为其乱家也;有恶疾,为其不可与共粢盛也;口多言,为其离亲也;盗窃,为其反义也。""七出"之二是"无子",即妻子生不出儿子来,理由是"绝世"。在封建社会,人们认为婚姻的根本目的就在于生子,延续香火,繁衍后代,以使家族世系得以绵延。他们认为,生子育孙能使家庭以至整个宗族地位得以稳固和延续,使先祖得以祭祀。完不成这一重任,就是对父母最大的不孝,对祖先最大的不敬。因此,封建社会中夫妻关系与亲子关系相比,往往亲子关系优先。已婚女人一旦不能生育,不但会使婚姻失去存在的价值意义,还会难以逃避被休的命运,即使其他方面再优秀,也不能弥补无子的所谓过错。

当然，在古代中国实行一夫一妻多妾制，如果正妻无子，丈夫还可以通过纳妾方式来获得子嗣。据载，孔子的父亲叔梁纥是陬邑大夫，以勇武闻名，娶施氏为妻，婚后多年不能生子，为了传宗继嗣，只好纳侧室，生下一个儿子，取名孟皮，无奈孟皮生性愚鲁，而且先天跛足，叔梁纥担心他难以承当继嗣大任。于是，再娶德才兼备的名门淑女颜征在为妻，遂有孔子。孔子相貌怪异、天赋异禀、能量非常，而最终成为一位流芳百世、万代景仰的伟男子。叔梁纥终于有了承继宗绪的希望，也完成了光宗耀祖的夙愿。

子嗣延续香火，对男权社会的稳定延续有着十分重要的保障作用，这是数千年来中国人最重要的价值重心之所寄。反之，即使以锦衣玉食奉养父母，但若无后人再续家门，父母会死不瞑目，古代孝子也会感到无限遗憾，感到愧对父母。所以说，传宗接代观念在古代便成为报答、安慰父母的一种特殊方式和情结，这样的传统思想也无不影响着蒲松龄。

在《聊斋志异》中，蒲松龄为广大读者描绘了一个个风景各异的爱情花园，书中的痴情男女为自己寂寞的心灵找到了可供憩息的美妙港湾。蒲松龄通过描写人鬼狐妖优雅多彩的爱情篇章，来反复表现其丰富的爱情理想。花妖狐魅所幻化的一个个少女，性格各异，境遇不同。她们善良无私，不图富贵，不慕权势，以才德取人，历经祸患而不渝。她们来去自如，不矫情，不虚伪。甚而有的也像《牡丹亭》里的杜丽娘一样，为了爱情"生者可以死，死者可以生"。她们的个性在追求合法婚姻中完成，几经磨难后有情人终成眷属。特别是在封建传统社会，她们大都获得了幸福甜蜜的爱情。尽管一个个凄美的聊斋爱情故事看上去多姿多味，但依然掩饰不住蒲松龄潜意识里看重子嗣宗绪的强烈愿望，也就是说，在蒲松龄的潜意识中，娶妻纳妾的主要目的依然还是为了延续后代，于是便产生了《聊斋志异》中诸如《马介甫》《颜氏》《阿英》《巩仙》《霍女》《莲香》《林氏》等文章，这也反映出蒲松龄的婚恋观明显呈现出复杂性和矛盾性的特点。

儿子能让母亲在家庭中占据非常荣耀的地位，儿子的存在能决定母亲的尊贵，所谓"子贵母荣"是也。《马介甫》中的杨万石年老无子，为了延续子嗣，就娶了小妾王氏，原配尹氏先是不让丈夫与王氏"旦夕通一语"，当知道王氏怀孕五个月后，她更是敏感地意识到自己的地位可能会遭受危机，于是就对王氏"褫衣惨掠"，以致王氏"创剧不能起"，几经暴虐后，王氏终于"崩注堕胎"，从而绝了杨家的宗绪血脉。马介甫惩戒尹氏时愤然怒斥道："妾生子，亦尔宗绪，何忍大堕，此事必不可有。"在马介甫看来，尹氏所犯下的诸多罪恶中，其他罪恶均可饶恕，唯有给王氏堕胎绝人宗嗣这件事，实在是王法不宥，天理不容的大罪过，足见"宗绪"的重要。杨万石兄弟杨万钟只有一个儿子，万钟被逼死后,"遗孤子,朝夕受鞭笞,俟家人食讫,始啖以冷块。积半年,儿尪羸,仅存气息"。马介甫说:"两人止此一线,杀之,将奈何?"后来杨万石在乞讨时投奔俨然成大户人家的侄儿,又讨回了小妾王氏,一家人才过上了正常人的生活,显然,是这个侄子光耀了杨家的门楣。在本篇的"异史氏曰"中,蒲松龄又进一步强调了自己的观点:男性与女性的相交或者婚姻,不是人性本质的自然要求,只是为了繁衍子孙——此顾宗祧而动念,君子所以有伉俪之求;瞻井臼而怀思,古人所以有鱼水之爱也。这真实反映了蒲松龄浓重的子嗣宗绪观念,而这样的出发点与那些歌颂男欢女爱的爱情篇章,显然相悖而不统一。

《邵九娘》中的悍妇金氏"不育,又奇妒",先是对丈夫用百金买来的妾"暴遇之",使其"经岁而死";后又变着法儿作践夫妾林氏,致使林"不堪其虐,自经死"。金氏之所以如此作为,其深层心理无非就是妾一旦有了子嗣,她在家庭的地位就会受到威胁。邵女所以肯嫁柴生,是基于柴生"亦福相,子孙必有兴者"。所以,为了子嗣,邵女宁愿忍受金氏长期的无端辱骂和鞭挞施横,即使被赤铁烙面,依然揽镜自喜:"彼烙断我晦纹矣。"后果然其子"以进士授翰""乡里荣之"。

《阎王》中李常久的嫂子也是个凶狠的河东狮,惨遭被"手足钉扉上"的惩罚,神告诉李常久,只因"三年前,汝兄妾盘肠而产,彼阴以针刺肠上,俾至今脏腑常痛。此岂有人理者!"李常久为嫂子悲哀,于是说:"便以子故宥之。归当劝悍妇改行。"

古时候,儿子不仅能决定母亲在家族中的地位,更是光耀门楣的指望,是家族兴旺的关键。在一些非常特殊的情况下,原配甚至会为夫纳妾生子,也在所不惜。

在《段氏》中儿子的作用就很大。富翁段瑞环"四十无子,妻连氏又最妒,欲买妾而不敢。私一婢,连觉之,挞婢数百,鬻诸河间栾氏之家"。连氏一直阻挠丈夫纳妾,段瑞环一天天变老,因没有儿子,竟不断遭受段家子侄的欺凌,连氏此时后悔不已,便一下子给丈夫买来两个小妾。一年过后,其中一妾生了男孩,可惜夭折。后段瑞环中风病故,侄子们竟把家里的东西甚至牛马都拿走了。后私生子段环突然出现。在连氏看来,私生子也是子,有了儿子,她理直了,气壮了,官司也打赢了,家财因而也要了回来。死时她深有感触的对女儿、媳妇说:"汝等志之,如三十不育,便典质钗珥,为夫纳妾,无子之情状实难堪也。"连氏用一生的感悟痛陈没有儿子的苦处,谆谆告诫她们,若到30岁还不生育,就应想方设法给自己的丈夫纳妾。这番感慨,鲜明地表现了古代纳妾生子的思想。所以,蒲松龄在文后禁不住大加赞赏:"连氏虽妒,而能疾转,宜天以有后伸其气也,观其慷慨激发,吁!亦杰矣!"无不强烈地反映了子嗣观念在蒲松龄心目中的重要地位！

在蒲松龄笔下，妻子不仅积极支持丈夫纳妾，甚至还会精心抚育妾生之子。《房文淑》中的落魄书生邓成德，在破庙里与名叫房文淑的鬼女相识，两个人恩恩爱爱过了六七年，终于生下个大胖小子。邓成德因原配夫人不生育，得到这个儿子自然欢喜不得。可房文淑却认为，做妾是仰人鼻息、寄人篱下，孩子是她生的，却没有必要非得养育："我不能胁肩谄笑，仰大妇眉睫，为人作乳媪，呱呱者难堪也！"于是，她神秘失踪，又奇迹般出现在邓生老家，将嗷嗷待哺的孩子托付给邓生的妻子。邓妻虽忍受着丈夫"与妻娄约，年终必返；既而数年无音，传其已死"的长期情感的煎熬，但在得到房文淑奇妙药水而有乳后，心甘情愿地哺育这个儿子。"积年余，儿益丰肥，渐学语言，爱之不啻己出，由是再醮之志已绝"。不可思议的是，因哺育妾生的儿子，邓妻竟然连再嫁的心思都打消了。

《阿英》里的阿英是只鹦鹉，曾得到甘家的养育，只因甘父开玩笑要把她许配给小儿子甘珏，她便视为正式婚约。阿英自知不能生儿育女，就帮助甘珏第二任妻子姜氏由丑变美，自己却甘于"非桃非李"的尴尬境地。嫂嫂因没有儿子，就央求阿英在自家的丫环里，物色了一个又黑又丑却有生男孩征兆的姑娘。在阿英精心调制三四天后下，丑小鸭竟蜕变成了白天鹅。

《颜氏》描绘了一个聪明美丽而又机智的女子颜氏，见丈夫屡考不中，便女扮男妆替夫考取功名。最终，为官多年的她让丈夫承了自己的官衔，自己却心甘情愿做起家庭妇女来。颜氏痛恨自己终身不孕不育，只好出钱给丈夫买了个妾，得以延续宗嗣。

《湘裙》中晏伯、晏仲，友爱敦笃。晏仲在其兄嫂相继去世后，想到的第一件事便是"生二子，则以一子为兄后"。偏偏事有不测，"甫举一男，而仲妻又死"。结果晏仲酒醉后来到阴间，领回了晏伯与妾甘氏所生的阿小以抚之，终使兄长得以延续香火。而晏仲领养阿小的初衷竟是"大哥地下有两男子，而坟墓不扫"。晏仲为兄延嗣，原来是为给哥哥扫墓、祭奠，这恰恰是中国人由来已久的重要孝行。

《珊瑚》中的珊瑚不管婆婆如何刁难暴虐自己，都能做到曲意承欢，毫无怨言，终于感化了凶悍的婆婆，最终得以善报："生三子举两进士，人以为孝友之报。"

《白于玉》篇中的吴青庵，在微寒之际受到葛太史的赏识，富贵功名，娇妻美眷，皆待科举及第便唾手可得，吴生却不幸"秋闱被黜"，但他不甘心，让太史再等他三年，自此读书更加刻苦。正当此际，巧遇仙人白于玉，惋惜吴生以宗嗣为虑俗缘未断，二人凄然话别。过了几天，白于玉邀吴生到月宫中游玩，见到了世间没有的美景佳人。吴青庵与紫衣丽人一夜绸缪之后,仙女就怀上了他们爱情的结晶,这让吴青庵以及希望有个男孩传宗接代的母亲大喜过望。广寒之游过后,等子嗣的忧虑消除了,吴青庵竟对苦苦等待他的葛太史之女说:"我不但无志于功名,兼绝情于燕好。所以不即入山者,徒以有老母在。"太史之女矢志相从,主动送上门来,吴生却反而不想要了,就是因为子嗣问题已经圆满解决的缘故。

即使相亲相爱、情真意切的夫妻,也同样超越不了子嗣的问题,妻子无子就会有愧,就会千方百计为丈夫纳妾。《林氏》中的林氏与丈夫感情极好,却因为自己不生育,不得不三番五次、费尽心思地让丈夫与丫环同房,为的是给丈夫续上戚家的香火后代。

《鬼妻》中,聂鹏云与妻子原本"鱼水甚谐",妻子死后,"坐卧悲思,忽忽若失",后来明知妻子为"鬼",仍然满足于和鬼妻之间"无异于常"的"星离月会",不提再婚的事,后来,终于被伯叔兄弟等族人逼着再娶,而逼娶的理由仍是子嗣问题。

《聊斋志异》中的好多作品,作者都要想方设法为无子嗣者"延一线之续"。

在《金永年》中,蒲松龄甚至用近乎荒唐扯淡的情节,表达子嗣的重要性:金永年82岁无子,老婆78岁,两人年龄相加都160岁的人了,忽梦神告:"本应绝嗣,念汝贸贩平准,予一子。"两个行将就木、本已绝望之人,终因善行得善报,得生一子以延嗣,以免愧对列祖列宗。对于这样有悖常理的故事,读来难免反胃不爽。

如此看来,在蒲松龄的婚恋观中,"子嗣至上"成了两性间最重要的道德标准。似乎男女间最紧要的不是两情相悦,而是能不能传宗接代,这是夫妻之间维系长期关系的鉴别标志。婚姻的实质意义,似乎不是追求幸福的完美,表达情感的愉悦,而是延续后代的殿堂,夫妻双方的义务和责任,是要把这个殿堂打扮得漂漂亮亮,以便实现光耀门楣的愿望。

综上,蒲松龄所展示的孝子形象,虽说行孝的方式方法各不相同,但都是当时养亲、敬亲、顺亲的模范。他们为了父母甘愿放弃大好的仕途,牺牲美好的爱情,忍受身体的痛楚,甚至为了孝道毫不顾惜自己的生命的可贵行持,将"孝"提升到了极其崇高的地位,充分彰显了"孝"的平凡却又伟大的人性光辉。

当然,蒲松龄笔下的孝子形象,远不止以上这几大类,还有些孝亲故事,同样惊心动魄,感人至深,令人久久难忘。

《赵城虎》写老虎在不慎误食赵城70岁老妇的独子后,知错悔改,将功赎罪的故事。作品没有详细交代老虎如何吃掉老妇独子的情景,而具体描述了"妪悲痛,几不欲活",向县衙告状,甚至"号啕不能制止"。虎自己前来,"帖耳受缚"，并主动承担起赡养老妇的责任和义务。不仅供应老妇基本的食物、金帛，以满足她通常的生活所需，甚而"奉养过子"，经常俯卧屋檐之下，给予精神上的关照、慰藉。作品尤为震撼的是，数年后，老妇死后，"虎来吼于堂中。妪素所积，绰可营葬，族人共瘗之。坟垒方成，虎骤奔来，宾客尽逃。虎直赴冢前，嗥鸣雷动，移时始去"。赵城虎的举动犹如孝子奔丧。蒲松龄把老虎塑造得如此"多具人情，和易可亲，忘为异类"，不仅比人还可亲，而且通人情，讲道理，不忘恩负义，带给我们的是去伪纯真的深深感动。

《婴宁》中的婴宁，终日似无心肝、傻笑不已，在王子服炽烈的感情面前，她故作愚痴，当王子服说出要与她"夜共枕席耳"的要求后，婴宁竟把"大哥欲我共寝"的话当着王子服的面说给母亲听，并讲出"背他人，岂得背老母，且寝处亦常事，何讳之"之类的傻话，借此表明养母在她心中无人可以替代的重要地位。行文中，笑神婴宁唯有一次"零涕""哽咽"，是为了告诉王子服："妾本狐产，临去以妾托鬼母，相依十余年，始有今日。妾又无兄弟，所恃者惟君。老母岑寂山阿，无人怜而合厝之，九泉辄为悼恨。君倘不惜烦费，使地下人消此怨恫，庶养女者不忍溺弃。"这番嘱托，情真意切，沉痛可感。为了报答鬼母的养育之恩，婴宁始终奉行着"养儿防老"的传统孝道，因而孝道至上成为她包括爱情在内的一切行动的指南。

《青娥》中的霍桓，事母至孝。母亲因思念儿媳青娥，得病不起，不思饮食，只想鱼羹。霍桓便日夜兼程，到百里之外买鱼，他的孝心，不仅感动得仙人为他治好了脚伤，而且弃绝凡尘的青娥也因此由仙界重返人间。

《侠女》中的顾生，无论发生何种情况都始终与孤苦老母相依为命，她隐姓埋名，终身不嫁，为的是奉母终老，替父报仇。

《白于玉》中的太史女，虽有婚姻之名而无婚姻之实，却一心一意为公婆供汤捧饭，甘愿做贫家女。

《青凤》中的叔父是个专横、顽固、棒打鸳鸯的封建恶势力的代表，但在他遭遇危难之际，就因抚育之恩不可忘，成为青凤力主救叔的最重要的理由。这种孝，强调的是中国传统的"受人滴水之恩，当思涌泉相报"的朴素道义。

《聂小倩》中的聂小倩"朝旦朝母捧匜沃盥，下堂操作无不曲承母志"，以及《鸦头》《晚霞》《小翠》等篇章无不涉及孝亲的内容，不再一一赘述。

总之，蒲松龄看重的孝道孝行，能够以生动鲜明的艺术形象和丰富多彩的生活画面来体现，极具艺术感染力，给人以强烈的启迪和反省意义：行孝不是一句空话，说说而已，也不是一种姿态，表表就行。行孝是一种实实在在、别无选择的艰巨行动，应该贯穿在生活的方方面面。不管是常态，还是非常态，儿女孝敬父母，应该成为雷打不动、经年不变的信条。

第三节 尽悌是孝亲的重要一环

古人云:父为天,母为地,兄弟为手足。

在中国传统孝文化中,孝和悌往往是连在一起的,二者共同构成了中国传统伦理道德的基本范畴。孝悌在孔子的伦理思想中,更是占据了非常重要的地位:"弟子入则孝,出则悌;谨而信,泛爱众而亲人;行有余力,则以学文。"年轻人要孝顺父母,常怀敬长爱小之心,则敬亲爱亲之情就会油然而生。孔子认为"孝悌"是一个人从小就应具备的基本品德,各种人的仁爱之心都是由孝悌推衍出来的。

中国传统的家庭伦理关系,概括说来主要有三种关系,即父子关系、兄弟关系和夫妇关系。《颜氏家训·兄弟篇》云:"有夫妇而后有父子,有父子而后有兄弟。一家之亲,此三而已矣。自兹以后,至于九族,皆本于三亲焉。"为了维护一个家族的完整、和谐与正常运转,必须建立一套价值规则来规范家庭成员的行为,这套价值规则主要包括孝道、悌德。这就要求父子、兄弟、夫妻之间要孝悌爱敬,推而广之,对家族以外的人也需以这种同理心相待,家族观念向外扩充即形成社会伦理。

家庭伦理关系中,有纵向的上下辈关系,有横向的夫妻、兄弟姐妹之间的平等关系。其中,孝道协调代与代之间的关系,悌德协调同辈之间的关系。孝悌之道,分别构成了中国文化时间上的延续性和空间上的联系性:"孝是时间性的'人道之直道',悌是空间性的'人道之横道',孝悌之心便是人道之核心。"一个和睦幸福的家庭,其重要的标尺是:父慈、子孝、兄友、弟恭。即子女和父母互爱,叫慈孝,慈向下,孝自上,这是自下而上的纵向的爱。横向的爱是悌,是由此及彼的友恭兄弟,它要求兄弟之间相亲相爱,互帮互助。家庭成员之间,只有恪守孝悌之道,才能出现"父慈子孝全家福,兄友弟恭满堂春"的和美局面。

曾国藩的家教家风广为世人盛赞传诵,他家教理论的核心思想除了"八本"外,还有"四字要诀"(勤俭孝友)以及"三致祥"(孝致祥,勤致祥,恕致祥)成为他维持家族和睦、安定幸福的重要因素。曾国藩告诫家人要孝敬父母长辈,友爱兄弟姐妹。他不仅是个孝亲的典范,还是个尽悌的楷模。对弟弟们恪尽兄长之责,并认为这也是在尽孝道,能够教导诸弟的德业进一分,自己的孝行就有了一分。若全不能教弟成名,自己则为大不孝了。曾国藩有一条原则:

兄弟之间应互谦互让,互帮互助,彼此发展,共同进步。的确,曾国藩是一个非常称职的哥哥,他先后让几个弟弟到京城读书,为他们积极创造科考的条件。他认为:作为人子,如果使父母觉得自己好,其他的兄弟都比不上自己,这便是不孝;如果使亲戚称赞自己好,其他的兄弟都不如自己,这便是不悌。兄弟之间能够做到互相友爱,和睦相处,方可兴家望族。他的家族数代人才兴盛,便是明证。

在感受家庭和谐、家庭伦理的重要性这一点上,蒲松龄与曾国藩一样,也有深切的感受与刻骨的体验,他始终恪守着中国传统的家庭伦理,不仅能够做到对父母尽孝,对兄弟亦能尽悌,并把尽悌当成孝亲的一条重要途径。蒲松龄兄弟四人,分别是兆专、柏龄、松龄、鹤龄。四人中,大哥虽是庶出,但并未影响他们之间的手足深情。18岁时,蒲松龄与同邑刘孺人结婚,刘氏贤惠木讷,持家安贫,颇受公婆喜爱,却因此招致妯娌的愤怨,矛盾愈演愈烈,家庭渐趋冰炭,进而造成家庭危机,终致析箸之变。在处理兄弟关系上,蒲松龄做到了不计得失,处处忍让,顾全大局。在分家过程中,兄弟皆得其所愿,他却遭遇不公,唯分有薄田20亩(1.33公顷)、旷无四壁的老屋三间。这一变故,在蒲松龄心中不免会留下阴影和伤痛,但是,毕竟血浓于水,他仍笃于兄弟亲情,既无抱怨,也不记恨。随着时间的推移,亲情逐渐冲淡了曾经的隔膜,兄弟来往也逐渐密切起来。正所谓"兄弟本是同根生,莫因小事起争端""兄弟和,其中自乐;子孙贤,此外何求"。

可见,一旦家庭产生纠纷,特别是弟兄之间因经济利益有了缝隙而无法和睦相处的时候,孝道悌德的可贵品质就彰显出来。

骨肉天亲,同枝连枝,如此悌德在蒲松龄的诗中表现突出。

蒲松龄写给四弟鹤龄的杂言古诗《示弟》,创作于康熙十二年(1673)夏天。这一年天旱少雨,庄稼歉收,蒲松龄曾写《灾民谣》《午中饭》等反映天旱绝收的诗,其中《午中饭》描写道:

午食无米煮麦粥,沸汤灼人汗簌簌。儿童不解燠与寒,蚁聚喧哗满堂屋:长男挥勺鸣鼎铛,狼藉流饮声桭桭;中男尚无力,携盘觅箸相叫争;小男始学步,翻盆倒盏如饿鹰。弱女踟蹰望颜色,老夫感此心荧荧。

家里已无隔夜的粮食,只能煮点麦粥充饥,几个饥肠辘辘的孩子你争我抢,蒲松龄看了好不悲伤、凄楚,可见生活的困顿不堪。与三位兄长相比,蒲鹤龄没有功名,徭役赋税尤其沉重,他本人又较为懒惰,不勤于农事,生活自然会更加窘困。大灾之年,同胞兄弟应该相互救助,但此时蒲松龄家的生活也举步维艰,实在没有能力去救助四弟,他只好写《示弟》诗诉说衷肠,表明无力伸以援手的诚心和无奈。

六月不雨农人忧,骄花健草尽白头。我方书空心如刬,闻尔萧条愁不卧。数年禾麦微登收,家中百口犹啼饿。尔兄一女三男儿,大者争食小叫饥。笔耘舌耨易斗粟,凶年行藏安可知?伯兄衣不具,仲兄饭不足;踌躇兄弟间,倾覆何能顾?吾家家道之落寞,如登危山悬高索:手不敢移,足不敢蹐,稍稍不矜持,下陨无底壑!况尔娇惰懒耕耘,一遇凶荒何忍云!

"家有隔夜粮,心里不发慌。"这首诗形象描述了旱灾之年,蒲松龄和两个哥哥因家中人口众多、衣食不继而愁苦不安的情状,抒发了无暇照顾四弟的苦衷、愧疚。在诗末,蒲松龄特别以兄长的口吻,批评了鹤龄懒于耕耘的娇惰习性,尽上了对弟弟的教育规劝之责。

康熙三十一年(1692),蒲松龄53岁,庶出的长兄兆专不幸去世。两人虽非一母同胞,但感情甚厚,亲密无间。悲痛欲绝的蒲松龄,一连写了三首诗,表现出对人生无常的感慨怀想,表达了怀念追悼兄长之情,抒写了死者带给生者的巨大伤痛。

除夕殷殷话语长,谁知回首变沧桑!謦欬不闻真似梦,酸辛频咽已沾裳。系念从来惟手足,伤心宁复过存亡!归来独向斋头坐,仿佛履声到草堂。

长别人生终须有,雁行生折最伤神!忽看里社余双泪,每值团圞少一人。恶业惨酷惟后死,悲心感切在终贫。年年聚首无多日,悔向天涯寄此身!

——《哭兄》

诗中,蒲松龄感慨人家兄弟俱在,佳节团聚,感念自己兄弟凋零,阴阳隔绝,悲痛满怀。

昔日我归家,解装见兄来;今日我归家,寂寂见空斋。谓不知我至,惆怅自疑猜。或云逝不返,泪落湿黄埃。除夕话绵绵,灯昏剪为煤。可怜七情躯,一死如土灰。我今五十余,老病恒交催。视息能几时,而不从兄埋?人间有生乐,地下无死哀。死后能相聚,何必讳夜台!

——《哭兄,又》

写尽兄长去世给自己带来的肝肠寸断之痛。

聚时未觉乐,死后何惨伤!相聚五十年,此日为散场。死者复何知?生者摧肝肠。乃知人世间,存者不如亡。中夜独挑灯,愁灯暗无光。俯仰念生平,气结填胸吭。搁笔随断漏,涕堕不成章。

——《夜作祭兄文,悲不成寐》

这首诗形象描述了蒲松龄要为长兄写祭文,却由于终夜悲恸,不能成篇的悲苦情状。

以上追悼长兄的三首诗,言辞哀婉,情感凄苦,催人泪下,令人动容,可见蒲松龄与大哥的感情非同寻常,笃于其他几个兄弟。

康熙四十八年(1709),蒲松龄70岁,二兄柏龄不幸病逝。柏龄弥留之际,神志恍惚,自言到了一个地方,大门上有一块匾额,写着三个大字:"黄桑驿"(坟茔的代称)。有一个人对他说,你在这里住下来吧。二哥走到里面一看,一望无际,只有几间房屋罢了。蒲松龄想到二兄临终的胡言乱语,难抑悲痛,特作绝句《二兄新甫病甚,弥留自言:适至一处,门额一扁,大书黄桑驿。或谓余当居此。入视之,一望无际,止寥寥数屋耳。作此焚之》,以示祭奠。

> 兄弟年来鬓发苍,不曾三夜语连床。黄桑驿里能相见,别日无多聚日长。
> 百亩广庭院不分,索居应复念离群。驿中如许闲田地,烦搆三楹待卯君。

古稀之年的蒲松龄,年老多病,行动不便,身体每况愈下,他自知与兄长相聚的日子不会远了,所以哀伤痛楚之余,倒有了几分历尽世事沧桑以后的达观,对死亡多了几多淡定和从容的感悟。

这些诗篇,充分佐证了蒲松龄并没有因为分家对弟兄们怀恨在心,而是一如既往地惦念着关爱着自己的同胞,正如蒲箬在《祭父文》中所写的那样:

> 至兄弟之情,老而弥笃。大伯早世,悲痛欲绝;己丑岁,二伯又故,我父作诗焚之,其词怆恻,见者无不感泣。呜呼!此可以知兄弟之情矣。

正是基于兄弟之间纯粹的友爱之情,所以在《聊斋志异》中,蒲松龄不但非常重视孝道的弘扬,而且也极其看重悌德的宣教。除《二商》《胡四娘》等极少数作品反映同根相煎、兄弟失和,表现"贫穷则父母不子,富贵则亲戚畏惧"的世态炎凉之外,许多篇章都彰显了兄弟之间的手足情深。

《张诚》篇向我们真情讲述了一个令鬼神为之动容的兄友弟恭的故事。张讷、张诚是同父异母的兄弟,张讷的母亲早死,父亲又娶继母牛氏,生下张诚。牛氏生性凶悍,经常虐待张讷。张诚非常孝顺,并且对哥哥张讷恭敬有加。他看到母亲百般刁难、肆意虐待哥哥,虽然左右不了母亲的举止行为,却能够经常进行规劝,可是牛氏却置若罔闻。牛氏不给张讷饭吃,张诚就经常从家里偷饭给哥哥。牛氏让张讷上山打柴,张诚就从学堂里偷偷跑出来给哥哥帮工,尽自己最大所能,关心帮助可怜兮兮的哥哥。张讷对弟弟也倍加护佑,为了不让弟弟因偷饭给自己而遭受母亲的责备,他宁愿忍饥挨饿;为了阻止弟弟上山砍柴受苦,他竟以死相阻。在弟弟为帮自己砍柴不幸被老虎衔去之后,他因自责而自杀。被人救过来之后,受到神人的指示,知道弟弟还活在人世,他毅然踏上了一条漫漫无期的寻弟之路。寻亲过程中他风餐露宿,甚至不惜沿街乞讨。几经千辛万苦,历时近四年之久,终于兄弟喜得重逢,还意外找到了早年失散的大哥。但明伦为此评说道：

  一篇孝友传，事奇文奇。三复之，可以感人性情；揣摩之，可以化人文笔。

  《向杲》是一个弟报兄仇的故事，特别是利用虎的形象，为孤弱者伸张正义的情节让人刻骨铭心。向杲与同父异母的哥哥向晟一向感情笃厚。向晟和一个名叫波斯的娼妓交好，并秘订婚约。偏有个庄公子，也对波斯示好，并想赎波斯为妾。在波斯的极力提议下，老鸨答应把她卖给向晟，庄公子听说后，先是大肆辱骂向晟，最后竟把向晟活活打死。向杲哀伤气愤，递上状子告状庄公子。可庄公子早已买通官府，使向家无法申冤昭雪，向杲隐忿中结，莫可控诉。

  心中窝火的向杲，就想在路上把庄公子杀死。每天怀揣利刃埋伏在山路草莽之中，时间一长，复仇的计划渐渐泄露。庄公子外出戒备甚严，并高价买来勇士焦桐做保镖。一天，向杲刚埋伏下，突降暴雨，他只好躲进山神祠中。祠中道士见向杲衣服湿透，就把法袍借给他穿。向杲换上衣服，突然像条狗那样蹲在地上："忍冻蹲若犬，自视则毛革顿生，身化为虎。"向杲变成老虎后，下山潜伏在老地方，看见自己的尸体正卧在丛莽中，方悟自己前身已死。过了一天，庄公子经过此地，老虎猛然奔出，一口咬下他的首级。焦桐忙对老虎射箭，老虎倒地而死。

  故事本身很是震撼人心。向杲给兄长报仇，面临着许多艰难和凶险。庄公子防备森严，致使向杲无计可施。向杲在守候过程中，尽管遭遇暴雨和冰雹，受尽冻寒之苦。但困难再大，始终没有动摇他为兄报仇的坚强意志，只要一息尚存，也要义无反顾地为哥哥洗冤雪恨。有意味的是，向杲孤注一掷，勇杀仇敌，却让蒲松龄意外地安排了一个杀人而不被治罪的喜剧结局，读者读之，乐哉；想必作者创作时，也不免快哉。

  《斫蟒》同样也表现了感人至深的手足深情。有胡姓俩兄弟去深山砍柴，突然出现的一条蟒蛇，哥哥不幸被死死咬住。弟弟见状，刚开始时吓得想跑，但是看到哥哥被吞吃，禁不住大怒，立即取出砍柴的斧头猛击蟒蛇头部。可是蟒蛇并没有因此把哥哥吐出，反而是越吞越深，眼看哥哥的整个身体就被吞没了，弟弟情急之下，就用双手紧紧抓住哥哥还露在外边的两条腿，拼命往外拽，没想到竟然把哥哥救了出来。欣喜之余弟弟立马背起奄奄一息的哥哥飞快往家赶，经过及时救治，哥哥竟奇迹般活了过来。

  故事短小却一样惊心动魄，难忘从巨蟒口中舍命救出哥哥性命的胡家小弟，他的勇敢机智，他的临危不乱，向我们展示了在大难临头之际兄弟患难与共的骨肉深情。正如蒲松龄在文后的感慨："蟒不为害，乃德义所感。"

  《湘裙》中也有一对兄友弟恭的形象。晏仲因兄嫂去世早、无子，便想生两个儿子过继给哥哥一个。但是生育一男之后，妻子不幸去世。晏仲酒醉来到阴间，便将兄长之子带回阳间，精心养育，终于使兄长阳嗣绝而阴嗣继。后晏仲因色鬼所惑而死，晏伯闻之，想方设法使晏仲死而复活。对这种兄爱弟恭之举，蒲松龄禁不住赞美道："天下之友爱如仲，几人哉！宜其不死而益之以年也……"

以上这些故事中，兄弟患难与共，手足同气连枝，彰显的是人世间至真至善至美的品行，表现的是人性中最朴素却感人心怀的崇高的一面，是蒲松龄对兄弟关系最完美、最圆满的解读。

聊斋故事中有一个著名的巾帼压倒须眉的故事叫《仇大娘》，描写出阁的女儿发愤为异母兄弟重整家业的事迹。仇仲之女仇大娘"嫁于远郡，性刚猛，每归宁，馈赠不满其志，辄忤逆父母，往往以愤去，仲以是怒恶之"。这么一个性情暴烈，不甚柔顺，且深得父亲厌恶的女子，却在父亲被俘，继母病重，弟弟孤弱，屡遭仇家劫难之时，义无反顾，挺身而出，独撑危局。她投递诉状，状告强贼，奔走相告，追寻仇家，奉养继母，教养弟弟。几经努力，终于重振仇家家业。当别人疑惑地问她："异母兄弟，何遂关切如此？"大娘慨然答曰："知有母而不知有父者，惟禽兽如此耳，岂以人而效之？"听听，如此掷地有声的气势，有谁还会坚持女子不如男，女人的名字是弱者呢？"知有母而不知有父，缙绅家且多效之，奈何两间奇气，独得之妇人乎？"也许正是仇大娘身上这股女中伟丈夫之奇气，引得伟人周恩来对这个作品喜欢备至，早年他曾编演过一个南开新剧《仇大娘》，该剧现有周恩来编纂整理的《〈仇大娘〉天然剧内容详志》传世。

在蒲松龄表现手足之情的故事中，《曾友于》也反映了同胞和睦相处的可贵，所不同的是，这个故事表现了嫡庶兄弟之间，由于财产、名分等种种原因所带来的诸多摩擦和矛盾，故事情节很切合现实生活，免不了让人在唏嘘感叹、掩卷沉思之余，产生一种挥之不去的遗憾和面对人性深处劣根性的沉重。

曾翁原配妻子生子曾成，长到七八岁时，母子二人双双被强盗掳去。曾翁续娶后，生了曾孝、曾忠、曾信，妾又生了曾悌、曾仁、曾义。以曾孝为代表的三兄弟自恃嫡出，自私狭隘，傲慢跋扈，并结成帮派，对曾悌等庶出的三兄弟鄙视挑衅，无事生非，不断破坏家风，终尝恶果。曾悌，一个集孝悌美德于一身的典型代表，他既不偏袒弟弟的过错，也不助长哥哥的凶暴，而是屡屡用宽厚仁义，忍耐慈爱，化解了各种矛盾冲突，终于感化了无德暴戾的曾孝、曾忠、曾信："友于孝友，遂使兄弟阋墙，化为雍睦。""观之曾友于，可见天下无不可化之人。"

几经波折，曾家最终得以兄弟友爱，孝敬父母，举家和睦。

当然，这个故事或许还给人这样的启示，恶人在经历了一系列的罪恶之后，通过道德上的不断洗礼，内心加以痛苦地蜕变，最终出恶人成为善人，表现了给浪子回头、改恶从善机会的含义,阐释了作者扬善惩恶、善终究战胜恶的理想和信念。

就这样,蒲松龄通过《张诚》《向杲》《斫蟒》《湘裙》等作品,用动情的文字,讴歌了人性中最温馨的血脉亲情——这一现实生活基础上盛开的美丽的人伦之花,凸显出一种至善至美的兄弟友悌之情,诠释了超越于封建伦理道德的最真实、最圆满的人性美。在这些故事中,兄弟之间相亲相爱,共同支撑危局,甚至为了兄弟竟能置自己的生命于不顾。兄弟之间的感情,竟能让人用生命来证实,可见蒲松龄对兄弟之义的向往与赞赏。

当然,曾孝、曾忠、曾信等兄弟利益相争、同胞相残的形象,也给人留下了深刻印象,对现实生活中兄弟失和的不良现象起到了强烈的震慑作用。

聊斋故事中,因孝悌之源产生了太多善有善报、恶有恶报的"大团圆"结局,可以看出,作者把人性中最普通的孝悌放到了何等的高度加以评判。

父母之爱和手足之情,是一个人灵魂深处永久温馨的家园,也许这正是蒲松龄最真实的人生理想。

第四节　罪莫大于不孝

人类在漫长的进化过程中,每个个体具备的生命属性在幼年和晚年时期是十分脆弱的,因而育幼养老就成为家庭成员的主要责任和义务。幼有所育,老有所养,既是缓解社会矛盾并维护社会秩序的一种有效方略,也是一种最原始的社会保障传统。《周礼·地官司徒》中提出"六养万民"之说:"一曰慈幼,二曰养老,三曰赈穷,四曰恤贫,五曰宽疾,六曰安富。"《管子·入国》中也提出"九惠之教"的概念:"老老、慈幼、恤孤、养疾、合独、问病、通穷、赈困、接绝。"无论是"六养"还是"九惠",都把"养老"和"慈幼"放在了首位。

人在幼年的时候,生命能力弱小,需要父母无微不至的关怀。当他长大以后,父母则开始年老体衰,行动不便,需要得到子女的护佑、照顾,这是人类区别与大多数动物的根本。

为人父母当慈,为人子女应孝,父母养子女叫做"养",子女养父母也叫做"养"。前者抚养成人,后者赡养终老,这叫天经地义。《史记》中说:"夫天者,人之始也;父母者,人之本也。人穷则返本,故劳苦倦极,未尝不呼天也;疾痛惨怛,未尝不呼父母也。"父母是我们的生命之源,是我们的根系所在,一个人本事再大,官职再高,也不能忘本。正如一首诗中写道:"父母恩情似海深,人生莫忘父母恩。生儿育女循环理,世代相传自古今。"

《孟子·离娄下》载:"世俗所谓不孝者五:惰其四支,不顾父母之养,一不孝也;博奕好饮酒,不顾父母之养,二不孝也;好货财,私妻子,不顾父母之养,三不孝也;从耳目之欲,以为父母戮,四不孝也;好勇斗狠,以危父母,五不孝也。"孟子认为,为人子女的根本是,在家应好好奉养父母,在外不连累、不辱及自己的父母。世俗中所说的五种不孝行为中,竟有三种是因为"不顾父母之养"而被列入的。所以说,知恩报恩的"反哺"行为,也就必然成为孝道伦理最为深刻的社会依据,是为人子女必须遵从的社会规范。如若违反了这些原则,必将受到社会的谴责、舆论的声讨。

在古代,对不孝子女的惩戒是相当严厉的。在林林总总的罪名中,不孝是最严重的一种犯罪。《孝经·五刑》记载:"五刑之属三千,而罪莫大于不孝。要君者无上,非圣人者无法,非孝者无亲。此大乱之道也。"古代有五种刑法:① 墨:在额头上刺字,然后涂以墨色;② 劓:割掉鼻子;③ 剕:砍断脚;④ 宫:割掉男女生殖器,使其不能再有后代;⑤ 大辟:处死。孔子认为,可以判处这五种极刑的罪大约有3000项,在3000项罪名中,最大的罪行莫过于对父母的不孝敬了。不孝是罪中之最,是十恶之一,不守孝道的人就是不把父母当作自己的亲人,这和以暴力挟持君主的行为,反对圣贤明道的做法一样,是促成大乱的根源所在。

所以,历朝历代都强调不孝要依法论罪,并对不孝的罪行做了种种具体的规定。据载,战国时已出现了因不孝可被处死刑的案例。秦律中规定:子女如告父母,司法机关一律不得受理。同样的打架犯罪,如果是子女对亲长的,要格外严判。秦始皇遗诏被赵高极力怂恿的秦二世肆意篡改,借口便是"扶苏为人子不孝,其赐剑以自裁"。胡亥加害扶苏,可以网罗无数条理由,但他却拿出最致命的一条"不孝"罪而加以污蔑。

《唐律》中对不孝罪更是做出了非常明确的规定,诸如:检举告发祖父母、父母犯罪行为的;骂祖父母、父母的;背地里咒骂祖父母、父母的;祖父母、父母生存期间自己另立户口、私攒钱财的;对祖父母、父母不尽最大能力奉养,使其得不到生活满足的;父母丧事期间自己娶妻或出嫁的;父母丧事期间听音乐、看戏的;父母丧事期间脱掉丧服穿红挂绿的;隐匿祖父母、父母死亡消息,不发讣告、不举办丧事的;祖父母、父母未死谎报死亡的等10种情况,都属于不孝的犯罪行为,都应受到严厉的惩罚。甚而,无论什么情况下殴打父母皆处死刑,杀父母者以腰斩论处。甚至居父母丧,若与人通奸者也处死刑等。

对中国传统孝道文化极其尊崇的蒲松龄,借助境况各异却恪守孝道的众多孝子贤妇形象,大力弘扬传统孝道,积极歌颂"善莫大于孝"的传统美德,同时,也非常重视用因不孝遭到戏弄和惩罚的反面例子来教化民众,从而不惜笔墨,毫不留情地谴责"恶之极不孝"的诸多丑行败德。通过一系列人物形象的塑造,鲜明表达自己的观点:孝顺父母为人世间最大的功德,做人的第一品德,不孝顺父母是世上最损福报的事情。一个人连自己的父母都不孝、不敬、不爱,何谈爱他人、爱社会？不孝之人是难以立足于社会的,即使他在社会上能够立足,也绝对不会有好的口碑。大凡不孝父母的忤逆子女,大都没有好结果。通过正反两方面的例子,积极宣扬孝亲之道。

正是从这样的观念出发,蒲松龄才把孝与不孝,作为对世人褒贬毁誉的一个重要的道德标准来判断。更为重要的是,他能以一颗博大的孝心来宽容世事人情,争取最大限度地以孝德去感化那些尚未丧尽天良之人。

在中国,大多数父母与子女之间会有一条不成文的规则:父养子小,子养父老。但在现实社会中,却有太多父养子小而子不养父老的现象。康熙五十年(1711),蒲松龄根据亲眼目睹的子孙不赡养老人的现象,愤然写下诗歌《老翁行》:

老翁行年八旬余,耳聋目暗牙齿无。朝夕冷暖须奉养,一孙一子皆匹夫!知养妻孥不养老,分养犹争月尽小。翁媪蹒跚来此家,此家不纳仍喧哗;及到彼家复如此,嗷嗷饿眼生空花。破帽无檐垂败絮,袜履皆穿足趾露;严冬犹服夏时衣,如丐何往趁食去?三作三愒到儿门,儿家残汁无余温。鳏釜当门风如剪,十指僵直战坠碗。归来破屋如丘墟,土茎寒衾三尺短。子舍围炉笑语欢,谁念老翁寒不眠!早知枭鸟仇相向,堕地一啼置隘巷!

一个八旬老人,因为儿孙不愿尽奉养之道,以致饥寒交迫,被逼流落街头。此诗真实、形象地概括了农村中广大老人孤苦无靠,老无所依的凄惨境况和冷酷现实。也许,蒲松龄感觉到一首诗尚不足以表达尽对不孝之举的无比愤怒和强烈谴责,于是根据此诗,他又衍生出一个俚曲作品,这就是家喻户晓的《墙头记》。

《墙头记》中的张老汉是一个"走南傍北"的木匠,通过拼命挣钱、省吃俭用攒下了一份家产。不幸的是,他有两个混蛋儿子:刁钻贪婪的大怪,虚伪奸猾的二怪。由于妻子早亡,故张老汉对两个儿子百般疼爱,万千娇惯,辛辛苦苦为他们娶上了媳妇。正所谓"养子容易教子难",张老汉万没料到的是,自己年老体弱、失去劳动能力以后,两个儿子却不问饥寒,互相推诿,像皮球一样把他踢来荡去,最后竟然想出将八旬有余的父亲置于墙头之上的损招,让其活活受罪。"养儿养女苦经营,乱叫爹娘似有情;老来衰残无挣养,无人复念老苍生。"张老汉的好友王银匠得知他的悲惨遭遇后,就利用大怪和二怪夫妇视财如命的本性,趁机教训一下两个不孝子,以让他们好好孝敬老父。于是,王银匠对大怪、二怪说,当年张木匠在他的炉子上化了许多银子,制造张老汉很有钱财的假象。两个忤逆儿子和儿媳竟误以为真,一霎间就变成了孝子贤妇,争先恐后地向父亲大献殷勤,千方百计地想把老爹弄到自己家中赡养,从而上演了一出前所未有的"争爹大战"。最终,张老汉安度了晚年,并得以寿终。最终,不孝之人受到了应有的惩罚:大怪、二怪每人三十大板,两个暴虐的儿媳妇每人一拶子,一百撺。耐人寻味的是,当大怪受刑后让自己的儿子为他擦拭腿上的血迹时,不料儿子竟然顶撞说:"俺不,怪脏的。""俺爷爷长疮霎,教你给他看看,你就嫌脏,正眼不理么。"上行下效,不孝子的儿子因为耳濡目染,小小年纪竟染上了不孝父母的恶习。可悲啊,不孝子终将为自己的不孝而自食其果,表现出作者从推己及人的人性关怀角度,从而达到劝恶扬善的最终目的。

《墙头记》以张老汉的孤弱无依,引发人们固有的同情心,无情鞭挞了只认钱不认爹的丧尽天良之举,辛辣讽刺了弃老不养的不孝恶行,具有强烈的教化之效,很有点现代小品的麻辣风味。

蒲松龄对虐吃虐穿不能满足父母基本温饱的不孝者从来不姑息、不留情,往往会发挥充分的想象,极尽恐吓、警告之能事,让他们终得恶报。

《杜小雷》故事精短,发人深省。杜小雷事母至孝,虽一贫如洗,但并不缺少供给母亲甘甜肥美的食物。有一天,他临时有事要离家外出,买好了肉便交给妻子,让她给母亲做水饺。忤逆不淑的妻子却欺负杜母双目失明,切肉的时候竟然把屎壳郎掺杂其中。作者对这种虐亲的非人性行为深恶痛绝,结果,就用生花妙笔把杜妻变成一头猪。杜妻不但变顾了猪,并且还被县令抓去游街示众,让其得到应有的报应:"邑宰闻之,縶去,使游四门,以戒来者。"

人变猪,虽说现实生活中不可能发生,但具有极其强烈的警世作用:"肉杂蜣螂,即与他人食之,已有豕心;况以进双盲之姑,非豕而何!人之所欲,天必从之。"

《马介甫》中杨万石之妻尹氏,是个典型的丧尽天良的冷血动物。尹氏赶走了公爹,逼死了兄弟,连怀胎五月的妾王氏她都要肆意殴打,以致堕胎。把杨家折腾得家破人亡之后,尹氏终于恶有恶报,被一屠夫"以钱三百货去",屠户"以屠刀孔其股,穿以毛绠,悬梁上",邻人为其解缆,结果"一抽则呼痛之声,震动四邻"。因受不了屠夫的百般折磨,尹氏"欲自经,缏弱不得死,屠益恶之",最终"妇为里人所唾弃,久无所归,依群乞以食"。安然忍受悍妇为非作歹、虐待老父的杨万石也遭到了乡人的唾弃,后来连功名也被提学使以不孝之名罢黜。故事结尾写王氏在杨万石侄子喜儿中孝廉后,被接来与丈夫团圆,转为正妻,而尹氏则在受尽后夫的暴虐后反遭王氏取笑。

《马介甫》辛辣讽刺了虐亲不孝的劣行败德,深刻批判了对父母"生不能养,死不能葬"的丑恶现象。

《珊瑚》中二成的媳妇臧姑凶悍蛮横,性情骄横,乖戾暴虐,言语尖刻,不讲情理;使唤婆婆如同奴婢,辱骂嘲讽全家,搞得鸡犬不宁。悍虐的臧姑在遭受了官司不断、被严刑拷打等一系列报应之后,老天还托梦对其进行警告。虽然终于改悔的臧姑在沈氏去世的时候哭得死去活来,伤痛竟到滴水不进的程度,但蒲松龄还是让她受到了封建社会最残酷的惩罚:断绝子嗣。在两个儿子相继死去之后,臧姑又生了十胎,竟然一个也没活,最后只得过继了哥哥的儿子为子。让人读来大呼"痛快"的同时,也难免生出些许凄凉和酸楚。

《崔猛》一文中的孝子崔猛隔壁有个凶悍的泼妇,每天虐待婆婆,不让婆婆吃饭,婆婆饿得快要死了,丈夫偷偷给了点儿东西吃,不料泼妇知道后,竟把丈夫骂了个狗血喷头。崔猛愤怒之下,禁不住跳过墙去,把泼妇的鼻子、耳朵和唇舌全部割掉,并将其凌迟处死。悍妇终因恶行劣迹,遭受了最惨烈的报应。

从古到今,特别是物质相对比较匮乏的时期,在家庭养老方面,父母在物质上的诉求是主要的,特别是丧失劳动能力而又没有任何经济来源的父母,只要能求得温饱就已经心满意足。正如孔子、曾子、孟子所主张的那样,行孝最基本的要求、最起码的义务是对父母的物质赡养,而这种只满足父母在物质生活方面需要的孝,是最低层次最下等的,称为小孝。可悲的是,即便是对父母满足物质上的需求这样的小孝,大怪、二怪夫妇,杜小雷之妻,尹氏,臧姑之流尚且都达不到,更谈不上发自内心的敬养了。

再者,在传统中国,女性出嫁之后,丈夫父母的重要性往往要胜过自身的父母。因此,违背公婆,得不到公婆欢心的所谓"逆德",常常被认为是很严重的事情,至于像杜小雷之妻、尹氏、臧姑等残忍虐待公婆的丑恶行径,毫无天良可言,简直就是罪不可赦了。

更有甚者,《聊斋志异》中还有些令人发指的不孝之举。《单父宰》讲述青州民某,五旬时续弦。两个儿子唯恐继母将来再育,分财产时自己所得份额就会变小,就在父亲新婚醉酒之时,竟合谋把父亲给骗了:"父觉,托病不言,久之,创渐平。忽入室,刀缝绽裂,血溢不止,寻毙。妻知其故,讼于官。官械其子,果伏。"最后两个极端不孝、手段极其恶劣残忍的儿子,当然也难逃被诛的命运。"逆子可诛",大快人心。

《单父宰》的故事不足百字,却触目惊心,发人深省:在家庭关系上,当经济利益发生冲突时,亲情就会受到威胁。欲望被利益裹挟时,就会引发家庭"大地震",亲情就会遭遇拷问。

《佟客》中的董生,平时"好击剑,每慷慨自负",并自许为"忠臣孝子"。一天夜深人静的时候,董生忽然听到隔院传出吵吵嚷嚷的声音。他起先很惊疑,便贴近墙壁仔细倾听,只听见有人气冲冲地对他父亲嚷道:"叫你儿子赶快出来受刑,便饶你一条命。"相继又传来父亲惨遭鞭打时不断发出的呻吟声。董生禁不住"捉戈欲往",但在佟客阻止,妻子牵衣哭劝之后,奋勇救父的念头便马上打消了。他只是到楼上"寻弓觅矢,以备盗攻",做出准备抵御强盗进攻的架势,完全不管其父的死活。后来方知这是佟客变幻的假象,并没有盗贼潜入拷打父亲之事发生。可恰恰是佟客制造的这个幻象,揭穿了董生危难之际竟置父亲生死于不顾的不孝子的真实嘴脸。

《堪舆》中的宋侍郎善于看风水,他的两个儿子对此也都很在行。宋公死后,两个儿子各自为父亲找好墓地,而且都认为自己找的墓地风水是最好的。二者互不相让的结果是,父亲的灵柩被扔在路边迟迟未葬。直至俩兄弟相继去世,妯娌俩重勘墓地,找到一处风水宝地,宋公才得以下葬。

中国自古到今,非常讲究"死者为大""入土为安",极其看重"丧葬"。蒲松龄对俩兄弟"负气相争,委柩路侧"的行为非常鄙夷,认为他们不讲孝道,还不如"闺中宛若"。

《胡四娘》中胡四娘的父亲胡银台死了以后,儿子们只顾着钩心斗角,一味地争钱夺财,竟置父亲的灵柩于不顾。长期的风吹日晒雨淋,几年之后,棺材就全部朽坏烂掉。最后还是四娘的丈夫程孝思看到这种状况,心中很是悲愤,没和胡家兄弟们商量,自己定下日子把岳父安葬了。

通过《堪舆》和《胡四娘》的故事,蒲松龄对漠视老人安葬的不孝行径进行了严正的批评和无情的揭露。

第五节 蒲松龄对儒圣孝文化的继承

孝是中国传统文化的核心内容和重要链条,是儒家仁爱伦理的底线和根本。可以说,儒家所推崇的"孝""悌"等道德准则,是维系各个朝代世道人心的共同规范,在中国传统的道德规范体系中占据非常重要的席位。孝作为一种古老的文化传统,在中国的历史长河中,大浪淘沙地积淀出独具特色的丰富内涵,不断影响、制约着世世代代的读书人。蒲松龄深受儒家文化影响,对其孝道文化自然有一种不可推卸的传承责任。

蒲松龄从传统观念出发,在不同时期、不同文体的创作中,劝人以教化的作品占据相当大的比重,反反复复地申述其对儒家孝道地推崇和承继。无论是倾注毕生精力、采用高雅文学形式描绘的《聊斋志异》,还是通俗鄙俚的杂曲,游离于文学之外的杂著创作,都在或明显或朦胧地传达着"百善孝为先"的主题意识,强烈表达兄友弟恭的人性之美。通过塑造一个个感人至深的孝子贤妇,以及无论顺境还是逆境都极力维护手足深情的弟兄形象,使自己的孝悌主张得以更为广泛的传播,充分表现了他"救世婆心"的深厚情愫。据不完全统计,仅就蒲松龄的文学作品而言,有关孝悌主题的名篇佳作,就不下50余篇:《考城隍》《席方平》《商三官》《水莽草》《钟生》《珊瑚》《田子成》《大男》《周顺亭》《乐仲》《青梅》《水灾》《田七郎》《鸦头》《晚霞》《小翠》《青凤》《婴宁》《侠女》《姑妇曲》《墙头记》《寒森曲》《慈悲曲》《张诚》《斫蟒》《向杲》《湘裙》等。蒲松龄认为,在进行社会教育和道德教育方面,含蓄生动的文学形象大大胜过直白显露的单纯说教:"别书劝人孝弟,俱是义正词严,良药苦口吃着难,说来徒取人厌;惟有这本孝贤,唱着解闷闲玩,情真词切韵缠绵,恶煞的人也伤情动念。"通过一个个色彩纷呈的文学形象和引人入胜的故事情节,艺术展示了他对儒家孝文化的接受、继承。

  当然,应该特别指出的是,蒲松龄对孝的追求、推崇固然与当时清政府以孝治天下的理念不无关系,但是他笔下的孝与统治者所极力宣扬的传统孝道已经截然不同。如前所述,无论是孔子、曾子,还是孟子,大力倡导"孝悌",并不是单纯出于人伦的考虑。"三圣"普遍认为,孝悌乃仁之根本,忠之前提,与社会安定有直接的关系。在家孝敬父母、友善兄弟,就能维护家庭正常的秩序,进而能够促进社会的安定团结。将奉亲推于事君,由狭义的孝敬父母延展到广义的忠顺天子。显而易见,儒家的孝理论是以"治天下"为最终目标的,孝悌的最高境界是忠君爱国。也正因如此,自春秋战国以后的历代封建统治者,都自觉继承了以孔子为代表的"孝悌说",把道德教化作为实行封建统治的重要手段之一。这样一来,传统的孝道不可避免地成为一些人加官晋爵的捷径之一。蒲松龄对传统的孝悌观念,既有接受继承,更有批判。显而易见,在《聊斋志异》近500篇的作品当中,很少表现聚义抗暴的忠臣壮举,更多的笔墨是倾注于普通人物的家常琐事,平民百姓的悲欢离合;关注的是具有浓重世俗色彩的家庭伦理问题,并对家庭伦理进行了较为系统的重建,折射出对当时社会家庭伦理道德的深刻反思,表现了他惩劝世人,使世道人心归于纯正的良苦用心。也就是说,蒲松龄所追求的孝道,极少有传统孝道所宣扬的忠君色彩,几乎褪去了所有的功利目的。它是一种至真至善至美的人间真情,是出自天性的善良品行的自然流露。

  蒲松龄对儒家孝道思想的继承批判,主要有以下几个方面。

一、养亲以孝

"养亲"是孝道最起码、最基本的条件,是动物出于本能的一种孝亲行为。儿女对父母要尽物质供养,这是最底线的要求。为人儿女者,要想方设法地去满足父母的基本物质供养,好让其衣食无忧,生活安乐,精神怡悦。

在蒲松龄创作的众多孝子形象身上,不仅无一例外的都是满足父母、长辈最基本的吃好、穿好,而且还要千方百计为父母提供尽可能良好的生活环境。张生宁愿自己喝糠粥,也要给母亲食用美味猪蹄(《青梅》);珊瑚,贤淑达理,却受尽恶婆婆的百般欺辱,即使最后被逐出家门,还要用自己辛苦赚得的血汗钱,为生病的婆婆备好美味佳肴(《珊瑚》);为养老母而求生的宋焘(《考城隍》);为侍奉阴间双亲不愿返阳的陈锡九(《陈锡九》);视事母为最乐的祝生(《水莽草》);家贫如洗却养母至孝的杜小雷(《杜小雷》);不仅孝敬自己的父母,还有"老吾老以及人之老"博爱情怀的胡大成(《菱角》);作为侄女,尽情报达叔父养育之恩的青凤(《青凤》);作为狐女,不忘鬼母供养之情的婴宁(《婴宁》);作为媳妇,"下堂操作无不曲承母志",精心侍奉婆母的聂小倩(《聂小倩》)等,无不是养亲侍亲的典型代表。

二、敬亲、顺亲以孝

物质上给父母提供保障固然重要,但这只能概括孝的自然属性,事奉双亲的核心不是单纯的物质层面的"养体",而更应该是精神层面的"养志",以保障父母"情有所寄"则更为重要。《论语·为政》载:"子游问孝。子曰:'今之孝者,是谓能养。至于犬马,皆能有养;不敬,何以别乎?'""敬"揭示了孝的道德属性,是人区别于一般动物"反哺"本能的根本所在。孝子对待父母要做到"居则致其敬,养则致其乐,病则致其忧",孟子也曾谆谆教导,孝的极致没有比尊亲更高了:"孝子之至,莫大乎尊亲。"只有终生不懈地以发自内心的敬爱之情来孝敬父母,才是最难能可贵的。

所以,当祝生在地下一听到母亲的哭声,心里就难过不已。他实在不忍心留母亲一人孤独而生,毅然回到人间,精心服侍母亲(《水莽草》)。席方平的父亲弥留之际对家人说,姓羊的豪绅生前、死后都在凌辱自己。席方平正是秉承了父亲的意愿,踏上了一条险恶的告状之路(《席方平》)。忠厚朴实的田七郎是个典型的顺亲敬亲的大孝子,他与武承休的交往,无时不再秉承"无功不受禄""知恩必报""受恩报恩"的母命(《田七郎》)。与田七郎不同,性情暴烈的世家子弟崔猛,喜欢抑强扶弱,打抱不平,但在顺亲敬亲上,比田七郎有过之而无不及。他脾气不好,无人敢劝,但只要母亲一出面,他就会心平消气,对母亲能做到"唯命是从"。母亲健在时,他没有承认杀人之事,以免让母亲担惊受怕。母丧刚过,他毅然选择赴死(《崔猛》)。

蒲松龄塑造了众多以父母的意志为转移,践行"不得乎亲不可以为人,不顺乎亲不可以为子"的儒家圣训的孝子形象,他们不仅精心奉养双亲,不使父母忍饥挨饿,毫不利己地按照父母的意愿去行事,更为重要的是,孝子以父母的喜怒哀乐为转移,"父母所忧忧之,父母所乐乐之",想方设法愉悦父母的精神。读完《周顺亭》,你定会心有所动:

> 青州东香山之前,有周顺亭者,事母至孝。母股生巨疽,痛不可忍,昼夜嚬呻。周抚肌进药,至忘寝食。数月不瘥,周忧煎无以为计,梦父告曰:"母疾赖汝孝。然此创非人膏涂之不能愈,徒劳焦侧也。"醒而异之。乃起,以利刃割胁肉,肉脱落,觉不甚苦。急以布缠腰际,血亦不注。于是烹肉持膏,敷母患处,痛截然顿止,母喜问:"何药而灵效如此?"周诡对之。母创寻愈。周每掩护割处,即妻子亦不知也。既瘥,有巨痕如掌,妻诘之,始得其情。

行文之间,可谓入目惊心。周顺亭不仅遵从父亲意愿,用"人膏"及时根治了母亲的顽疾,还编织假话搪塞母亲以免自责。由于救母心切,他没有想过让别人替自己分担,包括自己的妻子。因为在他看来,自己所做的一切,是一个儿子应尽的本分。对这样一个朴厚的孝子来说,他不可能别有所图,只因救母。尽孝至此,也许连蒲松龄也有所怀疑,所以他禁不住质疑:"刲股为伤生之事,君子不贵。然愚夫愚妇何知伤生之为不孝哉?亦行其心之所不自已者而已。有斯人而知孝子之真,犹在天壤。"

显然,周顺亭自伤其身,是违背了"爱身以孝"的儒家教条的,但亲眼目睹亲人遭受病痛的煎熬,甚至在痛苦中离去而束手无策,难道就是孝,就是对父母的敬爱吗?寥寥几句轻描淡写的评论,实则体现出蒲松龄对所谓正统观念的不以为然。

对于这样一些极端的孝亲故事,我们的文学阐释应该是,孝最重要的是有爱心,是对于父母真情的表现,即使贫困潦倒、一无所有,也能将父母放在心中,一声简单的问候,一个无声的动作,都是可贵的孝亲体现。

三、为亲留后

《孝经·圣治》曰:"父母生之,续莫大焉。"就是说,子女必须延续宗族的生命。若不娶妻生子,就可能断绝后代。逢年过节,若无后代为祖先祭拜,即无人继承祖先的衣钵，家族断了香火，这既是自身的大不幸，更是对祖宗真正的大不孝。

所以说，娶妻生子、繁衍后代的传统观念，是数千年来中国人最重要的价值重心之所寄，绵延历朝历代，不断地成为国人挥之不去的一个情结，因之甚至把女人视为生儿育女、传宗接代的一种工具。

"不孝有三，无后为大"的传统观念也无不影响着正统知识分子的蒲松龄，在《马介甫》文后的"异史氏曰"中，蒲松龄毫不避讳自己的观点：

> 此顾宗祧而动念，君子所以有伉俪之求；瞻井臼而怀思，古人所以有鱼水之爱也。

为了承嗣宗祧，男子才有动娶妻之念，才有夫妻之爱。说白了，男女相爱成婚，不是人性本质的自然要求，只是为了繁衍后代子孙，如此赤裸裸的表述，真实地反映了蒲松龄浓重的子嗣宗绪观念。

《聊斋志异》中有个著名的人花之恋的故事叫《葛巾》，紫牡丹化身幻化的少女葛巾，有感于常大用的痴情，不仅果敢地以身相报，毅然私奔，还把妹妹介绍给常生弟弟，做了常生的弟媳。常家兄弟俱得美妇，又生了两个宝贝儿子。后因常生百般猜忌，两位花仙子"举儿遥掷之，儿堕地并没"，常家的两个传宗接代的命根子瞬间便灰飞烟灭了。葛巾用灭绝子嗣的残酷手段，对愚蠢的常生施以最惨烈的报复。无独有偶，《细侯》也是如此。青楼女子细侯为了惩罚恶人富商，投奔情人满生，竟决绝地杀死与富商所生的儿子。细侯深知，子嗣对富商来说无比重要，她杀死襁中的孩子，饱含了让富商断子绝孙的刻骨仇恨。蒲松龄对细侯是欣赏有加的，因而对她的杀子之举也网开一面。后来审案的官员，得知实情后竟也不再追查。细侯为了爱情，连自己亲生骨肉的性命也不要了，这种为了追求爱情而断绝子嗣的行为实在是太不可思议，太匪夷所思了。当然，在众多的聊斋故事中，如此惊心动魄"为情杀子"的另类，毕竟是凤毛麟角。蒲松龄在大量反映婚姻家庭的作品中，描绘更多的是一个个"人鬼情未了"的爱情故事。无论是人间佳丽还是异域精灵，她们大都不会受制于清规戒律的拘束，而是大胆主动地追求炽烈的爱情，积极热情地经营美满的婚姻。但是耐人寻味的是，当子嗣的现实问题摆在眼前的时候，她们同样会委屈自己，成全丈夫，让爱情的甜美、婚姻的幸福屈从于传宗接代的传统。我们在近百篇聊斋婚恋故事中会发现，几乎近五成的作品明暗不一地涉及子嗣重要性的问题。

在《侠女》中，侠女与顾生的交往，既不求感情基础，也不求婚姻之实，只为生个儿子，以此来报答有恩于自己却贫穷无以娶妻的顾生。《白于玉》中的吴青庵，与仙女一夜欢情之后，意外有了传宗接代的香火。大概"以宗嗣为虑"的吴生大愿已遂,竟毫不犹豫地与自己曾经信誓旦旦、苦苦追寻的多情女一刀斩断了情思。

男人娶妻为了生子,娶妻而不能生子,妻子的地位将大打折扣。于是,女人们不论贵贱穷富,一旦嫁人为妻,就会自觉不自觉地担负起子嗣繁衍的重大责任。自己能生育的,当然责无旁贷,因此,聊斋故事中往往会出现"逾一年,举一子",如此近乎模式的俗套情节。妻子如果不育,她会本能的把怀孕的小妾视为仇敌,因为妾一旦有了丈夫的血脉,妻子当家做主的地位就会受到严重威胁。所以,悍妇尹氏、金氏用尽心机、百般凌辱、虐待王氏和邵女(《马介甫》《邵九娘》),甚而妻在妾临产之时,竟以针刺其肠(《阎王》),如此悍妻妒妇的形象,让人望而生恨,听之作呕。

即使那些相爱甚深、情真意切的夫妻,也很难超越子嗣的问题。在蒲松龄笔下,我们会见到不少常人难以理解的妻子:自己不能生育,会千方百计地为丈夫物色对象,目的只有一个,就是生子延续。所以,为了强调子嗣的重要性,蒲松龄甚至会默认一妻多妾制度的合理存在,在多篇作品中同情甚至盛赞这种不合理,于是,便呈现给读者一系列自己不能生育却为丈夫积极纳妾的所谓的贤妻形象。《林氏》中的林氏是一位被作者称誉不已的"贤妇",因自己不能生育,先是劝夫纳婢,未果之后,她竟能想出同丈夫预约同衾的招数,让婢女成为自己的替身,费尽心思把丈夫和婢女撮合到同一张床上,最终目的就是要为丈夫生子留后。《段氏》中由"妒妇"变为"贤妇"的连氏,在受尽同族人的欺辱后,方后悔自己不让丈夫纳妾的做法大错特错,临终前还用自己的切身体会谆谆告诫女儿、儿媳:"如三十不育,便当典质钗珥,为婿纳妾。无子之情状实难堪也!"《颜氏》中的颜氏,是一个"天下冠儒冠、称丈夫者,皆愧死矣"的巾帼奇才,当丈夫屡试不第时,她负气替考,结果一举考中进士,官至御史,最后却仍要让丈夫承其官衔,自己却露出小脚,"雌伏"于室,甘愿当一个恪守本分的家庭主妇。只因自己不能生育,为了延续夫家的一线香火,竟主动出资为丈夫纳妾生子。

无论是有才华的颜氏,还是有贤德的林氏,她们都是世俗社会中的女子,在子嗣宗绪上可能难以免俗,那些来自异域的鬼魅仙妖,又能怎样呢?她们同样还不是把自己看成了延续夫家香火的生育机器?君不见,狐女小翠,一个率真任性、具有先知先觉奇能的少女,她无视尊卑长幼等纲常伦理,陪傻丈夫嬉笑疯闹,与公公戏谑玩耍,调皮起来可谓无法无天。可最后念及自己不能生育,为了延续王家宗嗣,她先劝说丈夫:"请娶妇于家,且晚侍奉翁姑。"为使丈夫尽快另娶新妇,她甘愿让自己的容貌很快"变老",还设法焚毁了自己昔日的肖像画,以便让自己从王元丰的生活中彻底消失,以免影响王元丰夫妇的感情,使王家过上美满、安宁的新生活(《小翠》)。鹦鹉幻化的阿英,因为不能生育,情愿帮助丈夫继任的媳妇由丑变美,而自己甘于"非桃非李"的尴尬境地(《阿英》)。即使仙女锦瑟,也同样跳不出子嗣延续这一传统藩篱。锦瑟嫁给王生以后,见其妾有生男孩的面相,不但主动赐以珠宝锦衣,还促使丈夫"无夜不宿妾室"(《锦瑟》)。无独有偶,神女嫁给米生之后,苦于数年不育,便极力劝夫纳副室相伴(《神女》),等等,不一而足。更令人费解的是,妻子不仅主动为丈夫纳妾,还无怨无悔地抚育妾生之子以致打消再嫁之念(《房文淑》)。

四、兄友弟恭

在儒家的伦理范畴中,"孝",指善事父母,晚辈对长辈而言;"悌",指善事兄长,专指同辈间弟弟对兄长、小对大而言,指弟弟敬爱兄长,顺从兄长。

通常而言,孝悌两种情感是出自血缘亲情的自然纽带,在这种亲情伦理关系中,除了父母之外,最亲近的莫过于兄弟姐妹之间建立的手足深情了。孝敬父母,友爱兄弟,人世间最大的幸事莫过于此:"君子有三乐……父母俱在,兄弟无故,一乐也;仰不愧于天,俯不怍于人,二乐也;得天下英才而教育之,三乐也。"父母健在,兄弟无变故,是人生的第一大乐事。因为父母俱在,做子女的才有机会尽孝道,兄弟没有变故灾患,拥有手足之情,才有可能尽悌情。同胞之间相亲相爱,互帮互助,是一种自然的人性,是一种淳朴的真情,是自古至今被推崇的处理兄弟关系的最基本的道德准则。

蒲松龄是个遵从孝道,恪守悌德的榜样,在《省身语录》中他感而慨曰:"世间最难得者兄弟""亲兄弟析箸,璧合翻作瓜分。"在家庭生活方面,他是自觉将"孝悌"原则贯穿到方方面面的一个人。

面对兄嫂弟媳们处心积虑制造家庭矛盾的窘况,蒲松龄处处忍让,努力坚守着血浓于水的兄弟亲情。难能可贵的是,面对分家明显不公,他不争不夺,任由处置,即使如此,对兄弟们依旧不埋怨、不记恨,仍能一如既往地做到兄友弟恭,我们从蒲松龄留下的大量诗文中,可以深刻感受到这种老而弥笃的手足深情。前文已经提供了足够的参考,在此不再一一赘述。

蒲松龄自身的可贵悌德,让我们难忘,作品中塑造的兄友弟恭的鲜活人物,他们的胸怀和行为更让我们感佩不已。患难与共、互敬互爱的张讷、张诚;化身厉虎终为兄长报仇雪耻的向杲;从蟒蛇口中舍命救出哥哥性命的胡家小弟;千方百计延续哥哥宗嗣的晏仲;集孝悌美德于一身,屡屡用宽厚忍耐化解各种矛盾冲突,终于感化无德兄长的曾友于等,无一不是亲厚友善的典型代表。

总之,蒲松龄各种文体的创作中,那些伦理韵味浓重的名篇佳作,给我们提供了认识当时社会风土人情的极有价值的丰富画面,更是留给后人的一笔宝贵的精神财富。时至今日,人们仍然能从这些作品中受到启迪,得以省思,这对我们继承中华民族优良的孝道传统,建立社会主义新的道德文明,都有着久远的历史意义和深刻的现实意义。

第五章　传统孝文化的现代反思

对于中国的传统文化,学界的反思探讨一直在持续进行中,可谓是见仁见智,但是主流的思想是必须要用客观、科学、开放的态度来对待中国的传统文化。一方面,它是我们的祖先在五千年的历史长河中智慧的体现、求索的结果,在世界上也是独树一帜的,值得后代子孙敬畏和自豪。同时,也要客观地认识到,传统文化是建立在农业文明的经济和社会基础上的,在几千年的传承过程中,由于受到认识水平、物质条件、社会实践和思维习惯的局限,中国传统文化也存在诸多不适应现代社会发展的问题,特别是在高度现代化、信息化的今天,随着经济基础和社会基础的变化,需要对传统文化重新进行检视和反思。对中国传统文化,片面地、形而上学地全盘肯定或全盘否定都是错误的。我们既不能因为传统文化曾经的辉煌就妄自尊大、盲目崇拜,也不能因为它存在糟粕就全盘否定,弃之如敝屣。在新的历史条件下,现代人要在对传统文化去粗取精、去伪存真的基础上,秉持着科学的态度,传承和弘扬传统文化中的精华,赋予其新的生命力,以服务于现代经济社会发展。传统文化的生命力和价值就在于不断适应变化的经济和社会基础,不断创新,实现自身的现代化。

传统孝文化是中华民族传统文化的重要组成部分,同样存在继承和批判的问题,也面临着现代转化的问题。我们不得不承认,传统的孝文化的确在历史上发挥了非常重要的作用,但是其中包含的封建元素也很多,在今天需要认真反思其是非功过,"辩证取舍、推陈出新,摒弃消极因素,继承积极思想,'以古人之规矩,开自己之生面',实现中华文化的创造性转化和创新性发展"。习近平总书记在党的十九大报告中指出,要"深入挖掘中华优秀传统文化蕴含的思想观念、人文精神、道德规范,结合时代要求继承创新,让中华文化展现出永久魅力和时代风采"。2014年9月24日,习近平总书记出席纪念孔子诞辰2565周年国际学术研讨会暨国际儒学联合会第五届会员大会开幕会重要讲话中指出,"要坚持古为今用、以古鉴今,坚持有鉴别的对待、有扬弃的继承,而不能搞厚古薄今、以古非今,努力实现传统文化的创造性转化、创新性发展,使之与现实文化相融相通,共同服务以文化人的时代任务"。这些都为传统孝文化的当代反思指明了方向和方法。

第一节 传统孝文化的历史作用

从20世纪初的新文化运动一直到20世纪50年代初的很长一段时间,传统孝文化被一部分看作维护封建专制制度的工具,是对个性自由和独立人格的压抑,具有虚伪性、残酷性、落后性等特点。固然,我们不能回避传统孝文化的问题和局限性,但是也不能因噎废食,不能"把洗澡水和孩子一起倒掉"。"孝"作为中华民族传统道德的根本和核心,作为一种大众性和民间性的道德观念,经过几千年的延续和积淀,已经成为国人稳定家庭、凝聚民心、传承文化的重要心理机制。传统孝文化在我们民族的发展过程中发挥了重要的作用。例如,传统孝文化强调子女对父母真诚的尊敬、热爱,强调子女对父母的奉养责任,也强调"事亲"方面要推己及人,这是一种十分美好和高尚的情操,它对于人们提高自我道德修养、获得家庭的美满幸福以及保障社会的安全稳定起到了非常重要的促进作用。同时,孝这一道德思想符合多数人求真向善的性格,因而它又具有一种普遍的适用性,它是父母与子女之间相生相养的一种自然感情,也是最基本的行为准则和伦理道德规范。几千年来,"孝"这一思想扎根于中华大地,深深影响着我们民族的生活习惯、心理素质和民族精神,不仅凝聚着以血缘为纽带的家庭关系,而且在凝聚中华民族向心力方面也发挥着重要作用。正是"孝"这一传统美德,使我们中华民族形成了"老吾老以及人之老,幼吾幼以及人之幼"、父慈子孝、尊老爱幼、孝敬老人、赡养老人的传统美德,成为推动民族文明进步的巨大精神力量之一。即使社会发展到现在,其合理因素仍然具有强烈的现实意义。

孝文化在中国历史发展过程中的作用主要有以下几点。

一、修身养性

对个人来讲,孝是修身养性的基础,对父母尽孝是最起码的道德,如果连这一点都做不到,就更不用谈对他人、对集体、对国家的责任和贡献了。传统文化历来注重修身,对父母尽孝是修身养性的基础,做到了这一点,才有可能进而扩展到善待他人,善待生命,让身心达到完美的境界,进而外推到对民族和国家的责任。古代许多忠君爱国的英才,无一不是"孝子"或者"孝女"。"岳母刺字"成就了"壮志饥餐胡虏肉"的岳飞,从朱德总司令《回忆我的母亲》一文中所体现的浓浓孝意中,我们能亲切感受到他为国家和民族尽忠的家庭原因。正是因为根植于心灵深处的孝道思想的影响,国人才会真正把"忠孝"二字牢记心中并贯穿于行为中。

二、融洽家庭

《孟子·滕文公章句上》提到,"父子有亲,君臣有义,夫妇有别,长幼有序,朋友有信"。孔子在《论语·学而篇》中提出,"弟子入则孝,出则悌"。这些言论都指出了孝对于构建和谐家庭的重要作用。从家庭来说,传统孝文化使得父子有亲,长幼有序,规范了家庭成员的秩序,对于促进家庭的和睦有着很重要的作用。孝是一种自然生发的植根于血缘关系的亲情,蕴含着父母养育未成年子女的责任和子女赡养年老父母的义务,这种亲情是家庭和睦幸福的"黏合剂"。家庭是社会的细胞,家庭稳定是社会稳定的基础,传统孝文化融合家庭的作用,也对于社会的稳定起到了至关重要的作用。"家和万事兴",只有在家庭中真做到了"孝",将孝亲敬老落到实处,家庭才能"和",万事才能"兴"。

三、报国敬业

传统孝文化认为,父母对子女的无私之爱,有助于培育子女对父母等亲人的爱,进而外推到对其他社会成员以至民族和祖国的爱,这就是孟子所说的"老吾老以及人之老,幼吾幼以及人之幼"。传统孝文化推崇忠君思想是应该摒弃的,但是把孝与大公无私、忠心报国联系起来,强调人们以"亲亲"和尽孝为起点,培养关心他人、关心社会的胸怀和情怀,这是非常可贵的。把对父母与家族的义务,进而外推到激励人们修德学道、建功立业、报效祖国,这种思想则是积极进步的。

四、稳定社会

传统孝文化强调"亲亲""尊长",一个人在家庭中能够遵规守矩,那么在社会生活中就不会惹是生非,目无法纪,以辱父母。传统孝文化可以规范社会成员的行为,调节家庭的人际关系,实现家庭的稳定,并由此升华,移孝作忠,"迩之事父,远之事君"(《论语·阳货》),应自觉克制自己的私欲以维护家国利益。人有了孝亲敬老的意识,就不会违法犯罪,就会自觉遵守各种规范,进而有利于社会的稳定与和谐。

五、塑造文化

中华文化博大精深，源远流长。传统孝文化是我国传统文化重要组成部分，无论历史风云如何变幻，孝道思想和传统始终占据着重要的地位，经久不衰。中华传统文化之所以能立足于世界文明行列，笔者认为孝文化起到了至关重要的作用，以至于孝成为中国人的特质和性格代表之一。肖忠群在《孝与中国文化》中说"发端并凝结于孝道观念的基本精神影响和培育了中国人的优秀人格特质，如仁爱敦厚，忠恕利群，守礼温顺，爱好和平"正是这种写照。

第二节 传统孝文化的历史局限性

传统孝文化是植根于小农经济基础上的一种思想文化，经历了孔子、孟子以及后来历代统治阶层的诠释修改，已经成为一个极为复杂、系统的思想理论体系，并在封建社会中长期被拿来作为统治者进行阶级统治的精神工具。经历过历代统治者根据自身的需要进行的补充、加工、取舍、深化及宣传，必然会留下许多岁月的年轮和斑驳的痕迹，其消极的一面也是非常突出的，学者们总结了以下几点。

一、愚民性

汉代推行"以孝治天下"，孝文化被纳入封建道德体系中，成为了中国封建家长专制统治的思想基础。这时候的孝文化过分强调父母对子女的绝对权威地位，在孝的背景下，儿女成为父母的附庸，造成人性的扭曲。孝文化还强调"三纲五常"等愚弄百姓的思想，统治者将"事君"纳入孝的规范，大力宣扬"忠孝合一、移孝忠君""以孝治天下"的思想，所以孝被看作封建专制的精神基础而被近代学者大加鞭挞。孔子也说："民可使由之，不可使知之。"传统孝文化所倡导的服从、听话、顺民的理念，使其扮演着维护以家国一体、家长制基础上的封建专制统治的角色。由此，孝成为封建专制统治的精神基础和基本道德力量。所谓的孝道只是为统治者服务的思想外衣，因此，也成为现代人否定传统孝文化的主要原因。

二、不平等性

传统孝道追求的是长辈对子女有绝对的权威,具体表现在父母认为打骂和惩罚子女是天经地义的,例如,"棍棒底下出孝子""不打不成器"。甚至连子女的婚姻、个性自由和独立人格都可以被父母随意剥夺。这种权利归父母、义务归子女的不平等性,上升到政治层面,便是儒家孝道思想中"君臣、父子"的关系以及"礼制"中的等级观念,表现为下对上、臣对君的单向性服从。所谓的敬老慈幼,慈幼的目的在敬老,子辈是没有什么独立人权的,一切权力都是家长尤其是父亲的,子孙对家长只有单向性服从。正如宋明理学家所言:"天下无不是的父母""父叫子亡,子不得不亡"。这种孝道是建立在不平等基础上的,它使父亲变成了专制主义的一言堂,使子女变成了奴隶主义的愚忠愚孝,严重地压抑了子女独立人格的形成,束缚了人的个性解放。传统孝道中的不平等性对国民性格产生了非常负面的影响,与现代社会的民主、平等意识是格格不入的。就普通民众而言,即使在今天,在有些家长尤其是一部分老年人的思想深处,仍然认为孩子是自己的私有财产,想打想骂与别人无关,这也导致了与子女的代沟和隔阂,引发了种种家庭矛盾问题。

三、残酷性

传统孝文化存在很多极端化的思想,精神上表现为牺牲子辈的人格独立和个性自由,肉体上则是牺牲子女身体健康乃至生命。如"二十四孝"故事里,割股疗亲,那是挖子辈的肉治父辈的疾;卧冰求鲤,那是以子辈的生命之虞换取父母的口腹之欲。这些故事告诉人们,为了孝亲不惜杀害自己的孩子和戕害自己的身体。之所以说残酷,首先,表现在孝道的很多礼节摧残人性。《论语·阳货》记载孔子语:"子生三年,然后免于父母之怀。夫三年之丧,天下之通丧也。予也有三年之爱于其父母乎。"孔子主张以为父亲守丧三年作为对父亲的回报。孟子也主张三年之丧,主张厚办丧事。基于这种孝道观念,中国封建社会一直实行士人奔丧守丧制度,三年居家守墓,不外出,不食肉,不饮酒,不入公门,不与乐事,不娶妻妾,不剃发,士子辍考。有的孝子因此体形憔悴,风吹即倒;有些才华横溢的人因此将时光白白耗费,致使身心受到极大的摧残。现在看来,是完全没有必要的。是一种崇古保守的取向,是一种长者本位思想。其次,表现在它不仅要从精神上牺牲子辈的人格独立和个性自由,而且还要从肉体上牺牲甚至消灭子辈。孝子在侍奉父母时,失去理智,割大腿肉、挖内脏为父母治病,甚至上吊投水,极端的行为比比皆是。淄博孝文化中,颜文姜是"上不慈下却至孝"的典型;史修真为孝终身不嫁。这种价值观,正如蔡尚思先生说的,是不利于幼而大利于上的。其实,这种无限夸大对父母的责任而丝毫不顾及自身的孝,表面看来动人情、催人泪,却忽略了子女所受到的精神和肉体的伤害。这些极端的、残忍的做法,在民主、平等、人性的现代社会背景下,必然要受到深刻地批判,会被历史所抛弃。

四、封建性

新文化运动倡导者之一的吴虞认为,"孝"字是为封建"忠"字服务的。历代封建统治者为了自身的需要,不惜将孝推向极端化、专制化、神秘化和愚昧化,从而使人愚忠愚孝,麻醉民众,以巩固其专制统治。事实上,传统孝文化之所以成为几千年来历代封建王朝的意识形态,主要原因是传统孝文化已经成了其维护统治的工具。这种封建性,使传统孝文化在新文化运动以及新中国成立后,成为被批判和讨伐的对象。因此,作为身处现代社会的我们,要正确认识其落后、封建性的一面。

五、保守性

传统孝文化崇拜祖先和长辈,"三年无改于父之道",体现的是一种长者本位思想和崇古保守取向,进取不足而守成严重,与现在一再强调改革创新的大趋势明显"不合拍"。从政治上说,传统孝文化推崇圣贤和强调忠君,保守的色彩浓厚。既然要求人们"三年无改于父之道",就很难要求人们开拓进取,打破传统的坛坛罐罐,冲破文化上的束缚了。所以,传统孝文化的确给中华民族文化蒙上厚厚的保守、落后的色彩。

第三节 传统孝文化的现代转化

一、实现现代转化的原因

(一)传统孝文化中糟粕成分饱受批判,被不断边缘化

历史上,孝文化曾经一直是主流意识形态。自鸦片战争后,随着国门的打

开,在西学东渐风潮推动下,传统文化面临着全面、深刻的反思,并由此开启了新文化运动,对传统孝文化中糟粕成分的批判就是其中重要的一部分。陈独秀、吴虞、胡适、鲁迅、李大钊等思想大家从不同的角度,对传统孝文化的糟粕成分大加鞭挞。在一部分人的认知中,形成、发展于奴隶制和封建时代的孝文化,承载的是封建的、落后的元素,属于小农经济时代的文化,应该彻底否定。一直到20世纪80年代,人们才重新认识传统文化的历史作用,社会才对传统孝文化不再噤若寒蝉。

不过,也有一些学者和政治家对传统孝文化有与上述完全不同的看法。如冯友兰批评那些对传统一概否定的思想家们是缺乏历史的观念的,他还用了个形象的比喻:"若讥笑孔子、朱子,问他们为什么讲他们的一套礼教,而不讲民初人所讲者,正如讥笑孔子、朱子……为什么不知坐飞机?"孙中山也对中国传统之孝大加赞许:"讲到孝字,我们中国尤为特长,尤其比各国进步得多。"他还认为:"能够把忠孝二字讲到极点,国家才自然可以强盛。"

(二) 孝的实践根基和土壤发生了根本变化

传统孝文化是建立在自给自足的小农经济和血缘宗法制度基础上的,封闭的社会环境,封建的伦理文化氛围,数世同堂的家庭结构,加上法律的、宗族的、舆论的孝道褒扬机制,是滋养传统孝文化的肥沃土壤。小农经济社会,由于文化的继承性很强,传统观念强调服从,使传统孝文化保持了相对的同一性和稳定性。而今,我们处于一个高度现代化的社会,政治、经济、文化和教育与小农经济时代相比,已经发生了翻天覆地的变化,传统孝文化的根基已经荡然无存。现代的孝文化,必须紧跟时代的步伐,体现时代的要求和历史发展的趋势。因此,要对传统孝文化批判地继承,创造性地转化。

1. 现代社会家庭的结构、功能发生了重大变化

就业观念的改变,交通的快捷和便利,使多数年轻人不再受地域束缚,因而离开父母离开家庭,到大城市甚至国外学习、就业,这已经成为一种常态。多数年轻人上高中、上大学就开始"单飞",就业、组建小家庭都与父母离得很远。丰富多彩的现代生活方式,让他们越来越追求独立的人格,他们渴望通过远离父母的方式来证明自己的社会性。随着农村城镇化进程的加快,青年劳动力向城镇的转移,出现了对农村老人的照料和养老"鞭长莫及""心有余而力不足"的情况。在城市,随着退休制度的建立和逐步完善,城市老年人对子女的经济依赖性也在逐渐减弱。

2. 民主、平等的观念深入人心,并逐步渗入到社会的各个方面

随着生产方式的现代化,科技的日新月异,作为农业社会经验和智慧化身的老年人的优势逐渐丧失,在家庭中的话语权逐渐式微。在现代家庭里,传统社会的那种父母与子女之间人格和地位上的不平等已经完全被打破,子女经济上独立,思想上开放,精神上自由,传统的家长制作风已经完全行不通了。子女对父母有爱的表达,也有不满,甚至指责。民主与平等是互为前提、互相促进的,而权利与义务的并行互益则是民主与平等的内在要求。现代的孝文化,必须体现这种民主和平等。

3. 物质财富的极大丰富,使得现代父母的物质生活不再是重要问题,精神需求成为重点

社会的发展、物质财富的极大丰富、小康社会的实现,使得老年人不再为吃穿发愁,不是只满足于物质和经济层面的"老有所养",更多地开始追求丰富的精神生活,追求"老有所乐"。

4. 传统的单一的家庭养老模式已经不能适应现代生活,社会化养老逐渐为越来越多的家庭所接受

随着社会生存竞争压力的加剧、跨地域流动频繁,许多子女面临事业与家庭的矛盾和冲突,也导致家庭承担的养老功能受到削弱。在市场经济冲击下,家庭赖以依托的赡养观念发生了变化,加上老龄化趋势以及经济发展和医疗进步使人口预期寿命不断延长,两代人同时老龄化的家庭逐渐增多。现代家庭老龄人口比重的增加,代际居住方式的日渐分散化,社会流动性的扩大,社会竞争的日益激烈化,使得那种"尽孝于父母跟前"的方式已经很难实现。养老模式的转变,使得尽孝的形式也要与时俱进。

5. 现代人孝道意识有淡化的趋向

家庭是孝道意识的客观载体,亲子关系仍然是一种重要的家庭成员关系,所以孝道意识赖以存在的客观条件在当代社会仍然是存在的。孝道意识在青年一代的思想中有淡化的趋向,主要原因有以下三点:

一是长期以来,社会不重视孝文化的正面宣传,家庭、学校也忽视孝文化教育。有些家长并没有给孩子树立起好的榜样,只是用说教的方式告诉孩子孝的重要性。实践中,许多年轻的父母自己都没有亲力亲为,何以能将孝道传承给自己的孩子?学校教育中,缺少孝文化教育的相关课程。

二是时代的进步使传统生产方式中的"老把式"失去了权威地位,父母很难再成为年轻人崇拜的偶像,老年人的思维和理念往往被子女认为老套和过时,代沟在逐步拉大和加深。由于实行计划生育政策,独生子女在家庭中的地位上升,很多独生子女成为家庭中的"小皇帝",家庭孝道教育存在缺失。多数青少年习惯于饭来张口,衣来伸手,缺乏感恩之心和回报意识,孝道意识自然淡薄了很多。

三是人们主体意识、自我意识、经济意识不断增强,原有的家庭成员间的温情有被冲淡的危险,子女与父母的关系呈现出疏离趋势。年轻一代对孝的认识出现了很多误区:一些子女认为对父母只要做到食饱衣暖就算尽孝了,如果还能不断有钱给父母,就是最大的孝;不少子女只强调父母对自己的义务,而没有意识到亲子之间的权利义务应该对等;一些"啃老族"常常抱怨说就业难、房价高,自己的经济问题尚且难以解决,赡养老人有心无力。一些家庭困难的子女往往嫌父母无能,抱怨父母;有的年轻人认为老人照看孙子孙女、承担日常家务是应尽的义务;有的认为父母还能劳动或有一定的积蓄,子女就不用赡养了;有的子女对父母厚葬薄养,孝死不孝活;还有一些年轻人简单地将养老看成是国家和社会的责任,与自己的关系不大。

客观上,生活节奏加快,社会竞争加剧,社会流动性增强,也淡化了人们的孝意识。聚族而居、累世同居都不再可能,冬温夏凊、昏定晨省也往往不再出现在生活中。由于人们孝意识的淡化和模糊,孝的义务感和伦理约束力便不断下降,当代社会不断呈现出一种较为普遍的"孝道式微现象":人们孝道意识越来越淡薄,对老人情感冷漠,遗弃老人、虐待老人、干涉老人婚姻、争夺老人财产等种种不孝现象屡禁不止。可以说,孝道意识的淡化不仅仅是一个道德问题,也是一个综合的社会问题。在这种情况下,旧的孝观念已经不适应新时代新情况,传统的孝文化亟待与时代结合,向现代转化。

二、传统孝文化向现代转化的方向与内容

(一)重心——由传统道德的核心回归现代家庭道德规范

"百善孝为先",在传统社会的小农经济条件下,孝在传统道德体系中处于核心和基础地位。孝被看作诸德的起点,在诸德中处于根本地位。在儒家看来,孝是"仁"之根本,"仁之实,事亲是也"(《孟子·离娄下》)。"君子务本,本立而道生。孝弟也者,其为仁之本与!"(《论语·学而》)传统孝道贯穿个人修身、家庭和政治多个领域。"夫孝,始于事亲,中于事君,终于立身",这句话深深影响着国人,直至今天,它仍然是很多人的一个行为思想。

现代社会,家庭的结构、功能发生了根本变化,人口的流动和政治生态的改变,家庭生活早已不再是社会生活的中心,"孝"也不可能再成为人们道德生活总的核心。2001年,中共中央关于印发的《公民道德建设实施纲要》(以下简称《纲要》)明确规定,"社会主义道德建设要坚持以为人民服务为核心,以集体主义为原则,以爱祖国、爱人民、爱劳动、爱科学、爱社会主义为基本要求,以社会公德、职业道德、家庭美德为着力点"。现代的孝德,仅仅是一个人应该具有

的众多品德当中的之一,是家庭美德的重要组成部分,现代孝德应该老老实实回归到家庭的道德规范当中,恢复其作为家庭伦理的地位,充分发挥其融洽亲子关系,维护家庭和睦的积极意义。

(二)观念——由强调角色义务意识转换为注重感情互动

传统孝文化强调父权的权威性,父母对于家庭财产、子女婚姻、子女行为,甚至子女人身都拥有支配权,子女只能是扮演尽义务的角色。在这种情形之下,源于亲情之爱的孝被扭曲为敬畏,敬畏胜于亲情,角色胜于感情,尽孝只是成了为人子女必须要履行的义务。这种片面的角色义务之孝,虽然在一定程度上有遏止不孝行为发生的作用,但是消极影响也是很明显的:其一,导致了亲情的冷漠。绝对权威下的父母,很少考虑子女的具体情况。对子女来说,义务的外在强迫性将本来应该温情脉脉、"发自肺腑"的孝行,变成了冷冰冰的任务,淡化了家庭亲情。其二,导致了孝行重形式,轻内容。由于义务具有外在的表现性,使得尽孝不只是给父母看的,也是给社会看的。所以,一些人在日常生活中不注意孝敬父母,反而在父母生日、葬祭之际,讲排场,大肆炫耀。

现代社会,孝心源于父母的爱心,也表现为对父母的爱心、感恩心和责任感。尽孝不只是为人子女的外在义务,更应该是建立在亲子深厚感情基础之上的自觉自愿行动,是建立在父(母)子(女)相互理解的基础之上。父母对子女的爱和子女对父母的爱是相辅相成、相互促进的。因此,作为子女,要全面关注老年人的需求,不能只满足于物质和经济层面的"老有所养",更要高度重视老人的精神需求,关注其精神、心理、情感特点及其变化,这样才能真正使老人老有所乐,而不只是"衣食无忧"。对于今天的老年人而言,活得有趣、活得充实、活出价值,才是他们的内心所想。另一方面,父母也应该理解子女的难处,理解孩子面临的沉重的社会压力、经济压力和精神压力,并尽自己的所能帮助子女减轻部分压力。

(三)地位——由父尊子卑转变为平等相待

传统孝道是建立在农业文明基础上的,长辈丰富的阅历以及传帮带的作用,对下一代的生产和生活是不可或缺的,加上封建的宗法等级制度影响,所以传统的孝道是父尊子卑,晚辈事亲,长辈在家庭中有绝对的权威,晚辈对长辈必须绝对服从,要"顺"而不能说"不"。孔子认为,要做到"孝",必须要"无违"。"无违"二字大体上奠定了传统父子关系的基调,即这种"孝"是单向度的,单纯强调子女对父母的义务,不仅生前要"事之以礼"、孝敬父母,父母过世后三年,也不能改父之道,"父没,观其行;三年无改父之道,可谓孝矣"。即使父母犯了错误,做子女的也要"事父母几谏,见志不从,又敬不违,劳而无怨"(《论语·里仁篇》)。强调子女对父母无条件地"顺",后来更发展成了"天下无不是之父母",子女必须完全遵从父母之命。传统孝道只一味强调子孙晚辈的绝对义务,而赤裸裸地剥夺子女的人格和相应权利,所以它形成的是一种极不合理的父子人伦关系。这种关系完全扼杀了子女的人格尊严与主体性,其片面义务价值取向导致了子女权利意识淡薄,最终形成的是一种绝对服从、消灭自我的奴性人格。

现代社会,封建的宗法父权早已被打破,自由、民主、平等的理念被普遍认同。现在的年轻人思想独立、生活自立,依赖父母的观念在逐渐式微。当年轻人的思想观念、知识结构、资源财富都超越长辈时,他们在家庭中的"话语权"便会加大,而老人们的地位难免会"边缘化"。现代孝道要建立在子女和父母人格上是平等的、人身是自由的这种新型亲子关系基础上,平等的地位是现代孝道建构的基础。

(四)义务——由单向尽孝转化为双向互动

传统孝文化中,父母与子女之间人格和地位上的不平等,必然导致了履行义务的不平等,传统孝文化虽然也提倡父慈子孝,但更多的是强调"子孝",对"父慈"的要求则相当宽松,甚至提倡"棍棒底下出孝子","重孝轻慈"的倾向非常明显。子女承担的义务多,父母享有的权利多。如《孝经》规定的"孝"的义务有爱、敬、顺、养(养老)、扬(扬父母之名)、丧、祭,这些都是单向的义务关系。建立起来的就是一个父主子从、父尊子卑、父令子顺的亲子关系模式。在淄博的孝文化中,颜文姜的婆婆苛刻至极,但社会没有因为婆婆不"慈",就放松了对颜文姜"孝"的要求。在倡民主、讲平等的今天,权利与义务是并行互益的规定。子女能够自由地表达自己的价值观和生活态度,对父母的态度行为也能表达自己的喜爱与不满等。与传统社会相比,现代的父子地位甚至出现易位的倾向。由于独生子女现象,父辈在情感上更多依赖子女,年迈的双亲逐渐从家庭的主宰变成了需要照顾的对象,越来越"弱势"。在此大环境中,"慈"和"孝"要实现双向双动,父慈子才能孝。孝作为家庭成员间亲情的体现,要求家庭成员相互尊重,相亲相爱。子女要尊重父母,父母也要关爱子女;父母对子女、子女对父母是双向的责任,各自要扮演好自己的角色,彼此应平等相待。代沟的存在是正常的,子女与父母间既要相互理解,也要求同存异。作为父母要放平心态,放下架子,放低姿态,与儿女进行平等的沟通与交流,用自己的爱和榜样的力量赢得儿女的尊敬。只有在这种权责相互规定的代际关系中,才能够发挥孝之融洽亲情,促进家庭和谐的作用,避免出现"唯父母之命是从"的

"愚孝"或"以子女为中心"的极端状态。

在此问题上,要警惕现在社会上的"倒行孝"现象。由于家庭教育方式的误区,有的父母自幼对孩子过分溺爱,导致孩子极端自私,生存能力差,长大后很容易发展成为"啃老族",不仅没有尽到敬养父母的责任,反而对父母索取无度,父母沦为孩子的保姆、取款机和服务员。父母与子女的双向互动,要在法律和道德的范围内保持科学的平衡,体现权利和义务的一致性,强调责任自觉和道德自律。

(五)价值——由重物质轻精神转化为物质是基础,精神是重点

养亲、敬亲是传统孝道的基本内容。养亲就是子女对父母的物质赡养,敬亲就是让父母得到精神上的慰藉与满足,给父母以尊重、关怀。二者相辅相成,缺一不可。"今之孝者,是谓能养至于犬马,皆能有养。不敬,何以别乎?"这就说明只养不敬与犬马是没有区别的。同时也告诉我们,不仅要给父母提供物质保障,更要关注其精神生活。

在生产力低下的古代社会,忽视父母精神需求的满足是可以理解的,但是在现代社会就不应该了。随着物质财富的极大丰富,各种社会保障的完善,"让老人衣食无忧"已经基本都能够做到。情感生活充实,生活品质提高,越来越成为现代的老年人追求的目标。随着年龄增长,人的心理也会逐渐老化,当儿女不在身边的时候,容易失落、孤独、焦虑、猜疑。他们渴望子女的情感关爱和心灵慰藉。同时,随着城市化进程的加快,留守老人现象也愈加突出,他们的心理与情感的需要更需要子女关注。因此,让老年人老有所乐,能够使其感受到老年生活的幸福愉悦,不仅是子女急需解决的问题,也是一个普遍的社会性问题。虽然政府早就关注到了这一现象,并且采取了一些措施,但是在具体实施的过程中,仍然存在不少问题。

老年人精神需求的变化,使得尽孝的方式也随之变化。新型孝道应该以物质赡养即养亲为基础,以精神赡养即敬亲为重点,敬亲才是现代人更高层次的孝行,更能体现人的文明和教养程度。精神赡养不仅是子女的道德问题,也已经列入了《老年人权益保障法》,成为一项法律义务。不过,在现实生活中的确有不少儿女忽略了这一点,认为让老人"吃穿不忧,居有住所"就可以了,常以"工作忙""离家远""没时间"等为借口,给父母寄些钱、买点东西就算尽孝了,"出门一把锁,进门一盏灯"的老人还是普遍存在的。"养儿防老",不仅是物质上的,更多的应该是精神上的需求。现代社会竞争激烈,许多年轻人的工作和生活压力也很大,对父母的精神关照受到很多因素制约,但是这不能成为精神赡养缺失的理由,要尽可能通过主观的努力去弥补。

（六）性别——由男尊女卑转变为男女平等

传统孝道对女性的义务要求很高，当然这种要求主要是针对公婆来讲的，对自己生身父母的尽孝是没有过多提倡和要求的。淄博孝文化的主要人物，女性远远多于男性，体现出在尽孝问题上，男尊女卑的倾向非常明显。其中原因，一方面是古代男主外女主内的生产生活方式，决定了女性在家庭中主要的任务就是照顾孩子侍奉公婆；另一方面，传统农业社会"夫权至上""嫁出去的女儿泼出去的水""嫁鸡随鸡嫁狗随狗"的封建意识浓厚，女性在家庭中地位比较低，因而在家庭里侍奉公婆是天经地义的。

现代社会，法律规定和社会道德都决定了在孝亲问题上，儿子和女儿的责任和义务是一样的。《中华人民共和国民法典》规定："子女对父母有赡养扶助的义务。"男女平等，决定了在对待敬老问题上同样是平等的。女儿和儿子一样，都对父母有赡养义务和责任，当然也都有继承父母遗产的权利。直到现在，在广大的农村，传统的"女儿不养老"的观念仍然存在，要从法律、道德、公序良俗的不同角度，切实保障女性的权益，剔除腐朽陈旧的思想和习俗。作为子女，应该牢记父母的生育和抚养之恩，尽到尽心尽力赡养之责；作为父母，在子女成长道路上，也应该一视同仁，不能出现重视儿子而忽视女儿的现象。

（七）保障——由他律为主转变为自律与他律相结合

传统孝文化中，"养亲、敬亲"的动力和保障，一部分来自家庭亲情。父母自幼抚养和教育子女，年迈体衰的时候，子女赡养和报答父母养育之恩，这是家庭亲情的自然表达。孝的他律性作用更为明显，对待父母的一些规范和行为，子女受外界的严刑峻法和"举孝廉"等制度以及道德舆论的约束更多；同时古代社会家族宗亲势力对子女也有强大的压力，使人们注重了孝的行为，而忽视了对孝行背后意义与道理的理解。这就导致了一些人只是"要"孝，而未必是"想"孝；只是"盲"孝或"愚"孝，而不是"明"孝或"智"孝。

现代社会，子女的自主意识很强，"长辈特权"被大大削弱，宽松的家庭环境使父母与子女的关系越来越平等，甚至有"倒置"的情况。由于观念和居住条件的改善，家族宗亲的影响也日渐削弱。他律性的孝不但不容易被子女所接受，甚至会产生逆反心理。在现代社会，如何保障年轻人对父母"尽孝"？首先，应该以自律的孝为主。家庭亲情依然是基础。"养亲"和"敬亲"更多源自人性天良善心，出自人类敬老扶弱的本性。对给自己以"身体发肤"、并为自己的成长殚精竭虑的父母，孝是理所当然的选择，是应尽的责任和义务。虽然子女对父母不再盲从，但是要懂得感恩和尊重父母，并且尽到子女的义务，这应该是为人子女自觉、自愿的行动。同时,父母在教育过程中,应放弃以权威的方式强迫子女盲目的服从与外表的恭敬,要动之以情,晓之以理,教导子女设身处地,理解善待父母及他人的重要与意义,激发其内在的爱心和责任心,才可能使其做出自觉自愿的行动。因此,让孩子们从小懂得感恩与孝道,不仅有助于提升个人修养,也有助于弘扬尽孝道的社会风气。其次,需要道德和法律的约束作为必要的补充。有些人受经济利益的驱使,人性迷失,孝心不存。屡有发生的虐待父母、遗弃父母的事件告诉我们,仅凭自觉自愿,没有制约是不行的。一方面,要通过各种渠道,加强孝道教育,以道德情感为中轴,唤起报恩和自律意识,使孝道深入人心,化为子女的自觉行动;另一方面,现代社会又是法制社会,子女对父母行孝也是应尽的义务,不孝行为要受到法律的制裁。制度、法律以强制的手段规定不得遗弃、虐待老人和儿童,为现代孝道构筑了起码的法律底线,也为孝道实现创造一个良好的社会伦理生态环境,促使孝道实践从"迫于义务"走向"良心发现",最后达到自觉践履"从心所欲,不逾矩"的境界。对此,《中华人民共和国民法典》《中华人民共和国老年人权益保障法》中,都有明确的规定。道德教育和法律制裁这"两手"都要硬,保证子女对父母尽到孝的义务,为孝行保驾护航。在追逐利益的当下,既增加行孝的收益,又加大不孝的成本,使得子女发自内心愿意行孝,在法律和道德的强大压力下也不敢不孝。

（八）时空——由"父母在不远游"转变为"好儿男志在四方"

传统社会,固定的农业生产、落后的交通工具,使得子女与父母几乎朝夕相处,为子女尽孝提供了非常便利的条件。"三十亩地一头牛,老婆孩子热炕头""父母在,不远游,游必有方"就是这种写照。现代社会,人口流动成为常态。因为孩子上学、就业、外出打工等原因,"空巢老人"日益增多。现代社会,四世同堂的生活方式已经渐行渐远,聚少离多正成为新常态。新型孝道,要适应现代社会子女与父母的时空隔离。生活的压力让子女与父母相聚较远,但是现代化的通讯方式却大大方便了与家人的联系,要多给父母打电话,嘘寒问暖,"柔吾色,怡吾声"是一种孝;逢年过节,尽量回家陪伴父母,也是一种孝。同时,父母也要理解年轻人的辛苦,充分利用自己时间充裕等优势,主动想方设法到孩子身边,给孩子尽孝的机会。总之,现代人不去刻意追求"早晨请安、晚上问安"的形式,要充分利用现有条件,尽可能打破时空的限制,为家庭团聚创造尽可能多的机会。

（九）模式——由儿子家庭养老转化为多元化养老

在传统孝文化的影响下，养老模式是单一的家庭养老，儿子是养老的主要担当者，女儿一般没有赡养的义务。"养儿防老""嫁出去的女泼出去的水"，就是明显的写照。自给自足的小农经济条件下，家庭是基本的生产和消费单位。家庭成员依附于家庭、固定在土地上劳作，这样就为日夜侍奉父母创造了有利的条件。这种家庭养老方式，在传统社会较好地满足了老年人基本的物质生活需要和精神需求，培养了中国人特有的尊老、敬老的优良传统。

现代社会，家庭老龄人口比重增加，代际居住方式日渐分散，社会流动性扩大，社会竞争的日益激烈化，使得那种"尽孝于父母跟前"的方式已经很难维系。随着社会转型和独生子女家庭的增多，养老模式必须实现转型。首先，在当今社会养老体系还不发达、养老资源有限的情况下，家庭养老仍将是主要的模式，这也符合中国的国情和人们的道德观念。但是现代家庭养老，其责任主体已不再局限于儿子和儿媳，完全可以而且应该扩展到女儿、女婿、孙子（女）、外孙（女）等家庭成员，共同承担父母衣、食、住、行、医、后事等多方面的保障。儿女可以根据自己的居住条件、经济状况等因素，本着各尽其能、各司其职的原则，协商解决家庭养老中出现的问题。通过整合家庭内资源实现互补，既可以满足情感的需求，实现分工协作，还可以满足个体多样化需求。其次，自我养老和社会养老应该作为必要的补充。提倡自我养老就是鼓励老年人在进入老年前或老年后多进行经济储备、健康储备和情感储备，为养老做好准备。发展社会养老就是从各地实际出发，积极发展养老保险、社区福利和社会服务事业。在儿女不方便照顾的情况下，可将老人送到社区敬老院，周末和节假日常去看望，以减轻子女时间上和精力上的负担。实现以家庭养老为主体，建立一种自我养老、家庭养老、社会养老三结合的养老模式，是现代社会的发展趋势。值得注意的是，不管是哪一种模式，让父母老有所养、老有所乐是根本目的，而儿女的陪伴是任何时候都不可或缺的。

三、实现传统孝文化向现代转化的保障条件

对待传统孝文化的态度，应像对待传统文化一样，要"扬弃"，即"剔除其封建性的糟粕，吸取其民主性的精华"。实现传统孝文化向现代转化，需要一定的保障条件，主要有以下几点：

(一)加强孝道研究,甄别"精华"与"糟粕"

传承文化,首先要认识文化的精华。传统孝文化的"精华"是什么?"糟粕"在哪里?需要一一甄别,进行科学的理论研究。"二十四孝"中"郭巨埋儿""卧冰求鲤"等故事里,那种为了孝亲不惜杀害自己的孩子和戕害自己身体的"愚孝",以及"君要臣死,臣不得不死;父要子亡,子不得不亡"的完全不顾子女的人格尊严和独立思想的孝,就应该毫不保留地抛弃;"父慈子孝""敬老爱幼""明礼诚信""与人为善""老吾老以及人之老"的理念以及责任意识和家国情怀,在今天仍然具有永恒的价值,要"扬",就是要发扬光大,并赋予其时代内涵。传统孝道的内容十分繁杂,虽然经历了近现代时期的批判和新中国成立后的种种改造,剔除了其中很多封建性的内容,也肯定了其中有现代价值的内涵,但这些还远远没有结束。由于对现代孝道内涵、途径的界定还不清晰,给弘扬现代孝道带来一定困难。在新的历史条件下,需要什么样的孝道?如何在新形势下弘扬孝道?这些都需要加强孝道理论研究来解决。

(二)加强孝道教育

我们无法割断现实与历史的联系,现代人不可能割断与传统的关系。源远流长的中国文化造就了中国人的特性。现代社会,孩子成为了社会的宠儿、家庭的中心,他们享受着充裕的物质生活,得到父母及祖(外)父母的多重关爱。事物都有两面性,太容易得到的爱弱化了他们付出爱的能力,导致很多孩子不懂得去关爱和尊敬自己的父母和长辈们,孝道教育在他们身上尤其缺乏。所以,必须加强对青少年的孝道培育,培养他们的孝心和爱心。孝道教育,首先要向青少年进行经典理论的教育,阐扬传统经典理论中的孝道思想。比如《论语》作为中国传统修养的经典,其首篇次章即论及孝教的意义,"孝悌也者,其为仁之本与?"《三字经》《孝经》《四书五经》等经典著作中包含了很多关于孝文化的内容,这些孝道教育的宝贵资源,在中学和大学要好好利用。其次,要结合现代社会存在的种种不孝现象,分析其存在的根源,找到解决的办法。总之,只有进行良好的教育,才能保证传统孝文化与现代文明有机结合。加强孝道教育,需要社会、家庭和学校的共同努力。社会要创造一个以尽孝为荣、不孝为耻的良好氛围;家庭是进行孝道教育的主阵地,父母在家庭教育中,对孩子的要求不能仅仅局限在学习成绩上,品德的培育也要放到重要位置,一定要有意识地培养孩子尊敬父母和长辈的良好习惯,鼓励他们从力所能及的事情做起,关心父母和长辈;学校可以发挥教育资源丰富的优势,把现代孝道教育作为学校德育的重要内容,并且与家长密切配合,了解学生在孝道方面的表现，采取多种方法，塑造学生的孝德。

（三）道德提倡，加强舆论的监督和精神鼓励

"扬弃"传统孝文化，提倡新孝道，需要道德的倡导和鼓励。孝道的倡导有利于培育人们对社会对他人的爱心，有利于激起人们的感恩之心，有利于人们从自我做起，培育扶老爱幼、关心他人的道德感情，提高自己的道德修养，从而提高整个社会的道德水准。充分发挥社会舆论褒奖和贬斥的引导功能，是促进人们道德养成的重要方式，在培育孝道的过程中，其作用是必不可少的。当今社会，电视、报纸、杂志、网络等大众媒体的触角无处不在，其覆盖范围广，关注的人群多，能够起到很好的道德宣传和监督的作用。通过社会舆论的引导作用，可以彰显好人好报、德者有得的价值导向。这种价值导向，对个体孝道的养成、伦理道德的培养、社会公序良俗的建立，无疑都会起到积极的作用，为社会注入了强劲的道德力量。比如现在电视上时常出现的孝道宣传公益广告、社区街道的孝德榜等，都发挥了很好的舆论引导作用。

（四）法律约束，完善立法、严格执法以规范人们的孝行

教育是必需的，但是没有强制力的约束，教育和道德都显得苍白。法制是现代社会的重要特征，教育与道德建设也应与法治建设相配合，德治与法治双管齐下，以刚性的法律来保障柔性道德的实施，这就需要加强道立法和执法。社会是复杂的，人各有不同，需要法律为孝行保驾护航。在追逐利益的市场经济条件下，既增加行孝的收益，又加大不孝的成本，为现代孝道营造法制的环境。法治是德治的底线，它只能通过强硬的制度性规定来约束人们，在孝道立法方面，我们已经做了大量工作。如《中华人民共和国民法典》中规定了子女有赡养父母的义务，《中华人民共和国老年人权益保障法》则规定了老年人需要保障的合法权益，都充分体现了社会对老人的关爱。但是，这方面的工作还有很多不足之处，有法不依、执法不严、无法可依的现象仍然存在。特别是由于老年人自身法制意识不强，法律维权意识淡薄，使很多老年人不懂得用法律保护自己的合法权益，或者没有时间精力去等待漫长的法律诉讼过程，或者碍于情面只好忍气吞声。所以，社会应该给予老人更多的法律帮助和支持。

（五）适当的政策支持

我们现行的体制决定了政府的主导作用是至关重要。各级政府在政策上要为现代孝道提供保障，比如，落实好探亲假制度，让住房、医疗保障制度和养老制度更给力。此外，政府和社区也应承担起责任，约束个别年轻人的不孝行

为,同时多为老年人提供聚会、活动的机会和场所。例如,有些地方开设老年食堂,解决老年人饮食之忧;举办老年文化娱乐俱乐部、丰富老年人精神文化生活等举措,十分值得提倡。有的地方成立社区养老驿站,探索医养结合模式,不失为社会养老成功的范本。适当的政策支持和行政作为,在行为规范方面比自然地形成要更有效。

  总之,实现传统孝文化的现代转化,在充分发挥传统文化优势的同时,更要注重在理论上对传统孝道进行现代重构,在实践上大力弘扬现代孝道,充分发挥全社会方方面面的力量,才能更好地促进家庭的和睦与社会的和谐。

第六章　现代孝道构建

客观、科学地分析传统孝道的利弊得失,分析现代社会的结构特点,分析现代家庭存在的种种问题,归根结底是为了构建现代孝道。我们处于一个新时代,需要有与新时代的形势和条件相适应的现代孝道。构建现代孝道,从大处看,关系着家庭的和谐与社会的稳定;从小处看,有利于个人的修身养性,提升个人的道德素养,对于建设富强、民主、文明、和谐、美丽的社会主义现代化强国,有重要的现实意义。

第一节　现代孝道的含义和特点

一、现代孝道的含义

从各种不同的渠道,查找"现代孝道"的准确定义,笔者没有找到非常准确和权威的表述。研究孝文化的学者,对"现代孝道"的表述各不相同。孝文化研究专家、中国人民大学肖群忠教授在《孝与中国文化》一书中提到"现代新孝道"的表述;肖波在《中国孝文化概论》一书中提到"新孝道";众多研究孝文化的文章中,用"新孝道"一词的比较多,但是也没有一个明确的概念和定义。

党的十九大做出的一个重大判断是中国特色社会主义进入新时代。在全面建成小康社会,开启社会主义现代化新征程的大形势下,人的全面发展、全体人民共同富裕是高标准现代化的本质和重要目标。笔者认为,孝道文化建设要与现代社会相适应,体现现代社会的特点和现代人生产生活的特征,也是国家治理体系和治理能力的组成部分。用"现代孝道"对应"传统孝道",可能更加准确、更加规范一些。现代孝道,应该就是适应新时代社会特点的子女对父母的一种善行和美德,是在现代家庭中晚辈在处理与长辈的关系时应该具有的道德品质。

二、现代孝道的特点

(一) 学界对现代孝道特点的概述

关于现代孝道特点,许多学者在总结传统孝道的基础上,从不同的角度提出了自己的看法,比较权威和典型的观点梳理如下。

肖群忠先生在《儒家孝道与当代中国伦理教育》一文中认为,我们必须厘清传统之孝与现代之孝的区别。在传统社会,孝是首德和泛德;在现代社会,它只能是子德,是基础道德。传统孝道既有亲情的民主性的合理内涵,也有封建性糟粕,而新孝道最本质的特点就是亲子平等。

肖波先生认为,孝文化建设的现代理念主要包括六条基本内容:① 平等性——新孝道构建的前提;② 民主性——新孝道构建的基础;③ 保障性——新孝道构建的核心;④ 共享性——新孝道构建的关键;⑤ 义务交互性——新孝道构建的重点;⑥ 相容性——新孝道构建的要求。

谢子元先生在《论孝道创新与新孝道建设》一文中认为,社会主义条件下的新孝道应该具有的特征是:① 强烈的情感性。社会主义条件下的新孝道建立在亲子之间的深厚情感基础上。② 鲜明的民主性。我们建设一种新型的民主的孝道,父母对子女的关爱与子女对父母的孝敬是对等的。双方通过建议、说服、帮助、批评来求得一致。③ 突出的时代性。这种新孝道从属于社会主义道德体系,是促进家庭健康发展和社会和谐稳定的道德,是广大人民的道德。④ 严整的规范性。社会主义条件下的孝道主要通过道德教育和倡导,舆论鼓励和批评,启发人们自觉实践。⑤ 充分的可延展性。孝行为的道德源头是人类天性的"亲亲"之情,其具有持久的生命力。只要社会正确引导,孝道就可以向其他道德领域迁移扩展,为整个社会主义道德建设提供情感基础和动因。

唐志为先生在《传统孝与社会主义新孝道》一文中认为,我们必须站在马克思主义的立场,摒弃传统孝道中消极、反动的东西,吸取其合理、进步的内容,努力构建社会主义新孝道。其特点是:① 体现义务性。在社会主义社会,孝敬父母要变成自觉履行义务。② 提倡平等性。在现代家庭里,成员应该平等相处,形成互爱互养、互相尊重的新型关系。③ 强调互益性。社会主义社会条件下的父母,不仅要教育子女如何尽孝,而且应当注意如何向子女施慈,这样父母与子女就能相互受益、和谐相处。④ 体现及时性。今天我们提倡父母在时行孝,不仅要做好物质上赡养,更重要的是要给老人以精神上的安慰。

综上所述,不管对于现代孝道如何表述,但大部分学者都认为现代孝道"应该体现当前时代特点,符合社会主义道德建设要求,并且能够恰当地融入到我国社会主义精神文明建设中,并为当前和谐社会的构建提供强大的精神动力。也就是说,现代孝道更注重的是体现现代性,体现现代社会人们思想、工作、生活的特点。上述论述,侧重点多有不同,但都从不同角度概括了现代孝道的特点。笔者更赞同肖波先生的观点,下面将从六个方面阐述。

1. 适应现代社会的特点

现代社会完全不同于封建时代,因而很多有封建色彩的孝道规范必然被现代规范取代。比如孔子要求"父母在,不远游,游必有方",那是建立在传统的农业社会基础上的要求。那个时代,固定的农业生产、落后的交通工具、封闭僵化的思想,使得子女与父母几乎天天朝夕相处,"远游"既没有强烈的愿望也没有必要的条件。现代社会,人口流动成为常态。很多家庭因为孩子上大学、在大城市找工作、农村的年轻人外出打工等原因,空巢老人日益增多。现代社会,"四世同在"没有任何问题,但是"四世同堂"的生活方式已经渐行渐远,聚少离多正在成为新常态。现代孝道,要适应现代社会子女与父母的时空隔离。虽然生活的压力让子女与父母相聚较远,但是现代化的通讯方式却大大方便了与家人的联系与沟通。又如,孔子强调"三年无改于父之道",与现代社会高速快捷的发展速度和生活方式格格不入,现在提倡的生活和发展理念是与时俱进,因此必须彻底改变。再如封建的奔丧守丧、厚葬父母及烦琐的祭祀礼仪制度,在现代人看来,对生者和死者都有害无益,不符合科学和快节奏的生活方式,也与节约型社会建设背道而驰,因此,需要进行现代转化。

传统男尊女卑的倾向非常明显,在尽孝的问题上,强调女性要对公婆尽孝,对自己的父母,反而没有多少义务要求。其中原因,主要是传统农业社会"夫权至上""嫁出去的女儿泼出去的水""嫁鸡随鸡嫁狗随狗"的封建思想作祟。现代社会,法律规定和社会道德都决定了在孝亲问题上,儿子和女儿的责任和义务是一样的。《中华人民共和国民法典》规定:"子女对父母有赡养扶助的义务。"男女平等,决定了在对待敬老问题上同样是平等的。女儿和儿子一样,都对父母有赡养义务和责任,当然也都有继承父母遗产的权利。

2. 体现民主平等的现代理念

传统孝道是建立在农业文明基础上的,长辈丰富的阅历以及传帮带的作用,对下一代的生产和生活是不可或缺的;加上封建家族社会森严的等级制度的影响,所以传统的孝道是父尊子卑、晚辈事亲,长辈在家庭中有绝对的权威,晚辈对长辈必须绝对服从,要"顺"而不能说"不",更多地强调子女对父母的义务。不仅生前要"事之以礼",孝敬父母;父母过世后三年,也不能改父之道,"父没,观其行;三年无改父之道,可谓孝矣"。即使父母犯了错误,做子女的也要"事父母几谏,见志不从,又敬不违,劳而无怨"。强调子女对父母要

"顺",后来更发展成了"天下无不是之父母,父叫子之,子不得不之"的一味盲从。传统孝道只一味强调子孙晚辈的绝对义务,而赤裸裸地剥夺子女的人格和相应权利,所以它形成的是一种极不合理的父子人伦关系。这种关系完全扼杀了子女的人格尊严与主体性,其片面义务价值取向导致了子女权利意识淡薄,最终形成的是一种绝对服从、消灭自我的奴性人格。体现在政治领域,传统孝文化强调君权至上,君为臣天,"君叫臣死,臣不得不死";在家庭之中,以父权为中心,父为子天,"父叫子亡,子不得不亡"。这种专制色彩最为现代人所不屑。

现代社会是一个文明、开放、民主、平等的社会,封建的宗法父权早已被打破,人们的价值取向多元化,思想观念现代化,自由、民主、平等的理念被普遍认同。子女与父母在政治上、法律上都是独立的个体,享有国家法律规定的各种权利和义务;同时,在家庭内部,父母与子女之间不再只是单向的义务和片面权利,双方在人格上是平等的。现在的年轻人思想独立、生活自立,依赖父母的观念在逐渐式微。当年轻人的思想观念、知识结构、资源财富都超越长辈时,他们在家庭中的话语权便会加大。现代孝道要建立在子女和父母人格上是平等的、人身上是自由的这种新型亲子关系基础上,平等的地位是现代孝道建构的基础。在我国宪法明确规定:"父母有抚养教育未成年子女的义务,成年子女有赡养扶助父母的义务。"平等体现在两个方面:

第一,父母不能再以权威自居,不能再像过去那样要求子女一味地"顺",无条件地"孝",要尊重子女选择的生活方式,只要符合一般的社会规范,父母就不应该过多干涉。父母要在家庭生活中尽到对子女的抚养义务,日常说话做事也要顾及子女的感情和感受,不能倚老卖老,老而无德,要使自身值得被尊重。

第二,矫枉不能过正,天平也不能偏向子女方面。现实生活中,有些父母与子女的地位从一个极端走向了另一个极端,长幼地位颠倒了。相对于子女,父母成了名副其实的"弱势群体"。一些家庭中完全以孩子为中心,一切由孩子说了算,"无违"成了孩子对父母的要求。加上现代生活方式使很多年轻人利己主义、个人中心意识也比较严重,导致了子女强势父母弱势。

提倡平等,强调的是权利义务的平等,并不意味着等价交换,父母养育子女、子女赡养父母,血浓于水的亲情是无价的,相互理解和包容,相互体贴与照顾,才是需要提倡的现代孝道。子女对父母的"孝"与父母对子女的"慈"有机结合,父母与子女在相互关心、相互尊重、相互帮助的关系中,相互受益、相得益彰。现代孝道应该是家庭成员在人格上民主平等,经济上既相对独立又互相扶助,精神上互相依赖和慰藉,情感上互相理解和支持。有分歧时,通过建议、说服、帮助、批评来求得一致。

3. 体现情感为重，内驱力与外驱力有机结合

在传统孝文化中，父母对子女有绝对的支配权，导致子女在尽孝问题上，敬畏胜于亲情，角色胜于感情。子女有时候对于父母的安排明明是反对的，但是碍于尽孝的义务，往往是情感服从于义务，淡化了家庭亲情。比如陆游和唐婉，本是才子佳人，你唱我和吟诗赋词，本来有幸福美满的爱情生活，但是由于陆母的反对，最后被迫离婚，一首《钗头凤》，道出了陆游多少心酸和无奈。

现代社会，父母与子女地位的平等，使得孝心更多源于对父母的情感，表现为子女对父母的爱心、感恩心和责任感。尽孝不仅仅是为人子女的法定义务，更应该是建立在亲子深厚感情、父（母）子（女）相互理解基础上的自觉自愿的行动，父母要理解子女不是自己的私有财产，而是具有独立思维的社会一员，不能将自己的意志强加于子女；子女也要理解父母抚养自己的辛苦，理解他们的需求，从而真正做到让父母"老有所养""老有所乐"。

亲情是孝道的内驱力，但是仅仅有内驱力是不够的，在追求名利的现代社会，有的人就在浮躁中失去了原来应该拥有的甚至必须终身坚守的孝心。因此，需要外驱力——道德和法律的约束作为必要的补充。道德的加强，需要的是孝道教育，让人们有"知"、有"情"；制度、法律的强制力，让人们不能不"行"。在我国的《中华人民共和国民法典》《中华人民共和国老年人权益保障法》中，都有关于孝的明确的规定。道德教育和法律制裁这两手都要硬，既要增加行孝的收益，又加大不孝的成本。由此，子女发自内心愿意行孝，在制度法律的约束下也不敢不孝。

4. 体现现代生活理念，物质赡养为基础精神赡养为重点

养亲、敬亲是传统孝道的基本内容。养亲就是子女对父母的物质赡养，敬亲就是让父母得到精神上的慰藉与满足，给父母以尊重、关怀。二者相辅相成，缺一不可。"今之孝者，是谓能养至于犬马，皆能有养。不敬，何以别乎？"说明只养不敬与犬马没有区别。

在生产力低下的古代社会，忽视父母精神需求的满足或许尚可理解，但是在现代社会，父母的精神需求比物质需求在一定程度上更为重要。随着小康社会的全面建成，物质财富的极大丰富，各种社会保障的完善，已经基本都能够做到"让老人衣食无忧"。情感生活充实，生活品质提高，越来越成为现代老年人追求的目标。随着年龄增长，老年人心理会逐渐发生变化，特别是当儿女不在身边的时候，会感到孤独，产生失落、焦虑的情绪，甚至是猜疑。他们渴望子女的情感关爱和心灵慰藉。

随着城市化进程的加快，留守老人现象也愈加突出。过去养老，主要考虑

的是物质生活的安排以及医疗服务的保障等;现在的老人对精神生活的需求越来越强烈。从现实情况分析,很多老人在退休之前都忙于工作或养家糊口,没有过多的时间和精力去发挥自己的特长与爱好;退休之后,变身为"闲人",有了大量可自由支配的时间。于是,他们的各种兴趣爱好就有了充分释放的机会,如旅游、绘画、音乐、舞蹈、写作、运动等。

　　老年人精神需求的变化,使得尽孝的方式也要随之变化。现代孝道应该以物质赡养即养亲为基础,以精神赡养,即敬亲为重点。一方面,对父母从心里尊重、敬爱,尽最大努力去满足父母的精神、心理、感情、健康等需求;另一方面,要理解父母,尊重父母的意志、思想和人格,对父母做出的合理的选择与决定,尽量支持并促其实现。当然,尊重父母意志并不等于盲目服从,当父母的选择和决定不合适或不正当时,作为子女要耐心地劝说、解释,晓之以理,动之以情,导之以行,帮助父母改正错误的选择与决定,做到既不盲目服从,也不粗暴反对。

5. 体现现代养老新理念,建立自我养老、家庭养老、社会养老三结合的养老模式

　　由中国发展研究基金会发布的《中国发展报告2020:中国人口老龄化的发展趋势和政策》预测,中国将在2022年至2026年前后由老龄化社会进入老龄社会,届时65岁及以上人口将占总人口的14%以上。可以看出,无论是社会还是子女,养老的压力不断增大。因此,适应现代社会需求,建立自我养老、家庭养老、社会养老三结合的养老模式就显得尤为重要。主要有以下几点原因:

　　(1)自我养老是基础。人们常说"男儿当自强",其实,老人在养老问题上也要自强不息。老人要树立自我养老的意识。要转变心态,有独立的自我养老的观念,还要积蓄足够的完全能够自我支配的养老经费;要有自我保健的意识,加强学习,丰富保健知识,同时积极参与健身活动,科学锻炼,科学养生,积极努力地延长健康寿命,为生活上能够自理打下坚实基础。自我养老的前提是从中年开始就要提前多进行经济储备、健康储备和情感储备,为养老做好准备。

　　(2)家庭养老是主导。在我们养老体系还不够完善、养老资源还相当有限的情况下,家庭养老仍将是主要的模式。但是养老责任主体已不再局限于儿子和儿媳,完全可以而且应该扩展到女儿、女婿、孙子(女)、外孙(女)等家庭成员,通过分工协作,实现资源共享,共同承担养老职责。

　　(3)社会养老是发展趋势。现在,由政府、社会组织、企业、志愿者等社会力量为老年人提供的各种生活所需的服务已经比较普遍,甚至"医养结合""智慧养老"等新理念已经深入人心,并且随着社会的不断发展,社会养老服务会越来越科学和完善。

总之,现代孝道要以科学理论为指导,应适应现代生活方式,基本内容包含敬爱、平等、共享、和谐等理念。而其核心是尊老爱幼,是人与人之间的真爱,是建立在人格平等、权利和义务平等基础上的"爱"与"敬",这是现代孝道同传统孝道的最根本区别,也是现代孝道的核心精神。

第二节 现代孝道构建的意义和途径

一、现代孝道构建的意义

(一) 构建现代孝道,是形成国家凝聚力的基础

增强国家凝聚力是实现中华民族伟大复兴中国梦的内在要求,构建现代孝道,有利于凝聚力的形成。古人云:"祖者,始也,己所以始也。"在古代,侯王的封地称"国",卿大夫的封地称"家",后来用"国家"作为"天下""国"的统称。祖与国联系在一起,据专家考证,这是从"祖"兴起、由"孝"发脉的。"祖国",原本是相对于身在异域的后代子孙而称其先祖所籍之国的,未曾离开祖籍的人称自己的国家为"祖国",带有念祖与爱国的感情色彩。说到底,爱国即缘于亲祖而爱国,祖国缘祖而称,则爱国就是孝意识延伸的结果。这种爱国情结,用"孝学"的术语解释,就是对祖国母亲的"孝养",是后代对先祖的"追孝"。处世立身之孝引发忧国忧民的情怀,报亲扬名之孝是孝子忠君爱国的动力,这既是对祖先的回报,也是对国家的效力,二者是有机统一的。同样,国家凝聚力的形成也需要以"国家"观念的普遍认同为基础。正由于国家是因为具有血缘关系的"祖"而诞生的,所以,"国家"的存在就必然有因血缘而存在的孝的作用。有血缘就必然有孝道,而孝道的存在又进一步巩固了既存的血缘关系。有血缘就有形成家庭、国家和民族凝聚力的可能性,而几千年来形成并被中华民族所普遍信奉的孝文化则为这种可能性转变为现实性提供了一个很好的载体。构建现代孝道,并将这种孝文化加以现代化并努力传承下去,正是我们国家凝聚力的基础。

(二) 构建现代孝道,是当前社会主义精神文明建设、思想道德建设的需要

著名学者、曲师大教授骆承烈曾经说过,"孝道是中华民族的传统美德,是

中华伦理道德的奠基石,是世界文明宝库中的瑰宝。孝能使人去恶就善,孝能使家庭和顺,孝能使社会和谐,孝能使民族和睦,孝能使社会和平"。加强精神文明建设和思想道德建设,离不开孝道的传承与弘扬。孝作为家庭的基本伦理与行为规范,是对子女与父母的双向约束。孝是人世间一种高尚的美好的情感,它的本质是亲情回报,它的作用是完善人的品德、提升人的思想境界,是和谐社会的纽带。家庭美德是每个公民在家庭生活中应该遵循的基本行为准则,它涵盖了夫妻、长幼、邻里之间的关系。其中,孝道就是调节家庭成员中子女与父母之间关系的重要规范。

构建现代孝道,可以作为践行社会主义核心价值观的重要抓手。社会主义核心价值观包括三个层面的内容:国家层面的富强、民主、文明、和谐;社会层面的自由、平等、公正、法治;公民层面的爱国、敬业、诚信、友善。构建现代孝道,从公民个人层面看,可以承袭君子之德,修身养性,有利于加强公民个人道德修养;从家庭层面看,传承中国人家庭为本的浓浓亲情,感恩父母,抚育后代,光耀先祖,有利于家庭和睦;从社会层面看,可以引导人们推己及人,感恩分享,将对家人之爱扩展到对他人之爱,"老吾老以及人之老,幼吾幼以及人之幼",有利于社会和谐;从国家层面看,有利于引导人们安身立业,报效国家,自我创造,实现人生价值,促进国家的繁荣。所以,构建现代孝道,与践行社会核心价值观是相互促进、相得益彰的,当然,从更高更广的层面上看,对社会主义精神文明建设、思想道德建设有很大的正向作用。

(三)构建现代孝道,是弘扬优秀文化传统、建构中国特色的现代家庭道德规范体系的需要

孝文化是中华优秀传统文化的重要组成部分,是中华民族爱国主义情怀的感情和道德基础。现代孝道的核心是敬老养老,它提倡父慈子爱,父母与子女平等相待。父母有抚养、教育未成年子女的义务,子女有赡养、照料父母的义务,这一切也是中国特色的现代家庭道德规范的范围。现代孝道还要求从家庭亲情开始,将爱的视野从孝敬父母、关爱亲人逐步拓展、升华,以至爱家、爱国、爱天下。家庭教育的终极目标是培养一个有德性的、有博爱精神的社会人。因此,家庭就需要满足个人成长所需的一切营养,包括道德教育、智育等各个方面。

习近平总书记就是孝的楷模。他曾在1984年人民日报刊发署名文章,提倡"尊老",强调"尊老"是中华民族的优良传统。在生活中,他对父母十分尊重。2001年10月15日,按照习惯,家人要为习仲勋在深圳举办88岁"米寿"宴。习家三代人及亲朋好友欢聚一堂为老爷子祝寿。然而,唯独缺席时任福

建省省长的习近平。作为一省之长的习近平公务繁忙,难以脱身,于是抱愧地向父亲写了一封拜寿信。他在信中深情地写道,他对父母的认知也和对父母的感情一样,久而弥深。信中,他还提到了向父亲学习的五件事。学习父亲坦诚忠厚的为人、学习父亲视辉煌业绩如烟云的风范、学习父亲无愧于党和人民的信仰追求、学习父亲将毕生精力投入到为人民群众服务的事业中的赤子情怀、学习父亲堪称楷模的共产党人的家风。习近平总书记在2015年春节团拜会上的讲话中谈到:"中华民族自古以来就重视家庭、重视亲情。家和万事兴、天伦之乐、尊老爱幼、贤妻良母、相夫教子、勤俭持家等,都体现了中国人的这种观念。'慈母手中线,游子身上衣。临行密密缝,意恐迟迟归。谁言寸草心,报得三春晖。'唐代诗人孟郊的这首《游子吟》,生动表达了中国人深厚的家庭情结。"在2019年春节团拜会上,习近平总书记讲道:"我们要在全社会大力提倡尊敬老人、关爱老人、赡养老人,大力发展老龄事业,让所有老年人都能有一个幸福美满的晚年。""自古以来,中国人就提倡孝老爱亲,倡导老吾老以及人之老、幼吾幼以及人之幼。我国已经进入老龄化社会。让老年人老有所养、老有所依、老有所乐、老有所安,关系社会和谐稳定。"

(四)构建现代孝道,是维护家庭、社会和谐稳定的需要

现代孝道促进尊老爱幼风尚的形成,有利于家庭的和睦;家庭是社会的基本单位,家庭和睦稳定,社会才能得到稳定与和谐。所以,孝虽然只是个人行为,却有利于整个社会和国家的平安与稳定,是稳定社会的基石。现代孝道符合中国的国情,具有独特的作用,是当今社会生活所必需的。作为现代社会的一员,每个人应该自觉奉行现代孝道,做一个尊老、爱老之人。

(五)构建现代孝道,是迎接我国人口老龄化挑战、增强家庭养老承受力的需要

从我国的国情而言,我国早已步入"老龄化",这是不争的事实。据联合国有关组织的权威性统计和预测,到2025年,中国老年人口将占世界老年人口总数的1/5,居世界之首。尤其是我国的老年人口基数大、来势迅猛。在养老问题上,我们必须承认,我国现有的社会养老保障体系在深度和广度上还非常有限,家庭作为社会的最基本单位,家庭养老仍是大多数人的首选养老方式,也是起主导作用的养老模式,大多数老人也更愿意选择传统的居家养老方式安度晚年。因此,构建现代孝道是解决养老问题的必然选择,不仅有助于家庭养老,有利于满足老年人的心理需求,还能够更好促进老年人的身心健康。子女之孝,亲友之情,是任何时候、任何法律或行政行为所不能代替的。小孝为父

母,大孝为人民,我们要自觉践行现代孝道,积小孝为大孝,实现"老吾老以及人之老"的社会理想,从而建立更加公平美好的社会。

我们处于高速发展的新时代,人们的思想观念随着现代化的步伐也在日新月异。对传统孝道要从理论到实践进行重塑和再认识,适应现代社会和现代人的特点,建设适应时代发展的现代孝道,服务于新时代的经济文化和社会建设,这是一个需要有识之士不断挖掘、认真做好的新课题。

二、现代孝道构建的途径

现代社会,尽孝仍然是每个公民应该承担的责任和义务。构建现代孝道是一项综合工程,需要整个社会从不同的角度共同努力。主要应该从以下几方面着手。

(一) 加强现代孝道教育

1. 加强现代孝道教育的必要性

道德不是天生就有的,而是后天培养、教育的结果,是道德知识的学习、道德情操的陶冶、道德意志的锻炼、道德信念的确立和良好道德习惯的养成过程。百善孝为先,孝是一个人善心、爱心和良心的综合表现,是现代社会需要大力提倡的美德。但是,随着社会经济日益发达和青年一代思想认识的不断变化,特别是部分青年人受"消费优先""物质至上"的影响,荣辱观念与上一辈人大不相同,传统的孝道越来越淡化,现代孝道还没有在青年人思想中扎根。所以,与时俱进地加强孝道教育,能增进亲子感情,培养感恩意识,从而使父母与子女关系融洽,进而促进家庭与社会的和睦。不管社会如何发展、如何发达,适应新时代、新理念的孝道教育都是必不可少的。

2. 现代孝道教育的内容

孝道教育应该是现代教育中的一个重要组成部分。现代孝道教育,应当是在继承和发展传统孝道教育的基础上,与现代社会的经济、政治、文化、社会建设高度协调的,与现代道德伦理观、科学价值观高度吻合。现代孝道教育,要融入适合现代社会发展的各种要素,既要守正,也要创新。

第一,敬老爱幼教育。敬老爱幼是古代孝道教育的核心内容之一,至今仍具生命力。当代家庭依然是以血缘关系为纽带的,所以,在家庭内尊老,在社会上尊长,对幼小的孩子倍加爱护,依然没有过时,因为"舐犊之情"是亲情中最原始、最本质、最动人的一种表现,尊敬年迈的长辈,爱护幼小的孩子是一种本能的自然的美好的举动,永远值得传承和强化。敬老爱幼教育在世界范围内具有普适性,对于形成温情脉脉的人际关系以及有序和谐的伦理关系都发挥着重要的作用。

第二,常规礼仪教育。一个人的仪态、举止,是其文明修养的体现。"言思可道,行思可乐,德义可尊,做事可法,容止可观,进退可度"(《孝经·圣治章第九》),美好的仪表仪态也是现代社会大力提倡的。传统道德对于人的容貌、视听、坐卧、行走、饮食、衣冠、周旋揖让等都作了详细的规定,其中不乏可资借鉴继承的具体内容。周恩来总理在南开学校读书时,曾在宿舍大立镜旁边糊了面纸做的"镜子",上面写着:"面必净,发必理,衣必整,纽必结;头容正,肩容平,胸容宽,背容直。气象勿傲勿怠,颜色宜和宜静宜庄。"风度翩翩的周恩来总理就是注重礼仪的典范。在现代社会,人们的频繁交往与古代不可同日而语,必须让年轻人努力学习待人接物的现代礼仪,如用语得体,举止有度,言谈要温和,待人要随和,要学会宽人严己。无论在家庭中还是出门做客,年轻人常规礼仪的把握是非常重要的,这是孝道教育中的必修课之一。

第三,大爱教育。如果说,传统的孝道教育是"小爱"教育的话,那么现代的孝道教育应该成为"大爱"教育,即由爱父辈祖辈等血缘亲属,扩大至爱他人、爱社会、爱护一切生命;由爱自己的家庭延伸至爱家乡、爱祖国、爱地球;由尊重自己的父母长辈扩大至对一切人都应当礼让尊重,对老者、长者、残疾人、贫困者等尤应如此;由在家庭中严于律己,宽以待人,与人为善,进而扩大至尊重兄弟民族的风俗习惯,尊重他国他人的喜好和禁忌等。同时,现代孝道教育也可以扩展到完善自我、回报社会的教育。孝道教育本质上是塑造良好人格,现代孝道教育应注重升华和提升,把忠诚、友爱、谦虚等良好人格的完善与对社会怀有仁慈之心、爱人之心相结合,以增强人们对家庭、对社会、对国家的强烈社会责任感。

3. 加强现代孝道教育的有效途径

加强现代孝道教育,需要家庭、学校、社会多方发力,构筑起家庭、学校、社会立体化、全覆盖的教育体系,形成合力,孝道教育才能真正见到成效。

(1)家庭教育是基础。

家庭是社会细胞,是人们生活的第一场所。民风、世风起于家风,家庭教育是一个人接受最早、时间最长、影响最深的教育,对一个孩子孝德的培养至关重要。

首先,父母要以身作则。父母就是孩子的榜样,孩子的模仿力与观察力都很强,父母对待自己的长辈是什么态度,孩子对父母就是什么态度,因此,父母要以身作则,身体力行,从我做起,给孩子树立孝的榜样。家长既要孝敬自己的长辈,又要慈爱子女;既要重身教,又要重言教,重点在孝敬父母、敬老爱幼、睦邻友好、助贫济困、礼让宽容等方面对孩子进行有效的孝道启蒙。父母孝敬老人,生活中多包容老人的过错,尽好子女应尽的责任和义务。时间长了,孩子耳濡目染,也会养成孝敬老人、关心父母的好习惯。

其次,父母要特别注重培养孩子的善心、孝心,并从这个原点出发,扩展到对他人的爱敬,进一步扩展到对天地万物都会珍惜。"百善孝为先",这句话有两个意思,第一是孝为百善之首;第二是孝心有了,百善自然就有。一个有孝心的人是不会自私的。孩子有孝心,就会处处为父母着想,当他会为父母着想时,就会知道别人的父母同样辛苦,也会为别人的父母着想。孝是一个人仁慈之心的原点,从这个原点出发,会扩展到对一切人和世间万物的爱敬。一个人对待他人的正确态度,都是从家庭中培养出来的。孟子曾说:"亲亲而仁民,仁民而爱物。"从爱父母、爱家人,延伸到对一切人能设身处地;对人能有仁慈之心,进一步对天地万物也都会珍惜,人的修养就是这样有层次地传播开来。

最后,家长要注意不能助长孩子的"娇骄"二气。现代家庭中,"小王子""小公主"已经成为全家的中心和重心,家长既要关注孩子的身体、学习、心理等方面,也要注重孩子的孝道教育。在生活中不能事事包办,要多创造孩子为长辈们做事的机会,要利用各种有利场合,用各种方式和途径,引导孩子尊老孝亲。例如,给爷爷奶奶、姥爷姥姥捶捶背,陪着他们散散步;给爸爸妈妈洗洗脚等。这些都是孩子们能够做到的小事,日积月累,就会使他们养成尊老孝亲的好习惯、好品格。

(2)学校教育是关键。

学校是文明传递的重要场所,是培育人才的神圣摇篮,是每个孩子接受正规教育的必经之所,它对每个人的一生都影响深远。孝道教育应该从小抓起,学校的作用也至关重要。学校应重视学生人伦道德之起点——"孝"的培养,将孝道教育引入课堂。学校的孝道教育要从感恩教育入手。在德育工作中,开辟多种途径,利用各种形式,矫正现代学生的过于自私的不良思想,使其学会对父母、对社会、对他人感恩和回报,这样不仅弘扬了孝道,也能够培养出更多品德高尚乐于奉献的人才。

学校进行孝道教育的形式是丰富多样的,主要有以下几点:

一是学校应开设孝亲课程,特别是传统文化教育课程。学校可以根据学生的特点,利用不同教育手段,推广儒家的经典论述以及《孝经》《弟子规》《三字经》《增广贤文》等含有丰富孝道思想的课程,引导学生从中汲取孝道精华,受到潜移默化的积极影响,萌生出孝敬父母、关爱老人的意识,日积月累就能取得事半功倍的教育效果,培育正确的孝道观。

二是要注意学生的日常生活礼貌的养成和训练。要利用重阳节、母亲节、父亲节、春节等重要节日,引导学生多与父母交流,增进子女与父母之间的感情;要鼓励学生从小事做起,帮助父母做一些力所能及的家务,体会父母为自己付出的辛苦,培育对家庭的责任感,进一步增进亲情,从而启发其内心理性自觉。

三是通过典型案例,引导学生学习"孝"的知识、构建"知"的框架、营造"情"的氛围。学校教师要充分利用影视、网络等各种媒体,挖掘各种孝道案例,让学生充分认识到孝的重要作用与不孝的严重后果。

四是要用孝道元素丰富校园文化,开展丰富多彩的校园孝道文化活动。可以开展与"孝"主题相关的演讲、征文及家务技能等多种比赛;可以邀请文化专家讲授孝道经典,领读孝道经典,如《颜氏家训》等,倡导家训阅读,推荐著名家训、家书;可以开展孝道讲堂活动,讲述孝道故事、品读孝道经典、传唱孝道歌曲,激发学生弘扬孝道的热情,加深学生对孝道的认识,提高学生的孝道意识;可以以主题班会、校园宣传阵地、名人行孝先进事迹报告、自编孝德教育读本等形式多样的孝德教育方式方法,探索孝德教育实施的科学途径,摸索出一套具有普遍指导意义的孝德教育体系,使学生在认知的过程中交流、体会、感悟、思考,最终达到陶冶情操、净化心灵的目的。

五是要把孝道教育纳入德育评价体系,比如可以在高校的各类学生自评、班评和校评的思想品德评估体系中适当增加孝道指标;在学分体系中植入孝道实践教学学分等,对学生形成明确的导向。

(3) 社会教育是孝道教育的良好氛围。

社会教育是全面性的教育,其覆盖面广,几乎遍布各个阶层、各个角落。在我国现行的体制下,政府的主导作用是不可替代的。要充分运用网络、报刊、杂志、影视等各种宣传媒体,特别是为群众广泛接受的各种自媒体,在弘扬孝道、惩治不孝方面发挥舆论引导与监督作用,在全社会进行现代孝道理念和规范的宣传,形成尊老孝亲的良好道德风尚与社会氛围,使孝道伦理和孝道意识深入人心,化为人们的自觉行动。

第一,要通过宣传舆论,让人们了解传统孝文化的现代价值,了解"父慈子孝""敬老爱幼""明礼诚信""与人为善""老吾老以及人之老"的理念和情怀,认识到孝文化的时代内涵与永恒价值。

第二,要在全社会广泛宣传现代孝道,让人们熟悉其特点、内涵及各项行为规范要求。可以结合社会主义核心价值观教育、文明城市(乡村)建设等活动,大力提倡现代孝道,表彰孝道模范,曝光反面典型,以激浊扬清,传递正能量。农村和城市社区要积极组织"五好家庭"、孝星评比等活动,挖掘孝道典型,营造人人向善、个个感恩的美好社会氛围。

第三,要切实落实国家尊老敬老各项政策措施,维护老年人利益,不遗余力提升老年人生活质量。各级政府和老龄工作部门要制定激励措施,在全社会树立敬老、养老、爱老、助老的良好社会风尚,不断提高老年人的生活和生命质量。

(二) 完善社会保障机制,为构建现代孝道提供保障

构建现代孝道,最基础的还是解决养老问题,因为我们不得不面对日益严重的人口老龄化难题。党的十八大以来,我们已经建成了世界上规模最大的社会保障体系,基本医疗保险覆盖超过13亿人,基本养老保险覆盖近10亿人。党的十九届五中全会提出"健全覆盖全民、统筹城乡、公平统一、可持续的多层次社会保障体系,健全养老、医疗、失业等社会保障体系,保障老年人、残疾人、妇女、儿童等弱势人群合法权益,为全国人民筑起一道民生保障网,使人民没有后顾之忧"。但是国内发展不平衡、不充分的问题依然存在,还不能满足老年人的多方面养老需要。为此,国家应进一步制定完善相关政策法规,完善社会保障机制,改善家庭和社会养老环境,为现代孝道的构建提供制度上的保障。

构建现代孝道,相关制度要创新。现代孝道建设,需要全社会的共同参与。各级政府要制定符合社会现实、契合未来社会发展趋势的孝道规范,通过一系列的制度规章,凝聚社会各界智慧,动员起最广泛的社会力量,形成合力。"民以吏为师",领导干部、公务人员、公众人物要发挥榜样作用,以上率下,形成上行下效的局面。对披露出来的上述人员的不孝行为,既要有舆论监督,又要有有效的制止和惩处机制。近年来,有的地方将是否孝顺父母纳入干部考核体系,作为入党提干的重要条件,这是弘扬孝道的创新之举,表明了社会对孝道建设的高度重视,应该推而广之。

(三) 发挥法律的强制性作用,为现代孝道提供法律保障

现代孝道的构建,既是道德建设的一部分,又不能完全依靠道德。一方面是道德提倡,即继承和发扬优良道德传统,树立尊老孝亲的良好风尚,需要道德的"循循善诱";另一方面也需要法律的"惩恶扬善",社会孝道氛围的营造离不开法律的保驾护航。市场经济的趋利性,加上人们道德水平和法律意识水平的差别,导致每个人的是非、善恶、美丑观念不同。社会上啃老榨老、虐待遗弃年老的父母甚至残害父母的事情也屡见不鲜。在这种情况下,就需要用法律的强制性来确保人们遵守基本的社会公德、家庭道德,用法律制度保证现代孝道的贯彻执行,即要"以法促孝"。关于孝亲的法律,我国宪法和1996年12

月1日开始施行的《中华人民共和国老年人权益保障法》等法律法规,以法律形式对赡养人义务、社会保障、老年事业发展等做出了规定,其宗旨就是保障老年人的合法权益,发展老年人事业,弘扬中华民族养老、敬老的传统美德,切实维护和保障老年人的合法权益。2020年5月28日,十三届全国人大三次会议表决通过的《中华人民共和国民法典》对老年人的权益保护进行了全方位的提升。在此有两个问题需要我们高度关注,一是要根据现实情况继续完善有关孝亲的法律;二是要加大执法和监督力度,执法必严,违法必究,依法处理和打击侵犯老年人合法权益的不法行为。

总之,要实现国家富强、民族振兴和人民幸福,在现代孝道的构建问题上也要不断创新,要通过全社会多渠道的努力来促进现代孝道入脑、入心,并化为每个社会成员的自觉行动,提高人们的思想道德素质,增强我们的文化凝聚力。

第三节 现代孝道构建应该避免的误区

一、新版"二十四孝"行动标准的争论与意义

2012年8月13日,全国妇联老龄工作协调办、全国老龄办、全国心系系列活动组委会共同发布了新版"二十四孝"行动标准,内容是:① 经常带着爱人、子女回家;② 节假日尽量与父母共度;③ 为父母举办生日宴会;④ 亲自给父母做饭;⑤ 每周给父母打个电话;⑥ 父母的零花钱不能少;⑦ 为父母建立"关爱卡";⑧ 仔细聆听父母的往事;⑨ 教父母学会上网;⑩ 经常为父母拍照;⑪ 对父母的爱要说出口;⑫ 打开父母的心结;⑬ 支持父母的业余爱好;⑭ 支持单身父母再婚;⑮ 定期带父母做体检;⑯ 为父母购买合适的保险;⑰ 常跟父母做交心的沟通;⑱ 带父母一起出席重要的活动;⑲ 带父母参观你工作的地方;⑳ 带父母去旅行或故地重游;㉑ 和父母一起锻炼身体;㉒ 适当参与父母的活动;㉓ 陪父母拜访他们的老朋友;㉔ 陪父母看一场老电影。

与传统的"二十四孝"相比,新版"二十四孝"在内容上更加与时代和现实相结合,体现了孝道内容的与时俱进,而且通俗易懂,易于操作,充满着鲜活的时代元素,为社会多数人所认同。在新版"二十四孝"中,"经常带着爱人、子女回家""节假日尽量与父母共度""亲自给父母做饭""每周给父母打个电话"等体现了陪伴的重要性;"对父母的爱要说出口""打开父母的心结""常跟父母做

交心的沟通""常跟父母做交心的沟通""陪父母拜访他们的老朋友"等体现了浓浓的"精神赡养"的深刻内涵;"教父母上网"体现了与现代生活接轨,通过文化反哺拉近两代人的距离;"支持单身父母再婚"是对传统观念的突破;"聆听父母的往事"彰显了心理关怀;"经常带着爱人、子女回家"是对歌曲《常回家看看》倡导的理念的重申;"为父母举办生日宴会""陪父母看一场老电影"则通过仪式感化的方式激发子女的感恩情怀。这些都与现代生活紧密结合,突出了对老人的心理关怀,具有鲜明的时代特点和行为指向性,无疑是传统孝德的创造性转化和创新性发展,是现代孝道的具体体现。

当然,反对的声音也很多,主要认为这些标准对于许多子女来说做到的难度很大。由于年轻人在住房、教育、医疗的生活压力下,时间和精力都非常有限,加上现实各种条件的制约,使年轻人在践行新版"二十四孝"的要求上存在着"难于上青天"的实际困难。

政府根据现代社会特点提出的与时俱进的行为标准,鲜明地表达了政府对孝道的高度重视,也说明了现代孝道构建的重要性和紧迫性。需要说明的是,新版"二十四孝"行动标准是政府的提倡而不是硬性要求,不是教条而是提醒,不是训教而是倡导。不管赞成的观点还是反对的声音,我们不妨换一种心态和眼光来看待,把它当作一面镜子来对照自己的行为,促使自己更关心、关注父母的生活与精神状态,这或许才是发布新版"二十四孝"行动标准的真正意义所在。

二、现代社会存在的孝道问题

新版"二十四孝"行动标准之所以引起诸多争议,原因在于现实的年轻人在尽孝问题上有很多难处,也存在不少认识上的误区。我们批判地继承传统孝道,倡导现代孝道,最为关键的是要把握好"度"的问题:对传统孝道的"扬弃",必须科学而准确,不能"把洗澡水和孩子一起倒掉"。现代人尽孝,要科学分析哪些行为是正确的,哪些做法是错误的。矫枉不能过正,我们强调传统孝道存在局限性,要脱胎换骨以适应新时代变化同时,但是绝不能忽视的另一个问题就是在新时代,有些人的行为却从一个极端走向另一个极端,把传统孝道的精华也抛弃了。关于这个问题,主要从以下几个方面来分析。

(一) 长幼地位颠倒,"倒孝"现象普遍

传统孝道中子女与父母在经济、政治、人格上都是不平等的。在现代人看来,"毛发色肤取之于父母,稍有损耗是为不孝"的主张太苛刻了,丁兰"刻木求

亲"是不可能的,郭巨"埋儿奉母"之举更有违人性,"顺者为孝"也太不人性化,至于"父让子亡,子不能不亡"就更应该被批评。现代社会强调个性自由和人格平等,现代孝道是建立在子女与父母平等基础上的。然而事实却是,在许多现代家庭生活中,父母与子女的地位却从一个极端走向了另一个极端,长幼地位被颠倒了。具体表现在:一些家庭完全以孩子为中心,一切由孩子说了算,"无违"成了孩子对父母的要求。相对于子女,父母成了名副其实的"弱势群体"。有些子女极端自私,对父母索取多,感恩少;使用多,关心少;只求继承父母的财产,不愿承担起赡养父母的责任,更有甚者嫌弃、虐待缺乏或丧失劳动能力的老人。长幼地位的颠倒,使子女养成了以自我为中心的性格,缺乏对父母的爱心、同情心和责任感。

长幼地位的颠倒,导致现代社会"倒行孝"现象比较普遍。由于现代家庭重心由父子关系向夫妻关系偏移,父母的观点往往被视之为"落伍""老土"而不被重视,在家庭中的影响力下降。子女在"追求个性"的同时,孝道观念有淡化的趋向。不少子女为了营建自己的小安乐窝,"啃老""刮老"现象比较严重。有的年轻人结婚前,需要父母为其买房买车,操办婚事;结婚之后,还是一味地向父母索要钱物。有人形象地将被子女啃老榨老的父母概括为保姆、取款机和服务员:保姆,主要是要照顾孙子(女)、外孙(女),包括上学的接送、做饭、洗衣服;取款机,即子女向父母索要钱要物,需要什么拿什么,毫不客气;服务员,即回到父母家吃住,全部家务都交给父母做,自己带着孩子当甩手掌柜,名正言顺地在父母家里吃、拿,在父母那里"油瓶倒了不扶"。"平时照顾'小皇帝',周末伺候'还乡团'",这略带调侃的总结,道出了不少父母的无奈和苦涩。

有一组老人带娃的数据,据统计,2岁半以内的儿童,60%~70%由祖辈照顾,3岁以后则占40%。有记者随机抽取12位老人采访,超过七成的老人表示:带过一个娃,已经累怕,再带一个,有心无力。有位医生表示,每天接诊的失眠老人中,有三成是因为带娃情绪焦虑引起的。随着"全面三孩"政策的放开,老人带小孩的压力越来越大,出现情绪障碍的老人明显增多。现在有一种现象:年轻人只生不养,养娃带娃的重担几乎全落到老人肩上。这其中固然原因是多方面的,主要是年轻人工作忙、压力大、没有时间照顾孩子等,但是主观的因素也占很大比例。孩子甩给老人,老人辛苦不说,还经常被抱怨。孩子不吃饭,怪老人不会看孩子;孩子磕了碰了,怪老人没看好;孩子毛病多,怪老人太溺爱;孩子跟父母不亲,怪老人没教好。年轻人要明白一个道理:孩子是你的,老人有能力帮带娃,愿意帮你是情分,不帮你是本分。生娃是成年男女的相爱本能,育儿是成熟父母的责任担当。不能把照顾孩子的责任完全推给父母,否则就是另一种形式的"啃老"。

现代孝道强调人格平等和权利、义务的对等。我们反对子女对父母恭顺屈从、逆来顺受的"无违即孝"的思想，也要反对"啃老""刮老"的"倒行孝"思想和行为。因为孝敬老人是晚辈回报长辈养育之恩和亲子之情的表现，反映的是人类反哺报恩的人性特点。我们认为，现代孝道要求父母与子女之间的权利和义务是相互的，一方面要求"父慈"，即父母要关心爱护自己的子女，不断提高自身的各方面修养，使自身值得被子女爱；另一方面要求"子孝"，即子女要对父母的爱有报恩的情感和行为。父母与子女要互相帮助、互相爱护、互相尊重、互相信任，任何一方不能失之偏颇。老人们在年轻时代为子女耗尽心血、为社会的发展做出了贡献，不管时代如何发展，在他们年老体弱时理应得到子女的关爱与孝敬时，如果沦为"保姆、取款机和服务员"，当然是现代孝道应该坚决反对的。

（二）视老人为负担，对父母不待见

现代社会中还有一部分人，他们并非没有尽孝的能力，只是缺失孝心。随着父母年龄的增大，给家庭添砖加瓦的能力没有了，因体弱多病花费增多，或者因其年长体衰而需要子女消耗时间和精力去照料他们的饮食起居，或者因其无收入而需儿女赡养。于是有些人把老人视为一种负担，语言上嫌弃，行为上不待见。有的家庭里，儿女们的住房宽敞明亮，父母却挤在阴暗潮湿的小房子里；有的子女们高消费，而自己的老人生活清苦，甚至有病没钱治疗；更有极端的情况，是子女虐待老人，甚至遗弃父母。有的老人在万般无奈之下将不孝的子女告上法庭，亲子之间反目成仇，让人寒心。

（三）子女与父母"代沟"增大，沟通交流困难

现代社会日新月异，老年人在思维方式、生活习惯、价值观念等方面与年轻人的差异越来越大，亲子之间代沟增大是正常的情况。代沟导致亲子之间的沟通比较困难，甚至于还会因心灵隔阂而造成亲代与子代之间的心灵伤害。孩子常常说年迈的父母"out 了""过时了"，宁愿在网上与陌生人聊天，也不愿和父母多说一句话。

代与代之间在平等、相互理解和尊重的基础上进行交流沟通，才能带来代际和谐。对老人而言，应该加强学习，不断解放思想，努力跟上时代的步伐，不能囿于旧的条条框框，或用老观念束缚、干涉子女。作为子女来说，也要知道谁都有老的时候，不要总认为父母思想落伍而一味地横加指责，而要理解父母的难处，设身处地为父母着想。比如有的单身父母想要找老伴儿共度晚年，做子女的不应该找各种借口横加阻拦。总之，代与代之间换位思考，设身处地为

对方着想,相互尊重与理解,才能填平或者弱化"代沟",顺畅交流。

(四) 空巢家庭增多,老人心灵孤寂

计划生育政策的实施,带来独生子女家庭大量出现,人口老龄化加速,空巢老人数量激增。最新数据显示,"到2030年,我国老年人口将达到3.71亿,占总人口的25.3%,2050年将达到4.83亿,占总人口的34.1%,届时每三个人当中就有一个老年人"。据统计,在一些主要城市,空巢家庭已占老人家庭的1/3左右,未来这种状况会越来越严重。经济困难、无人照顾和缺乏精神慰藉是困扰空巢老人的最主要的三个问题,后者对空巢老人的伤害更大。"出门一把锁,进门一盏灯",是空巢老人生活的真实写照,特别是那些老伴去世后的孤寡老人们,他们会更加寂寞孤独。尽管当今社会已经为老有所乐提供了许多途径,但社会的关爱不能代替儿女的亲情,尤其在逢年过节的时刻,空巢老人们总免不了以泪洗面,本该欢乐的佳节因此平添了几分悲凉。

解决这一问题,需要父母和子女双方的共同努力。作为晚辈,要尽可能多抽时间与父母团聚,确因条件所限,无法常回家,也要多与父母电话联系、视频聊天。作为老年人,要自觉地老有所学、老有所为、老有所乐,要不断充实自己,自觉吸收新知识、了解新科技,关注国家和社会的发展状况,使自己的思想和观念能够跟得上时代的发展。比如参加老年大学,在"老有所学"的同时,也"老有所乐";可以积极投身于公益事业,实现"老有所为"。比如现在有很多地方的退休老人们穿起了制服、当起交通协管员,为社会出一份力。同时,老人要自发组织一些互助团体,互相关照、互送温暖;更有一些老年艺术爱好者自发组建艺术团体,在节假日进行公益演出,不为挣钱,只为老有所乐,同时又能为社会做贡献。

(五) 孝敬父母力不从心

现代社会竞争愈加激烈,年轻人所面临的社会压力也日益增大。老龄化时代的到来使得家庭中老人的数量呈现增长态势,"四二一"的家庭结构模式使得年轻一代所面临的养老压力也是空前的。在结婚、买房、抚养孩子等环节上,父母竭尽所能承担了大部分压力。由于没有兄弟姐妹,当小家庭双方父母年迈多病的时候,养老的压力陡然增大。有些年轻人不是没有孝心和责任感,而的确是自身的能力有限,拼命工作却收入微薄。尽管现在社会已经实行了"三孩"政策,但不少家庭即使抚养两个孩子也比较困难,在赡养父母问题上难免感到吃力,甚至力不从心。由于地区发展不平衡,收入差别也很大。在子女经济收入有限的情况下,就需要合理分配有限的收入。一方面,在子女消费与

父母养老两个方面,要合理分配,能够相互兼顾;另一方面,在物质赡养条件有限的情况下,精神方面的孝行要更加跟得上,多给父母一些陪伴,让父母在精神上享受到更多的天伦之乐。

三、现代人孝道意识淡薄的原因

对父母尽孝是子女们的责任。但是在实际生活中,受各种因素的影响,现代人的孝道意识有淡薄的趋势。总结起来,这些因素主要有以下几点。

(一) 家庭"重心"的倾斜

现代家庭中,孩子是名副其实的"宝贝",家庭消费、照顾重点越来越多向孩子一方倾斜,老人的重要性在逐步弱化。子女入托、入学、各种培训班以及上大学甚至出国留学,其高昂的子女教育经费成为很多家庭的沉重负担,赡养老人被放在了后面的位置上。在时间上,正处于事业发展期的中青年人空余时间有限,在照顾老人和孩子的选择上,更倾向于后者,给予老人的时间相对要少得多;在家庭开支上,老人的消费更是要为孩子"让路"。无论是客观条件还是主观愿望,老人的地位是无法和孩子同日而语的,在多数年轻人甚至是老人的心目中,爱护幼小比孝敬老人更重要。

(二) 价值观念的改变

现代社会,经济越来越繁荣,社会财富急剧增长,社会上的浮躁和虚荣之风也日趋明显,消费至上的观念在年轻一代身上有着比较突出的表现。网上一则消息:2019年5月28日,珠海一个27岁的女孩在家里烧炭自尽,原因是月薪3000多元的她,名下有14张信用卡,经查实授信额度超过77万,合计欠款总额达到87万多元。生前她经常到澳门购买化妆品、衣服帽子等,去世前还买了一辆3000多元的自行车健身用,遗物中包括没有开封的女士提包。消费至上的价值观,带来的"精致生活"正在毁掉部分年轻人。他们重金钱、轻亲情,消费攀比,重利轻义。在他们眼里,父母的位置自然就没有那么重要了。有的年轻人常常抱怨说就业难,房价高,自己的经济问题都解决不了,怎么去赡养老人呢?我国古代讲求"家贫亲老,不择官而仕。若夫信其志,约其亲者,非孝也",也就是说我们不能等到当上"达官贵人"的时候才去孝敬。这其中不仅仅是经济问题,更重要的是思想问题、价值观念问题。

（三）家庭教育、学校教育存在缺位

家庭教育方面，由于孩子越来越成为家庭的"中心"和"重心"，整个家庭对子女宠爱有加，在智力投资方面也不遗余力，但是在孝道教育上存在缺失，家长并没有给孩子树立起好的榜样，只是用说教的方式告诉孩子孝顺的重要性，实践中却没有亲力亲为，简单的说教显得苍白无力，导致了孩子孝道意识的缺失。学校教育方面，存在重知识、重分数、轻道德教育的现象，对孝道教育不够重视，培养了不少工具性、单向度的人，这也导致了一些孩子从小就以自我为中心，养尊处优、敏感孤傲，孝道意识淡漠。

孝道意识的缺失，会导致现代家庭养老功能的弱化。我国目前的经济发展水平以及历史文化传统，决定了现阶段我们仍然以家庭养老模式为主导，而孝道一旦丧失，家庭养老自然会出现问题，会给社会带来更大的压力和挑战。其次，孝道缺失会影响家庭代际关系的和谐，"家和万事兴"，家是社会最基本的组成元素之一，家庭失合同样也影响我们文明社会的建设。

第四节　现代孝道的尽与行

我们处于一个高度发达的现代社会，科学技术日新月异，信息传播手段日益网络化，生活节奏越来越快，人们的思想日趋多样化，个人的权利和自由得到充分尊重，自由、平等、民主、法治等价值观念成为主流。经济的高速发展、城市化的加剧，使得越来越多的年轻人离开家乡，涌进城市，由此带来了家庭结构的变化。日益激烈的竞争压力，也使得年轻人的生活成本增加，生活压力增大。

作为上层建筑的一部分，传统的孝道如何与现代经济基础有机结合？在现代生活条件和生活方式下，怎么做才是孝？这是需要我们思考的问题。任何事物都必须与时俱进才会有生命力，孝道也是如此。传统孝道瑕瑜互见，糟粕与精华共存，必须随着时代进行创造性转化和创新性发展。我们坚持创新，但不是天马行空随心所欲，而是要立足社会发展实际，赋予新的时代内涵。笔者认为，现代人谈孝，至少应该注意以下几个方面。

一、理解是前提

理解年迈的父母是尽孝的前提。有的年轻人,和老人一起走路,嫌弃他们走得慢;经常抱怨父母连简单的微信、支付宝都不会用;明明上网就可以买的东西非要大老远去实体店买;明明饭菜都变质了还舍不得扔掉……诸如此类的子女抱怨,让父母左右为难,非常伤心。作为子女,要理解父母的成长和生活环境导致他们多年养成了自己的习惯,而且老年人的听力、视力会逐渐下降,腿脚也越来越不方便,这是所有老年人都会遇到的难题。我们不能改变他们的身体状况,但可以多一分理解,慢下来等等他们。年轻人平时应少一些抱怨,对父母说话要心平气和,非原则的事情要多谦让,批评和建议应该委婉,这都体现了对父母的理解。

二、敬心是根本

尽孝的关键是心中有父母,有孝的观念和意识。《礼记·祭义》中说:"孝子之有深爱者,必有和气;有和气者,必有愉色;有愉色者,必有婉容。"意思是有深切爱心的孝子,必定有和悦的气度;有和悦的气度,必定有愉快的神色;有愉快的神色,必定能流露出和顺的容态。古人中肯地指出了子女的"和气""愉色""婉容",来自"有深爱者",也就是以深爱作为基础。孝敬,以敬为孝。如果对父母连"敬"都做不到,基本就谈不上孝了。敬亲,首先体现在言语态度上,不能看不起"老土"的父母,平时不要对父母大声呵斥。即使觉得父母有些话不尽合理,也要耐心向他们解释。规劝时要注意态度和方法,不应该生硬地顶撞或训斥。在工作和生活中,遇到烦心的事情,子女可以和父母商议解决的办法,不要一有不顺心的事情就在父母面前摔摔打打,满腹牢骚,给父母"脸色"看,让父母担惊受怕。"这事不用你管""说了你也不懂""你们那一套早就过时了""烦死了""真啰唆""说了你也不懂""别问了"等这些会让父母伤心的话,更是应该成为子女的忌语。

敬亲表现在行动上,就是要懂得礼敬退让。有人说,现代人真正的孝是给父母一个好脸色。这话虽然不全面,但从一个侧面反映了对父母"敬"的重要性。不少年轻人在父母面前,动不动就生气、发脾气,甚至摔门走人。这是不对的。要经常对父母微笑,不要对父母大喊大叫,不要批评父母无能,不要嫌弃父母啰唆,不要抱怨父母什么都不懂,不要埋怨父母行动迟缓。我们每个人都要牢牢记住:悦亲是养亲的前提,使父母常生欢喜心,才能增进他们的健康,这是寿亲之道。

对很多年轻人来说,包容父母的不完美,是敬亲的前提。现代社会,受功利性的影响,很多年轻人觉得父母身份普通、读书不多、观念守旧等,给自己丢面子。这些都导致他们对父母心有怨言,因而在言语、行动上表现出对父母的不耐烦,甚至顶撞或训斥。大多数父母是普通人,做着普通的工作;而且所有的父母都会犯错,他们或迂腐、或固执、或跟不上形势。但是生养之恩大于天,原谅父母的过错,包容他们的不完美,是现代人应该具有的最基本德行,因为包括自己在内的所有人都不是完美的。"弟子规"里说:"亲爱我,孝何难,亲憎我,孝方贤。"父母也许很平凡,尤其是孩子成年后,他们在经济和事业上能帮到孩子的更少。随着孩子的成长,父母的眼光和观点可能与孩子渐行渐远。如果因此而嫌弃和抱怨,那是作为子女的认知出现了问题。父母爱孩子与孩子孝敬父母,都是天经地义的事。父母存在的价值,绝不是他们能留给我们多少财富。怎样孝敬父母,是每个人都要学习的人生功课。演员高亚麟曾说过:"父母是我们和死神之间的一堵墙。父母在,比如说你今年30岁,你不会琢磨;60岁你都不会想,因为你老会觉得,有一堵墙,挡在你和死神面前,你看不到死神。父母一没,你直面死神。"高亚麟说的,大概与我们常说的"父母在,人生尚有来处;父母去,人生只剩归途"异曲同工。做儿女的不管地位多高、多么富有,不管父母如何平凡,都不要把坏脾气留给父母。作为儿女,一辈子对父母要怀"敬心"。

三、顺心很重要

子女对父母尽孝,在非原则的问题上要尽量顺从父母的意见。当然这种"顺"不是无原则的迁就。长辈和晚辈在生活方式、思想观念等方面有很多不同,生活中产生一些家庭矛盾也不可避免,晚辈要靠宽宏大量来解决好这些矛盾。在生活细节问题上,子女要少跟父母计较或者不计较,要多尊重和理解父母的生活习惯和生活方式。比如有的年轻人出于好心将父母从农村接到大城市居住,本意是让父母"享福",而结果却是父母"不领情"。原因其实很简单,父母在大城市住不惯,渴望回到以前的生活方式和自己的朋友圈。这个时候,多考虑父母的感受,多"顺"着父母的意愿,可能是更孝的行为。此外,现代人做到让父母"顺心",就是让父母觉得自己有用。随着孩子的成长,父母的作用会逐步减弱。人老了最害怕自己没有用处,所以我们有时候要"请求"父母为我们做一点点事情,安排一些力所能及的小事,比如请求父母做点家乡的饭菜,请求父母给宝宝做件衣服等。这样做的目的不是去消耗父母,不是把父母作为带孩子的"保姆",而是让他们感觉到被需要,从而获得成就感和价值感。

四、安心最关键

传统孝道讲究"内安其心",即满足父母内心安宁的精神需求。让父母"安心"的行为是多方面的,比如子女生活自立,家庭和睦,遵纪守法,健康平安,以免父母为其过错和安全担惊受怕,保证父母心境安宁、平静,从而达到以静养心的目的。

现代人,要让父母"安心",最重要的是做到以下两点。

(一) 爱惜身体,珍惜生命

"身体发肤,受之父母,不敢毁伤,孝之始也"。"身也者,父母之遗体也,行父母之遗体,敢不敬乎?"传统孝道历来强调子女要怀着尊敬父母的态度来爱护和保全自己的身体,不让父母赋予自己的身体受到损害,并让父母的生命通过自己及后代不断地延续下去。现代社会,危及人的健康和生命的因素越来越多。作为年轻人,平时要注意安全,加强身体锻炼,爱惜自己的身体,过好自己的生活,不要让父母担忧,这既是为自己负责,也是对父母的一种孝。子女在适婚年龄结婚、生子,满足父母对子孙延续、血脉长存的希望,更是一种孝。现代社会,有两种情况需要引起高度重视。一是年轻人的自杀现象。据中国人民大学社会与人口学院赵玉峰发表的《中国青年人的自杀现状和变动趋势(2003—2015)》一文中的统计,2015年中国15~34岁的年轻人每年有10万人死于自杀。由于种种原因,年轻人自杀现象仍然屡见不鲜,加上由于车祸等意外因素导致的伤亡,每一条鲜活生命的逝去,背后都是父母的灾难和无尽的悲哀。二是有的年轻人不想结婚、不愿生孩子的问题。现代社会对这个问题的容忍度已经大大提高了,媒体也经常讨论,一般会有两种态度:支持者认为结不结婚、生不生孩子是年轻人自己的事情,不能用传统孝道来绑架年轻人的个性;反对者认为结婚生子是人之常情,也是天下父母的希望,不能因为自己的个性而寒了父母的心。笔者认为,年轻人有个性、有自己的生活方式本没有错,但是结婚生子不仅仅是个人小家庭的事情,也事关双方的父母,同时也是一个社会问题。繁衍后代是人类的一个重要本能,族群的繁衍、基因的延续依靠这个本能。希望孩子结婚生子也是大多数父母的愿望。年轻人既要考虑自己,也要考虑父母和社会。即使自己决定不结婚或者不要孩子,也要将自己的想法和父母很好地进行沟通,取得父母的理解,不要让父母焦虑。从另一个角度来看,人的认识会随着年龄、阅历的不断增长而改变,年少轻狂是可以理解的，多少年后铅华散尽、青丝白发，可能留下的只是遗憾和悔恨。讲浪漫、求个性当然是可以理解的，当缥缈的理想碰撞到现实的地面，繁花凋零、红叶飘落的时候就会明白，多数人走的路才是正确的道路，毕竟生活需要柴米油盐，子孙绕膝才是老来的幸福。况且，小家庭中没有孩子这个情感的调节剂，婚姻的稳固性远远不如有孩子的家庭。"丁克"家庭现象会加速社会的人口老龄化，影响人口质量，也不利国家和社会的发展。

（二）减少家庭矛盾，让父母"安心"

老人最怕产生家庭矛盾，特别是与子女一起生活的老人。家庭的和睦，需要家庭所有成员顾全大局，推己及人，不能过于以自我为中心。兄弟姐妹在养老问题上要注意协商沟通，根据彼此的经济、工作和家庭条件状况，有钱出钱，有力出力。人人都有孝敬父母的责任与义务，不能找各种借口为自己开脱。现实生活中，因为家庭琐事，或者抱怨父母房屋、财产等分配不均，导致兄弟姐妹反目成仇，使老人在夹缝中左右为难，甚至出现自杀等悲剧，这都是现代社会中最大的不孝。另外，家庭中的其他矛盾，如小两口之间的矛盾等，都会导致父母的不安心。平时家庭成员的和睦相处，遇到矛盾心平气和地商议解决，既是作为子女的一种涵养和文明，也是一种孝行。

五、精神关怀更值得重视

尽孝的方式有很多，从物质的到精神的，从语言的到行动的。但总体而言，在物质财富极大丰富的现代社会，让父母衣食无忧已经不难，父母更为需要的是精神上的关爱，是孩子的"孝心"，特别是年迈的父母更注重的是孩子的心在不在他们身上。孩子们也许只是帮老人梳梳头、捏捏肩，或许只是一声问候，就会让父母温暖和感动。需要指出的是，在现代社会快节奏的生活中，不少年轻人没有多余的时间和精力陪伴父母。客观现实如此，多数父母是理解的，但作为孩子需要明确的是，只要真正用了心，许多困难是可以克服的。经常给父母打电话、与父母视频聊天；在父母的生日、母亲节、父亲节、中秋节、春节等重要的节日里尽可能回家看望，向老人表达真诚问候，买点小礼物，与父母一起吃顿饭，陪他们聊聊天等，这些对于现在的年轻人来说，都是不难做到的尽孝方式。

现代社会，赡养老人已经不仅仅是物质赡养，精神赡养更为重要。据报道，中国青年报社调查中心通过益派市场调查公司，对3144人(其中"80后"占65.8%，"70后"占23%)进行的一项调查显示，"给予父母更多精神关怀"成为新时期"孝"的首要标准,83.7%的人选择此项。精神赡养主要是对老人精神上的抚慰、生活上的照料,从而使其身心愉悦,其中包括很多方面。作为子女,要根据老年人的生活特点、个性爱好等不同状况,用诚心、耐心、细心,通过灵活多样的形式,实现对老年人的精神慰藉,让他们真切感受到存在感、获得感、幸福感。作为子女,不能让父母为自己担忧,无论是出门在外,还是重要的节假日,子女都要通过电话和网络送去问候和慰问;多鼓励老人参加有益的社交活动。做儿女的日常多问候,生活上多照顾,生病时多探视,闲暇时和他们唠唠家常,对父母来说都是精神上的慰藉。不管什么方式,陪伴是最直接、最简单也是最长情的方式。媒体曾经做了两个关于老人的调查。一个是:逢年过节你最担心的事是什么?排第一的回答是:担心子女过年不能回家。另一个是:逢年过节你最怕听到的一句话是什么?排第一的回答是:我节假日不能回家。两个问题,一个答案。对于现在的父母而言,最好的礼物不是钱和物质,而是陪伴,要常回家看看。重大节日尽量与父母共度,经常带着爱人、子女回家,给父母过生日,亲自给父母做饭,每周给父母打个电话,为父母庆祝结婚纪念日等,都是陪伴的良好方式。总之,要维持好父母的身体与精神需求两者之间的平衡,让父母既老有所养,更老有所乐。

六、多找机会少找借口

现代社会,购房置业、子女教育等消费支出不断增大,导致年轻一代的工作、生活压力越来越大。越来越远的居住距离和越来越快的生活节奏,使不少年轻人在尽孝问题上感到力不从心,难以平衡工作与尽孝的矛盾。一项针对在外工作人群的调查显示,七成受访者至少半年才能和父母见上一面,主要原因是假期不够用、工作忙、交通成本高等。

马斯洛需求层次理论提出,人在满足生理和安全需求后,更需要爱与归属感。儿女经常陪伴父母,是老人归属感最大的来源。现实困难的确是存在的,但是克服这些困难也不是没有办法。一方面,亲子之间居住距离远,这是现代人不得不面对的重要问题,但是现代通信手段也为解决这一问题提供了现实手段和方法。新版"二十四孝"第九条就是教父母学会上网。随着社会发展,还应该增加一条"教父母学会使用智能手机"。互联网、智能手机的普及,人无论身在哪里,都能通过网络、手机等进行远距离交流。作为子女,如果能为父母配备电脑、手机等设备,并耐心教会父母熟练运用,也是一种孝的行为。老年人存在视力下降、反应缓慢、体力日渐衰弱的情况,对儿女的耐心也是一种考验。作为老年人,要自觉、耐心地学习这些"新事物",不能仅仅依靠子女,也可以向身边的其他人学习,以熟练掌握这些新技能。另一方面,与父母同城居住的子女,可以利用晚上、节假日回家,聊聊家常,亲手给他们做饭,或是带他们散步、郊游。其实,做儿女的只要有心、用心、贴心,父母是很容易满足的。有的子女希望通过努力工作,为父母提供更好的物质条件,这种想法是难能可贵的。但是在父母看来,物质的满足仅仅占很小的一部分,况且现在的家庭,很多父母的收入足以满足自身的物质需要,他们更看重的是儿女的陪伴,更看重与子女在一起的那种踏实轻松的感觉。作为子女,面对父母逐渐衰老、羸弱的过程,科学处理好生活压力大与尽孝的关系,多找机会少找借口,毕竟"子欲养而亲不待"是人生最遗憾的事情。

七、一把钥匙开一把锁

行孝也是多方面、多角度的,要从家庭的实际出发,从父母的需求出发。经济条件差的父母,出钱为孝;身体病弱的父母,出力为孝;孤单的父母,相伴为孝;脾气暴躁的父母,理解为孝;勤俭持家的父母,勤快为孝;比较专权的父母,顺者为孝;病患的父母,多照顾为孝;唠叨的父母,聆听为孝;喜欢旅游的父母,多带父母出游是孝;有自己梦想而因为种种原因没有完成的,帮助他们完成年轻时未竟的梦想是更高层次的孝……父母对你的期待,你尽可能让他们如愿也是尽孝。子女注意自身安全,一家人平安健康是孝;在单位对工作尽职尽责,与领导、同事和睦相处,工作顺利稳定也是孝;作为子女,为人行得端做得正,品行好受人称赞,让父母有面子也是孝。传统孝道认为,"立身行道,扬名于后世,以显父母,孝之终也"。现代人对扬名立万、光宗耀祖已经不那么看重了,但是子女事业有成还是报答父母养育之恩的重要方式。从辩证发展的眼光看,子女好好学习,好好工作,好好生活,身体健康,注意安全,不让老人长辈多操心,都是孝行。世界上没有完全相同的两片树叶,也没有完全相同的父母和子女。孝道没有什么尽善尽美的理想办法,每个家庭都应该根据父母和子女的情况做最好的选择,使老人幸福的目的达到了就是孝。

八、厚养简葬

百善孝为先,慎终追远是孝的传统。生前奉养,父母去世后奉葬亦是人之常情。但若以厚葬厚祭来体现孝心,则是对传统孝文化的误解。"祭而丰不如养之厚",古人早就如此提倡,现代社会更应该提倡"厚养简葬"的理念。在倡导文明节俭的现代社会,为人子女,应该在亲人生前尽心赡养、悉心照顾,让他们生活安逸、精神富足,让他们能充分享受天伦之乐、颐养天年。对去世的父母,"葬之以礼,祭之以礼",丧葬祭祀尽可能从简,才能避免"坟与人争地、墓与宅媲美"的社会现象。做父母的也要改变观念,明白生前如果子女不孝顺,死后建多大的坟也于事无补,安享晚年才是最大的追求。尊重和缅怀先人,贵在传承其优秀的精神品格和道德风范,而不在祭祀的繁文缛节。如果对亲人生前关怀不够,即使厚葬厚祭,也难以真正体现孝的真谛。全社会应摒弃落后的丧葬陋俗,倡导和践行厚养简葬的理智尽孝理念。

九、推己及人

老吾老以及人之老,现代社会,对自己父母的"爱"和"敬"需要进一步推而广之,由敬爱自己的父母扩展到尊敬所有长辈和老人,爱自己父母的同时,用同样的情感去敬爱他人的父母兄长。博爱和广敬的传统孝道理念,体现了中华民族周贫济困、尊老爱幼的人道主义精神和民族性格,具有超越时空的永恒价值与意义。在现代社会不但不过时,而且值得进一步推而广之,走深走实。

总之,现代孝道要与现代理念、现代文明同行,是承继传统又不拘泥于传统的孝道,是建立在男女平等、老幼平等的基础之上,以爱和尊敬为内核,双方互尽义务而且具有高度自律的孝道,是父母、子女、社会三者有机结合、相得益彰的孝道。

第七章　淄博现代孝文化的传承与建设

几千年来,作为传统文化重要的组成部分,孝文化为维系家庭和谐、社会稳定、经济发展发挥了积极的作用。当下,我国社会人口老龄化问题日益凸显,根据中国发展基金会发布的《中国发展报告2020:中国人口老龄化的发展趋势和政策》测算:2020年中国65岁及以上的老年人约有1.8亿人,约占总人口的13%;2025年"十四五"规划完成时,65岁及以上的老年人将超过2.1亿人,约占总人口数的15%;2035年和2050年,中国65岁及以上的老年人将分别达到3.1亿人和接近3.8亿人,占总人口比例则分别达到22.3%和27.9%。如果以60岁及以上的年龄作为划定老年人口的标准,中国的老年人口数量将会更多,到2050年时将有接近5亿老年人。我国从老龄化社会进入深度老龄化社会仅仅需要25年的时间,超过了法国的115年、英国的45年、美国的69年,说明我们的人口老龄化问题日趋严重。

淄博市的情况也不容乐观。据淄博市老龄办2017年的数据,淄博市早在1987年就进入老龄化城市行列。截至2016年底,全市60岁以上老年户籍人口为94.76万人,占总人口的21.91%,除张店区、沂源县、高新区外,其他六个区县及文昌湖旅游度假区老年人口比例均超过22%,其中博山区最高,达到24.46%,最低的高新区为16.98%。2020年数据显示,淄博市常住人口为470.41万人,从性别构成来看,男性人口占比为50.22%,女性人口占比为49.78%,性别比例相对均衡;从年龄构成来看,0~14岁人口占比14.89%,15~59岁人口占比61.87%,60岁以上人口占比23.24%,其中65岁以上人口占比16.5%,60岁人口占比和65岁以上人口占比均高于全国平均水平(18.7%和13.5%)。

面对日益凸显的人口老龄化问题,国家在完善社会养老保险制度、退休制度的同时,也对我们孝文化建设提出了更高的要求。家庭是社会的细胞,父母慈爱、子女孝顺等良好的社会风气,能够极大地促进家庭的和谐幸福,也是解决老龄化问题的重要基石。正因为如此,淄博市各级党委政府高度重视淄博孝文化的建设,为此做了大量的、卓有成效的工作,在收到良好效果的同时广受群众好评。

第一节　国家、省、市尊老敬老的政策支持

在孝文化建设问题上,政策法规、规章制度起着关键的引导和规范作用。在尊老敬老方面,国家和省市都出台了相应的法律和政策。党的十九大报告中提出,要构建养老、孝老、敬老的政策体系和社会环境,推进医养结合,加快老龄事业和产业发展,这为新时代中国特色养老事业指明了方向。一系列政策法规的制定实施,既大力保护了老年人的基本权益,也在全社会树立起了"尊老、爱老、孝老、敬老"的良好风气。

一、国家相关法律规定

(一)《中华人民共和国宪法》

2018年3月11日,第十三届全国人民代表大会第一次会议通过的《中华人民共和国宪法修正案》修正的《中华人民共和国宪法》中第四十五条规定:中华人民共和国公民在年老、疾病或者丧失劳动能力的情况下,有从国家和社会获得物质帮助的权利。国家发展公民享受这些权利所需要的社会保险、社会救济和医疗卫生事业。第四十九条规定:婚姻、家庭、母亲和儿童受国家的保护。父母有抚养教育未成年子女的义务,成年子女有赡养扶助父母的义务。禁止破坏婚姻自由,禁止虐待老人、妇女和儿童。

(二)《中华人民共和国民法典》

2020年5月28日,第十三届全国人民代表大会第三次会议表决通过,于2021年1月1日起正式实施的《中华人民共和国民法典》,共1260条,其中不少条款是保护老年人合法权益的,与老年人的切身利益密切相关。

《中华人民共和国民法典》第三十三条进一步完善了意定监护的规定;物权编新增了居住权制度,增强了老年人居住权的保护力度;废除了现行法律中关于公证遗嘱效力优先的规定,同时明确了按照遗嘱确立的时间顺序确定遗嘱效力,可以充分尊重和保护老年人处分自己财产的意愿;对遗嘱的法定形式进行了扩充,确认了录像、打印遗嘱的法律效力,并对录像、打印遗嘱的订立形式和要求做出了具体规范,这样老年人今后在立遗嘱时,又多了两种选择。《中华人民共和国民法典》中增加了"被继承人的兄弟姐妹先于被继承人死亡的,

由被继承人的兄弟姐妹的子女代位继承"的规定,这样就扩大了代位继承的范围,对老年人的财产进行了更全面的保护。《中华人民共和国民法典》在规定中扩大了扶养人的范围,这也意味着,老年人可以与继承人以外的、自己信任的任何组织和个人签订遗赠扶养协议,包括养老机构也可以成为受遗赠的对象。第一千零四十三条规定:家庭应当树立优良家风,弘扬家庭美德,重视家庭文明建设。家庭成员应当敬老爱幼,互相帮助,维护平等、和睦、文明的婚姻家庭关系。第一千零六十七条规定:成年子女不履行赡养义务的,缺乏劳动能力或者生活困难的父母,有要求成年子女给付赡养费的权利。

(三)《中华人民共和国老年人权益保障法》

1996年8月29日第八届全国人民代表大会常务委员会第二十一次会议通过《中华人民共和国老年人权益保障法》,现行版本经过2018年12月29日第十三届全国人民代表大会常务委员会第七次会议修正。该法是为保障老年人合法权益,发展老龄事业,弘扬中华民族敬老、养老、助老的美德而制定的法律。其中,第一条规定:为了保障老年人合法权益,发展老年事业,弘扬中华民族敬老、养老、助老的美德,根据宪法,制定本法。第八条规定:全社会应当广泛开展敬老、养老宣传教育活动,树立尊重、关心、帮助老年人的社会风尚。青少年组织、学校和幼儿园应当对青少年和儿童进行敬老、养老、助老的道德教育和维护老年人合法权益的法制教育。

(四)《中华人民共和国刑法修正案》

1997年新《中华人民共和国刑法》生效后,我国已对其进行了十一次修正。《中华人民共和国刑法修正案(八)》中规定:在刑法第十七条后增加一条,作为第十七条之一:"已满七十五周岁的人故意犯罪的,可以从轻或者减轻处罚;过失犯罪的,应当从轻或者减轻处罚。"还规定:在刑法第四十九条中增加一款作为第二款:"审判的时候已满七十五周岁的人,不适用死刑,但以特别残忍手段致人死亡的除外。"

二、山东省关于尊老敬老的相关政策法规

(一)《山东省老年人权益保障条例》

《山东省老年人权益保障条例》(以下简称《条例》)是1999年12月16日经山东省第九届人大常委会第12次会议通过,2014年9月26日山东省第十二届人大常委会第10次会议修订。《条例》分总则、家庭赡养与扶养、社会保障与服

务、社会优待、宜居环境、参与社会发展、法律责任、附则等8章62条,自2015年1月1日起施行。新修订的《山东省老年人权益保障条例》在老年人家庭赡养与扶养、社会保障与服务、社会优待、宜居环境建设、参与社会发展等方面作出了具体规定。特别是增加了社会优待的内容,比如,"逐步建立和完善具有本省户籍的八十周岁以上的老年人高龄津贴制度""将老年人免费乘坐市内公交车的范围,由七十周岁以上老年人扩大到六十五周岁以上老年人""为六十五周岁以上老年人每年进行一次免费体格检查和健康指导"等。《条例》的正式实施,为保障山东省老年人合法权益、发展老年事业、弘扬敬老养老的传统美德、推动精神文明建设起到了保障作用。

(二)《山东省优待老年人规定》

2011年12月19日,山东省人民政府关于印发通知(鲁政发〔2011〕54号),《山东省优待老年人规定》正式实施。《山东省优待老年人规定》着力改善老年民生问题,明确了养老、医疗保健、生活服务、文体休闲、维权等五个方面共26项优待老年人的具体政策,优待标准更高、范围更广、分类更细、条目更多、保障措施更加有力,老年人将得到更多的实惠。

在养老优待方面:新版《山东省优待老年人规定》明确建立养老水平同步增长机制,实行高龄津贴制度,政府购买养老服务制度,将百岁以上老年人长寿补贴标准提高到每人每月不少于300元,并据当地情况将高龄津贴范围扩大到80周岁以上老年人;对孤寡老年人、半自理和不能自理的贫困老年人、80周岁以上空巢高龄老年人,当地政府应根据本人申请,经认定后,给予购买居家养老服务或机构养老服务照顾。政府兴办和支持的居家养老服务信息化呼叫机构,对贫困老年人免收服务费。

在医疗保健优待方面:鼓励和帮助老年人参加新农合与城镇居民医疗保险,对未参加的老年人实行就医减免不低于20%的治疗、检查、住院普通床位等费用,每年免费对65周岁及以上老年人进行一次健康管理(包括健康体检、健康咨询指导和干预等)。

在生活服务优待方面:城市公共交通对70周岁以上老年人免费,对65周岁以上老年人实行半价优惠或免费,逐步实现全省免费;对贫困老年人水、电、暖、气实行降低30%以上的价格优惠;有线(数字)电视经营单位对贫困纯老年人家庭给予适当优惠;倡导服务行业对老年人提供优先服务和优惠照顾。

在文体休闲优待方面:社会力量兴办的文化场所对60~64周岁老年人实行门票半价,65周岁以上老年人免门票费;政府兴办和支持的收费的公共体育健身场(馆),对老年人免费或实行半价;政府兴办或支持的旅游景点对老年人免门票费,社会力量兴办的旅游景点对60~69周岁老年人实行门票半价,70周岁以上老年人免门票费。

在维权优待方面:生活困难的老年人免费咨询自身涉法事务;各级法院对贫困老年人给予相关免、减诉讼费用等司法救助;公证机构对生活困难的老年人酌情减免公证费。

第二节　淄博市各级党委政府的尊老敬老活动

一、敬老月活动

每年农历九月初九,是中国的传统节日"重阳节",也是中国传统的敬老节日。为了弘扬中华民族敬老、养老、助老的美德,保障老年人合法权益,2013年7月1日实施的《中华人民共和国老年人权益保障法》明确规定,每年的农历九月初九为全国"老年节",2013年的重阳节,也顺理成章地成为了中国首个法定的老年节。

淄博市在每年老年节所在的阳历10月份,由市老龄委牵头开展敬老月活动,并下发专门通知,确定敬老月活动的主题,提出具体的活动要求。敬老月活动主要分为以下几类。

（一）宣传教育类活动

敬老月期间,全市各级各部门通过设立敬老公益宣传牌、开辟宣传一条街、印发宣传单、悬挂标语和横幅、发送普法短信、制作敬老彩铃、举办老年法规政策知识讲座或有奖知识竞赛等形式,深入宣传党和政府的老龄工作方针政策,开展敬老文化宣传教育。2016年的敬老月,市老龄办在淄博老龄网开设了"敬老月活动专栏",在《夕阳红》报开设了"敬老月专版",《鲁中晨报》《淄博晚报》也开设了"敬老月专版",加大了对全市敬老月活动的宣传力度。同时,市老龄办积极与市内主要媒体联系协调,围绕"老年法规政策""老龄化形势""社会化养老""敬老月活动""尊老敬老典型"等主题,开展策划了一系列采访活动,刊发了一批有深度、有力度的专题报道和深度报道,制作拍摄了一批反映老龄工作成就、养老形势、老年人生活等内容的专题片,形成了强大的宣传声势。

（二）开展走访慰问送温暖活动

淄博市各级党委政府积极组织动员社会各界深入老年公寓、敬老院和老年人家庭进行走访关怀，同时对老干部、老职工、高龄老人、孤寡老人、空巢老人，特别是老党员、老英模进行走访慰问。每年的敬老月，淄博市领导都会走访慰问部分社区老年公寓和看望部分百岁老人，并送去慰问品和慰问金，代表市委、市政府向老人们致以节日祝贺和诚挚问候，祝愿全市老年人幸福安康、快乐长寿。各区县对百岁老人也已做到全部走访，特别是对于高龄、特困、失能老人的生活，采取结对帮扶和集中救济救助等措施，帮助其解决实际困难，实实在在将党和政府的关怀送到老年人手中。2015年10月，淄川区为百岁老人发放了百万敬老金。淄川区民政局组织9个小组分别到13个镇，为淄川区30名百岁以上的老人，每人发放慰问金1万元，对96~99周岁老人按年龄由高到低的原则，确定141人，每人发放慰问金5000元，共发放慰问金100.5万元。

（三）开展志愿服务活动

每年的敬老月，各级党委政府都组织志愿者广泛开展义诊、义演、理发、健康咨询、法律维权、家政服务、亲情陪护等助老活动。采取结对帮扶和集中救济救助等措施，帮助高龄、特困、失能老人解决实际困难；广泛组织动员社会各界从自身做起，从小事做起，为老年人办实事、做好事、献爱心，提升老年人幸福指数。2016年的敬老月，市文明办、团市委等部门联合开展了"关爱老人"活动，组织青年志愿者深入老年公寓、社区集中为老年人提供了陪聊、读书、读报、文艺演出、义诊等亲情服务。市卫生局组织有关医疗机构开展了义诊活动，为2万余名老年人提供了查体、健康咨询服务。市老龄事业服务中心组织医疗、家政、商业等单位开展了"敬老惠老服务进社区"活动，先后走进3个社区为近万名老年人提供了银龄安康保险办理、免费理发、家电维修、健康咨询等服务，还将老年日用品以优惠的价格送到老年人家门口。鲁泰纺织股份有限公司董事长刘石祯在连续十年捐款1000万元为全区95岁以上高龄老人发放生活补助的基础上，又拿出100万元，为全区38名百岁老人和124名96~99岁的高龄老人分别发放了1万元和5000元生活补助。

2020年10月，淄博市各区县在11个新时代文明实践中心、88个分中心、2598处文明实践站均成立了大健康志愿服务队，并广泛开展了新时代文明实践大健康志愿服务活动。同时，淄博市把文明实践工作与农村老年人工作紧密结合，以新时代文明实践活动为载体，吸引带动了更多社会力量参与到"陪你到老"大健康志愿服务队中来，在健康医疗、亲情陪护、邻里守望等方面为老年人提供高质量的志愿服务,助力保障老年人"吃不愁、病不忧、孤不独、乐有伴"。同时以孝老、敬老为主题,设计组织了丰富多彩的"祝福礼""节庆礼"等活动,让老人生活变得更有仪式感、安全感、幸福感。

(四)开展政策执法检查

政府相关部门每年都组织相关单位,深入开展老年法规政策执法检查,组织举办法律咨询、维权服务等活动,充分发挥"老年维权直通车""老年维权示范岗"的作用,开辟老年人法律援助"绿色通道",集中开展老年维权活动。截止到目前,淄博市老年人可优先享受司法救助和法律援助,咨询自身涉法事务时,司法机关和法律服务机构积极提供优先服务并免收服务费。同时,淄博市还先后成立了"淄博市老年人法律服务联络处"和"淄博市维护老年人合法权益律师服务团",从全市选聘优秀律师为老年人免费提供法律咨询,解答法律疑难问题。此后,淄博市还将加大关注特困、失能失独老人的生活,采取结对帮扶和集中救济救助等措施,积极帮助其解决实际困难,将帮扶落到实处。

(五)开展老年文体活动

淄博市充分发挥文化馆、图书馆等公益性群众文化单位的作用,增加面向老年人的特色文化服务项目,如举办文艺演出、老年书画展等文体活动,丰富老年人精神文化生活。淄博市党委政府非常重视老年群体的精神文化需求,2016年的敬老月,淄博市举办了形式多样的文体活动,让老年人参与其中,感受到了理解、融合、协作、快乐、幸福、期待。市老龄办联合市委宣传部、市文广新局、市文联和市广电总台在全市举办了第八届中老年文化艺术节,1万余名老年人参与其中。举办了淄博市第二届"银龄杯"中老年广场舞大赛,全市583支代表队近2万名中老年人参加了比赛。举办了淄博市首届中老年朗诵艺术大赛,43名参赛选手参赛,年龄最大的80岁。淄博市老龄办还启动了老年文化医疗下乡活动,举办了"热土欢歌"淄博市中老年合唱比赛。各区县也都结合实际,在敬老月期间举办老年人书画展、文艺晚会、京剧票友演唱会、门球赛、健身活动展演、太极拳剑表演、钓鱼比赛、登山比赛、趣味运动会等文体活动。

2018年的敬老月期间,淄博市结合改革开放40周年和人口老龄化国情教育,集中开展了敬老爱老主题宣讲、书画摄影大赛等活动,举办敬老故事会、知识竞赛、征文比赛等形式多样的敬老爱老主题文化活动。广泛开展以家庭、社区为单位的敬老爱老实践活动,做好全国孝老爱亲道德模范、全国敬老爱老助老模范人物、全国文明家庭、全国"最美家庭"宣传展示活动,营造敬老爱老社会氛围。

各类文体活动的举行,不仅让老年人的生活变得积极、充实起来,更重要的是让全社会理解了他们,进一步了解了他们的愿望,也明确了今后老年服务工作努力的方向。

(六) 让老年人享受各种优待

2016年,淄博市有12万余名80周岁以上老年人享受到近3000万元的高龄津贴;2017年,淄博市80周岁以上高龄老人津贴实现了全覆盖。2016年,农村五保老人集中、分散供养标准分别提高到每人每年6400元和4600元。2016年全年发放1740万元,用于落实80周岁以上低保老年人高龄津贴、经济困难失能老年人护理补贴和特殊困难老人政府购买居家服务等老年人福利制度,2017年进一步建立健全了困难老人救助等制度。65周岁以上老年人持老年证免费乘车政策得到落实。政府兴办和支持的博物馆、文化馆、图书馆、美术馆、科技馆、展览馆、纪念馆等文化场所,对年满60周岁并持有淄博市老年证的人都可以免门票参观;政府兴办和支持的供水、供暖、燃气等公用事业经营单位,对贫困老年人实行了降低30%以上的价格优惠。有线数字电视经营单位对贫困老年人家庭,在有线电视初装费、月租费等方面均给予不低于30%的价格优惠。只要出示老人卡,就可以免费乘坐淄博市所有城市内的公交车,这体现了国家、省、市、区等对老年人的关怀。2020年,高新区对辖区内符合条件的高龄老人连续发放半年的补助,其中,对80~89岁老人,每月发放补助50元补助;对90~99岁老人,每月发放100元补助;对100岁及以上的老人,每月发放520元补助。2021年8月,淄博市政务服务中心公安窗口出台10项便利老年人办理出入境证件的新举措,有效解决了老年人运用智能信息技术难等问题,为老年人提供了更便捷、更周全、更暖心的出入境服务。老年人在淄博办理出入境证件时,窗口将提供以下服务:提供敬老"我帮办"服务;特殊情况提供上门服务;开通老年人预约专线;开设优先办理窗口;简化老年人办证照片采集流程;提供多种缴费选择;开通政务服务平台证件速递服务;改善老年人网上办事体验;增加服务老年人便利设施;为老年人提供容缺受理服务。新举措实施后,老年人可以选择由工作人员代为办理证件,可拨打电话预约办证。此外,特别值得一提的是,如果老年人同意,可复用其5年内办理过的出入境证件照片或居民身份证照片,无需现场重新拍照,这将为很多不愿意拍照的老年人解决了不少麻烦,让老年人得到了尊重,让他们的晚年生活更便利也有保障。

上述一系列敬老活动的展开,目的在于提升老年人的幸福感、获得感,在全社会弘扬尊老、爱老、敬老、孝老的良好氛围,让孝文化成为每个人的一个自觉认知,并自觉贯彻在实际行动中。

二、"淄博好人榜"推选宣传活动

从2014年开始,淄博市定期举办"淄博好人榜"推选宣传活动。"淄博好人榜"推选宣传活动是市委宣传部(市文明办)、市总工会、团市委、市妇联、淄博日报社、市广播电视台等部门单位联合启动的,主旨在于培育和践行社会主义核心价值观,推进淄博市公民思想道德建设工作的深入开展,在全社会努力营造崇德向善、见贤思齐的社会氛围,动员全社会力量发现身边好人,每年举办一次"淄博好人榜"推选宣传活动。受表彰的人员分为五类,分别是助人为乐类、诚实守信类、见义勇为类、敬业奉献类、孝老爱亲类。

"孝老爱亲"是我们中华民族一直崇尚的传统美德,孝不仅是孝敬长辈,也要关爱亲人。设置"孝老爱亲"这一奖项,旨在努力挖掘"孝老爱亲"方面的模范人物,并在全市范围内进行表扬奖励,让每一个人去体会"孝道"的真正含义,感受榜样的感昭力量,从而自觉树立守传统、讲孝道、学榜样、践孝行的良好社会风气。"淄博好人榜"活动的广泛开展,使人们明确了好人的标准,有利于人们更好地学习这些楷模事迹,对标榜样,找出差距,形成一种"比学赶超"的氛围。更重要的是,"淄博好人榜"中"孝老爱亲"榜样的树立,彰显了孝道内涵的时代特色,为当代人学习和践行孝道指明了方向。

三、将孝德建设融入社会主义核心价值观的宣传教育

文化育人是中国传统的一种文化教育特色,也是教育的一种本质和功能性体现。在孝文化的物质形态建设方面,各级党委政府注重将孝德建设融汇于社会主义核心价值观的宣传教育中。在市民公共休闲场所建设方面,"二十四孝"文化长廊建设就是比较典型的例子。早在2009年,全国文明村淄川区罗村镇南韩村就建成了"二十四孝"文化长廊,成为全村2000多名村民和2000多名外来打工者接受孝德教育的场所,每天都有村民领着孩子前来参观,接受教育。2014年,南郊镇李家村结合美丽乡村建设,建成"二十四孝"文化长廊。2015年,淄川区龙泉镇19个村居"新二十四孝"瓷板画文化墙全部建成,成为进行传统教育的新阵地。用瓷板画制作"新二十四孝",不仅形式新颖,而且经久耐用。在周村胜利广场建有"二十四孝"的"竹简",淄川将军路街道慕王社区孝文化主题广场也设有孝子王樵雕像和用大理石板雕刻的"二十四孝"故事。市民每天在此游玩歇息,在潜移默化中接受了孝德教育,滋养了孝德文

化，提升了自身素质。

除了市民休闲公共场所，在居住社区、村镇街道也将孝德榜样上墙，以通俗易懂的形式呈现给居民，促进了邻里和谐，孝老爱亲。张店沣水镇以"孝德"文化为主题，大力开展了农村"孝德"文化墙活动，使其成为农村精神文明建设的重要宣传阵地。

从大局来看，现在的淄博，不管是乡村还是城市，孝文化的宣传百花齐放，深入人心，孝文化渐渐成为淄博大地上一朵鲜艳的"善之花"。淄川区慕王村就是其中一个典型。慕王村历史上曾经出了孝子王樵，作为王樵的后人，慕王村高度重视孝文化建设。村口的对联横批为"风清气正"，风、气就是孝道的遵循与坚守。孝道文化墙是村里的主要文化景观，不仅是村里人的学习场所，也是对外的一个孝文化熏陶和弘扬的窗口。文化墙有两面，其中一面介绍了慕王村的由来，秉承着"传承孝文化，传习孝行为，传播孝故事，传颂孝人物，传扬孝精神"的理念把孝文化与社会主义核心价值观有机融合在一起；斜对面的文化景观墙上刻有"孝圣王樵，上善慕王"，旨在通过孝文化建设打造现代乡村文明。

第三节　博山区的孝文化建设

在淄博，提到孝文化建设，博山区的做法更值得关注和借鉴。被誉为"华夏孝乡"的博山，历史悠久，文化底蕴深厚，是"县委书记的榜样"焦裕禄的故乡，是中国陶瓷琉璃艺术之乡、中国鲁菜发源地，更是因孝妇颜文姜的动人传说成为中国孝文化重要发祥地之一。始建于北周的颜文姜祠，是全国仅存的3座唐代木质建筑之一，2006年便被国务院公布为全国重点文物保护单位。它静静屹立在孝妇河畔，不断向人们讲述着颜文姜的孝心孝行，千百年来深深感染着每位博山儿女，形成了地区特有的孝文化，对博山地区的经济、生活产生了深远的影响。孝文化滋养了博山的人文精神和文化气质，形成了行孝积德，邻里之间和睦相处的良好社会风气，在一定程度上促进了社会的和谐与稳定，促进了经济的发展与繁荣。颜文姜，为家尽孝，感天动地，声名远扬；焦裕禄，为国尽忠，鞠躬尽瘁，死而后已：已然成为当代弘扬孝文化最宝贵的资源和最好的阐释。因此，借助优秀孝文化资源，博山积极开展各项孝文化建设工作，为经济社会助力的同时也为淄博孝文化建设贡献了重要力量。

一、整合各种资源,打造"华夏孝乡"文化品牌

博山区深入挖掘孝文化、红色文化等传统文化资源,科学策划,打造孝善文化品牌。

(一) 政策引导

制定出台了《关于在全区开展新时代文明实践中心建设工作的通知》,明确提出以孝善文化品牌建设推动社会主义核心价值观落细、落小、落实。同时,为加强品牌建设,结合乡村振兴,由区委宣传部、区文明办、区文化出版局、区民政局等部门联合制定出台了《博山区"孝善文化进农村"主题活动实施方案》,在全区广泛开展"千墙绘美图、千人学才艺、千贤践文明、千户评孝子"等活动,提升老百姓对孝文化的理解认识,弘扬以孝善文化为主的优秀传统文化,使广大群众更加崇尚孝行、践行诚信,树立正确的社会主义价值取向,促进乡风文明和社会和谐稳定。

(二) 活动引领

着力打造"孝乡博山"特色道德品牌,针对贫困村、贫困户等广泛组织开展了"孝老爱亲"模范、"五好家庭"与"好婆婆好媳妇"等评选活动,积极选树优秀道德模范,大力弘扬孝老爱亲道德风尚,全面落实各项孝善养老政策,在扶贫工作中努力营造"敬老、爱老、孝老"的浓厚氛围。组织各级文明单位、社会公益组织广泛开展文明实践扶贫慰问活动,坚持每月入户走访,与困难群众谈心交流,把精力用在进村入户研究脱贫办法、落实扶贫措施、解决困难问题上,切实做到了精准施策到村、到户、到人。重点打造以孝老爱亲为特色的文明实践项目,开展丰富多彩的"陪你到老"志愿服务关爱活动。先后开展了多场新时代文明实践新婚礼,其中"夕阳红"婚礼在社会引起强烈反响。开展新时代文明实践文艺志愿服务走进长寿山、新时代文明实践志愿服务走进崮山村、新时代文明实践"颜山青松"文化艺术节等活动,丰富了老年人的精神文化生活。通过开展"孝老爱亲"模范、"五好家庭"与"好婆婆好媳妇"等评选活动,营造了良好的"孝善文化"氛围。结合"四德"工程、党组织建设、家风家训、文体活动、城乡文明建设、扶贫攻坚等工作,组织开展"三下乡""四进社区""热土欢歌""一村一年一场戏"等以孝文化为主题的群众活动,在各镇广泛开展"好婆婆""好媳妇""五好家庭"等各类孝文化主题活动。将孝文化与精准扶贫有机结合,全面倡导树立农村道德新风尚,全力推进孝善养老工作深入开展,建立了

子女尽心孝老、村组尽情爱老、社会尽力敬老、政府尽责助老的"四位一体"孝善养老助老模式。

（三）扩建颜文姜祠

以保护完善全国重点文物保护单位颜文姜祠为基础，提升"华夏孝乡"知名度。为打造孝文化品牌基地，博山区先后投资8000余万元实施了颜文姜祠扩建工程，先后兴建了文姜广场、文姜公园，总占地面积20万平方米，其中绿化面积6万平方米，水体面积6万平方米，休闲活动场地8万平方米。目前，颜文姜祠已成为本地弘扬孝文化，进行孝文化教育、思想道德教育、爱国主义教育的重要基地

（四）以举办中国（博山）孝文化旅游节为切入点，全力打造孝文化品牌

自2007年开始，博山区政府每年都主办孝文化旅游节。以孝文化旅游节为平台，先后开展了"孝感中国·孝文化大使""山东十大孝星""孝感博山·十大孝妇""孝感齐鲁模范人物""2012年博山区弘扬道德模范人物"等系列评选活动，打造孝文化特色品牌。2016年7月29日，博山区举办了第十届中国（博山）孝文化旅游节开幕。在开幕式上，与会领导为淄博市博山区"践行两学一做·弘扬孝德文化"主题演讲比赛获奖代表、"博山区最美孝德家庭"代表、"博山区孝老爱亲模范人物"代表颁奖。现场观看了由著名摄影师焦波拍摄的电影《俺爹俺娘》。此次孝文化旅游节还举办了博山区历史文化遗产图片展、京剧《颜文姜》巡演、文姜庙会民俗活动、"活力博山、魅力山城"系列文化活动、"华夏孝乡·休闲博山"系列旅游等活动。

（五）以孝文化旅游为主线，加强文化与旅游的结合

与省内外各大旅行社联合，积极打造以颜文姜祠为中心的孝文化旅游专线，介绍博山孝文化和历史文化景点，提升孝文化旅游景点的社会效益。以每年一度的孝文化旅游节为依托，以弘扬孝文化为主题，开展民俗展演、土特产展销、经贸合作等活动，不断吸引八方商客前来参观、投资。积极参加省内外旅游推介会，重点宣传推广以孝文化为特色的风土人情游。以"孝文化"为核心，全力打造鲁中历史文化名城；以孝园（颜文姜祠）为核心，实施齐长城文化景观带保护工程，规划建设"四点一线"和"二村二址"，全面保护利用好"博山琉璃""鲁派内画"等国家级非遗项目。

(六) 搭建孝文化教育平台

在全区中小学校设立孝心教育大讲堂,发放中华孝道读本《弟子规》,观看《亲情教育》专题片,举办感恩教育讲座等。在村居设置亲情标语,悬挂"新二十四孝"宣传图片,举办"文姜庙会"和推选"好媳妇""孝德家庭"等活动,表彰典型,推广传统孝文化。

(七) 建立孝文化传承长效机制

推进"孝心教育活动"进学校、进家庭、进社区,形成学校、社会、家庭三位一体格局。举办吃"百家宴""百家齐欢唱"等活动,倡导家庭孝文化、邻里孝文化。开展"送温暖、献爱心"志愿服务活动,设立了12349文明实践居家服务信息中心,利用"互联网+社区社会复合生态智慧健康居家养老"模式,依托现有智能化、信息化资源,搭建养老信息服务网络平台,提供护理看护、健康管理、康复照料等100余种居家养老服务,在全区城乡组建了12349文明实践便民养老服务联盟,形成"一个中心服务一座城市,一个站点服务多个社区(乡村)"的居家养老服务网,让老人足不出户,只要拨打12349,就能享受到多种服务。12349便民为老服务公益热线自2014年开通以来,已累计接打电话近13万个,为8万余名居民解决了生活中遇到的困难。此外,在源泉镇东崮山村、石马镇桥西村、博山镇下庄村等10余个乡村成立了博山12349农村居家养老服务站。为了更好地关爱弱势群体,博山12349文明实践便民养老服务联盟还组建了爱心义工团,累计开展各类志愿服务活动达1600余次,受益弱势群体超过28000人次。2017年,博山区被国家工信部、民政部和卫计委三部委认定为"国家智慧健康养老示范基地",在全国创新推出了智慧健康养老的"博山样本"。

(八) 营造弘扬孝文化的良好氛围

近年来,博山区先后策划制作了电视纪录片《俺爹俺娘》、电视剧《焦裕禄》、电影纪录片《永远的焦裕禄》、京剧《颜文姜》、五音戏《源泉》等孝文化主题文艺作品,将孝亲敬老道德模范事迹通过艺术手段再现,让广大群众在艺术欣赏中受到教育。博山区还组织举办了孝妇河文化研讨会和每年一届的文姜庙会;成立了"博山区孝文化研究会",组织举办各类活动和座谈会、作品展等活动,宣传推广孝文化。为加强孝文化主题文学作品创作,出版散文集《孝乡风情录》《颜山风云》、诗文集《黑山》、书画集《薰风颜山》、长篇小说《孝贞演义》等作品,以传统孝文化为主题弘扬社会主义核心价值观。

二、加大投资,建设孝文化元素景点

文化建设,既有物质形态的建设,又有精神形态的建设,二者密不可分,相辅相成。文化的存在、传播和延续要借助物质的载体,同时,精神形态赋予物质载体以灵魂和光芒,二者相互促进、相互转换。近年来,博山加大投资力度,建设了一批孝文化景点,成为孝文化教育和传承的重要场所。

(一) 文姜广场

巨型颜文姜雕像矗立在广场上,水桶里不断涌出的水犹如小瀑布,滋润着她脚下的这片沃土,颜文姜正用慈祥的目光俯视和佑护着这座山清水秀的城市。现在,文姜广场已经成为博山的一个标志,而颜文姜作为博山的一张名片,也与博山深深融为一体。

(二) "二十四孝"蜡像馆

"二十四孝"是中国传统意义上的孝道体现,今天看来,其中不乏封建性应该被摒弃的愚孝特色,但是作为孝文化的重要体现,"二十四孝"故事中所呈现出的孝道在当代社会也具有重要的现代价值。在颜文姜祠里建"二十四孝"蜡像馆,正是因为颜文姜孝道故事所体现的勤劳容忍、奉献自身、成就亲人等精神,与"二十四孝"的内涵是一致的。当今,人们在重温颜文姜故事和"二十四孝"故事时,肯定会有选择性地吸取其精华,摒弃其糟粕,弘扬尊老、孝老的正能量。

第三节 淄博现代孝文化建设的思考

孝文化建设既是一项重大的社会工程,也是公民个人的修身工程。当下,淄博现代孝文化建设的确取得了巨大的成就,形成了崇尚孝德的良好风尚,对培育和践行社会主义核心价值观起到了极大的促进作用。但是,有以下几个问题需要引起高度重视。

一、不能将孝文化建设看成"不合时宜"

新时代新形势,在学习和贯彻新的思想理论体系的同时,社会上出现孝文化建设与新的理论体系有没有冲突的疑虑,有人认为在这个时期再提孝文化建设是"不合时宜"的。博山孝文化旅游节自开办以来,引发了社会的高度关注,对于博山乃至淄博的孝文化传播传承有相当大的积极影响。如今,旅游节已经停办,这与社会上存在的孝文化建设"不合时宜"的观点有很大关系。究其根源,有人认为,以颜文姜为代表的博山孝文化是"封建愚孝"的典型,在现代社会不应该过度宣扬。

2013年8月19日,习近平在全国宣传思想工作会议上的讲话中指出:"讲清楚中华文化积淀着中华民族最深层的精神追求,是中华民族生生不息、发展壮大的丰厚滋养。"任何文化的发展都必须建立在已有传统文化的基础上。淄博的孝文化是传统文化的一部分,精华与糟粕并存也是现实问题。笔者认为,根据现代社会的形势,深刻挖掘传统孝文化的现代价值,与当今的经济和社会发展有机融合,相辅相成,相得益彰,就不存在"不合时宜"问题,不能简单将孝文化看成是封建的、愚昧的。如今,如何建设新型淄博孝文化?如何发挥孝文化的文化赋能作用?这些既是每一个淄博人需要思考的问题,也是地方政府、相关学者亟须解决的问题。要加强孝文化的理论研究,探讨孝文化的当代价值和现代应用,不能让孝文化这朵"善之花"凋落在中华民族伟大复兴的新时代。要通过大力宣传、普及孝文化理念、孝文化知识、孝文化行为规范,进一步弘扬中华民族传统美德,提高全民的思想道德素质,增强淄博文化的吸引力和感召力,让这朵"善之花"在新时代绽放更美丽的色彩。

二、将孝文化与新时代文明建设有机结合

在淄博市"十四五"规划中,提出要"持续深化文化赋能,全面提升城市文化软实力",其中提到加强新时代文明淄博建设,要积极培育和践行社会主义核心价值观,推进公民道德建设,提高文明城市创建水平,深化新时代文明实践行动,深入开展文明创建活动和志愿服务关爱行动,加强家庭、家教、家风建设。因此,孝文化建设要以社会主义核心价值观为引领,与新时代文明淄博建设有机结合,作为家庭、家教、家风建设的重要内容之一,不仅能丰富孝文化内涵与外在表现,也会实现其文化创造力与影响力。

三、推进孝文化产业发展,推进文旅融合

在淄博市"十四五"规划中,提出要"着力推动文化产业和文旅融合发展",这是淄博市文化和经济发展的需要。孝文化作为淄博文化的重要组成部分,应该借此契机,实现创新性发展。淄博可以学习借鉴湖北孝感的某些做法:一是加强新时代孝文化内涵的挖掘阐释,以孝文化元素丰富城乡建设;二是举办老年用品博览会,规划养老基地,带动形成康养、用品、辅具研发制造产业;三是充分发掘、整合和提升孝文化、陶琉文化、红色文化、饮食文化、生态文化等各类文化资源,做好与自然资源的融合,实现人文文化资源的特色。结合文化强市建设工作,建设一批高质量精品景区,努力打造一批经典线路。开发孝文化旅游商品,形成文化与旅游互促互进、共进共长的良好局面,进一步宣传推介孝文化特色品牌,以推进孝文化产业发展、推进文旅融合发展,促进孝文化创造性转化和创新性发展,实现文化资源优势向发展优势的转变。

参 考 文 献

[1] 肖群忠.孝与中国文化[M].北京:人民出版社,2001.

[2] 徐玉琼,王平.中国孝文化读本[M].武汉:湖北人民出版社,2014.

[3] 薛凤旋.中国城市及其文明的演变[M].北京:北京联合出版公司,2019.

[4] 临淄区齐文化研究社,临淄区民政局.临淄地名史话[M].济南:齐鲁书社,2013.

[5] 齐焕美,于建华.图说齐鲁地名文化[M].青岛:青岛出版社,2013.

[6] 王承典.淄博文物与考古[M].济南:山东友谊出版社,1989.

[7] 焦竑.玉堂丛语[M].北京:中华书局,1981.

[8] 常建华.中国社会历史评论:第19卷[M].天津:天津古籍出版社,2018.

[9] 侯法生,曹家才.淄博民间建筑[M].济南:山东美术出版社,2005.

[10] 王鹤鸣,王澄,梁红.中国寺庙通论[M].上海:上海古籍出版社,2016.

[11] 蔡践.孝经全鉴[M].北京:中国纺织出版社,2016.

[12] 临淄齐文化研究室.齐文化道德故事[M].济南:黄河出版社,2015.

[13] 袁爱国.泰山风俗[M].济南:济南出版社,2001.

[14] 王士禛.渔洋精华录集释:下[M].上海:上海古籍出版社,1999.

[15] 王士禛.王士禛年谱[M].北京:中华书局,1992.

[16] 夏承焘.衍波词[M].广州:广东人民出版社,1986.

[17] 白洁,蔺开庆.淄川旅游文化[M].济南:齐鲁书社,2009.

[18] 钟敬文.民俗学概论[M].上海:上海文艺出版社,1998.

[19] 索绪尔.普通语言学教程[M].北京:商务印书馆,1985.

[20] 王献忠.中国民俗文化与现代文明[M].北京:中国书店,1991.

[21] 谭汝为.民俗文化语汇通论[M].天津:天津古籍出版社,2004.

[22] 陈原.社会语言学论著[M].沈阳:辽宁教育出版社,1998.

[23] 孙迎春,张嘉慧.中外民俗[M].北京:中国财政经济出版社,2016.

[24] 中国社会科学院语言研究所词典编辑室.现代汉语词典[M].7版.北京:商务印书馆,2017.

[25] 大学 中庸(汉英对照)[M].辜鸿铭,注释.武汉:崇文书局,2017.

[26] 廖建国,范中丽.新媒体视野下新闻写作实训教程[M].成都:西南交通大学出版社,2017.

[27] 刘焕阳,陈爱强.胶东文化通论[M].济南:齐鲁书社,2015.

[28] 乌丙安.中国民间神谱[M].沈阳:辽宁人人民出版社,2007.

[29] 盛伟编校.蒲松龄全集[M].上海:学林出版社,1998.

[30] 袁世硕.蒲松龄事迹著述新考[M].济南:齐鲁书社,1988.

[31] 邹宗良.蒲松龄研究丛稿[M].济南:山东大学出版社,2011.

[32] 张鸣铎,蒲喜章.淄川县志[M].淄博:淄博市新闻出版局.2002.

[33] 朱一玄.聊斋志异资料汇编[M].天津:南开大学出版社,2002.

[34] 林语堂.苏东坡传[M].天津:百花文艺出版社,2000.

[35] 汪受宽.十三经译注:孝经译注[M].上海:上海古籍出版社,2004.

[36] 杨伯峻.论语译注(简体字本)[M].北京:中华书局,2006.

[37] 贾继海.曾子训释[M].北京:中国广播电视出版社,2005.

[38] 金良年.十三经译注:孟子译注[M].上海:上海古籍出版社,2004.

[39] 王聘珍.大戴礼记解诂[M].北京:中华书局,1993.

[40] 丁寅生.孔子这个人[M].北京:九州出版社,2008.

[41] 鲁迅.论中国小说史略[M].上海:上海古籍出版社,2011.

[42] 钱穆.中国文化史导论[M].修订本.北京:商务印书馆,1994.

[43] 谢浩范,朱迎平.管子全译[M].贵阳:贵州人民出版社,2008.

[44] 梁勇.中国历史读本:史记[M].长春:吉林人民出版社,1996.

[45] 冯友兰.贞元六书[M].上海:华东师范大学出版社,1996.

[46] 孙中山.孙中山选集[M].北京:人民出版社,1981.

[47] 陈瑛.中国伦理思想史[M].贵阳:贵州人民出版社,1985.

[48] 杨义.杨义自选集[M].上海:上海三联书店,2017.

[49] 秦泉.论语的智慧[M].汕头:汕头大学出版社,2014.

[50] 孔子.论语[M].长沙:岳麓书社,2000.

[51] 礼记[M].陈澔,注.金晓东,校点.上海:上海古籍出版社,2016.

[52] 礼记 孝经[M].胡平生,陈美兰,译注.北京:中华书局,2016.

[53] 郑玄注,孔颖达,等.礼记正义[M].上海:上海古籍出版社,1990.

[54] 徐大军.南开新剧《仇大娘》浅析[J].蒲松龄研究,2006(4):119-125.

[55] 郁有学.近代中国知识分子对传统孝道的批判与重建[J].东岳论丛,1998(2):77-82.

[56] 邹宗良.蒲松龄与王鹿瞻交游补考[J].山东理工大学学报(社会科学版),2010,26(1):75-79.

[57] 李汉举.蒲松龄与王鹿瞻[J].山东理工大学学报(社会科学版),2008(3):67-72.

[58] 任传斗.齐文化特征及当代价值[J].智库理论与实践,2018,3(6):7-11.

[59] 吴成国."表征盛衰,殷鉴兴废"的文化史家:冯天瑜先生访谈录[J].中国文化研究,2010(2):1-14.

[60] 王丽滨.介休民俗与孝文化[J].湖北工程学院学报,2016,36(4):14-19.

[61] 齐易,刘佳.河北范庄"龙牌会"的唱经[J].天津音乐学院学报,2011(4):56-60.

[62] 赵玉峰.中国青年人的自杀现状和变动趋势(2003—2015)[J].南方人口,2018,33(4):12-23.

[63] 李翔.试论中国传统孝文化的历史变迁及其价值[J].四川民族学院学报,2010,19(5):48-56.

[64] 任滨雁.试论博山地区颜文姜传说及信仰[J].民间文化论坛,2013(4):29-40.

[65] 肖群忠.儒家孝道与当代中国伦理教育[J].南昌大学学报(人文社会科学版),2005(1):1-6.

[66] 谢子元.论孝道创新与新孝道建设[J].石河子大学学报(哲学社会科学版),2007(1):38-42.

[67] 唐志为.传统孝与社会主义新孝道[J].湘潭师范学院学报(社会科学版),2006(4):20-22.

[68] 计志宏.试论社会主义新型孝文化建设的原则及途径[J].孝感学院学报,2012,32(2):12-15.

[69] 王力尉.民俗文化资源的可持续利用研究:以泸沽湖地区摩梭民俗文化为例[D].成都:成都理工大学硕士学位论文,2013.

[70] 陈杰.颜文姜庙会研究[D].北京:中国艺术研究院,2010.

[71] 肖群忠.孝:中华民族精神的渊薮[J].河北学刊,2004(4):64-67,73.

[72] 智研咨询集团.2016—2022年中国养老产业市场运行态势及投资战略研究报告[EB/OL].(2016-05-19).https://wenku.baidu.com/view/3543c1fc31126edb6e1a101c.html.

后　记

　　中国传统孝文化是在华夏数千年历史中孕育、诞生和发展起来的。孝，作为中华民族的血脉传承因子，早已深深烙印于我们每个人的言行中，并代代相习。淄博的孝文化是淄博独具特色的文化元素之一，是淄博市较为鲜明的、深层的、丰厚的文化资源和地域优势之一，从一个侧面体现着淄博的个性与魅力。孝文化不仅需要继承与发展，还需要我们对其进行现代性的反思与建设，发挥它应有的时代价值。

　　本书是淄博市校城融合项目"新媒体时代淄博孝文化资源整理与开发利用研究"（2019ZBXC233）成果之一，也是我们学习贯彻习近平总书记系列重要讲话精神、继承和弘扬中华民族优秀传统文化、培育和践行社会主义核心价值观实践中的一些思考和收获。本书系统梳理了淄博孝文化资源，分析了淄博孝文化在当代社会的价值和传承途径，把孝道历史传统和时代特点结合起来，在继承和发扬传统孝道合理内核的同时，赋予其符合时代要求的新诠释，进而形成适应现代社会特点、现代人思维方式和生活方式的新孝道，为淄博文化强市的建设贡献微薄的力量。

　　在本书写作过程中，淄博市社科联、博山文化研究院等专家学者给予了我们大力的支持和帮助，淄博师范高等专科学校领导也对书稿提出了很多指导性意见。在此，我们向所有为本书出版付出艰辛努力的领导和专家学者表示最衷心的感谢！

　　在本书写作过程中，我们参考和引用了不少教育同仁的宝贵资料，在此谨对前贤时彦一并表示诚挚谢意。由于时间仓促和联系困难等原因，有些资料来不及逐一征求意见，请相关作者及时与我们联系。尽管我们做了很多努力，但作者由于能力和水平有限，书中难免存在不妥之处，敬请方家斧正！

作　者
2021 年 11 月